對本書的讚譽

「這是一本合適且易於理解關於超媒體 API 重要性的書，任何致力於 API 的人都應該閱讀，無論您是商業相關甚至是超媒體懷疑論者——請務必閱讀這本書。」

—— Kin Lane，API 傳播者

「《*RESTful Web Clients 技術手冊*》深入介紹了 API 領域非常重要的部分。」

—— John Musser，CEO，API 科學

「這本書適切的解釋超媒體的基礎和優點，並清楚闡述客戶端應用程式該如何利用它們。是本 API 生產者與 API 消費者都必須閱讀的書。」

—— Lorinda Brandon，API 策略師和傳播者

「希望在短期和長期內具有更高的彈性、敏捷性和可重用性來設計 web 應用程式方法的 API 實作者，務必閱讀這本書。」

—— Mehdi Medjaoui，APIdays 會議／OAuth.io 創辦人

「在建造 RESTful web API 和客戶端時需要考慮和實作的一個良好資源。我強烈建議大家嘗試建造可重複使用的 API。」

—— Jeremy Wilken，軟體架構師

「無論您是前端或是後端的開發者，閱讀本書將有助於對設計和消費 API 的理解轉變為更高的層次。」

—— Mark W. Foster，企業架構師，分散式系統

RESTful Web Clients 技術手冊
不隨時間變化可重複運行的設計方法

RESTful Web Clients
Enabling Reuse Through Hypermedia

Mike Amundsen 著

賴宥羽 譯

O'REILLY®

本書獻給所有一再容忍我不斷承諾撰寫此書的人們。
向各位致上歉意——用我的承諾與本書有限的成果獻給大家。

目錄

推薦序

《RESTful Web APIs》（由 O'Reilly 出版）的作者 Sam Ruby 說：

> 希望《RESTful Web APIs》能承接《RESTful Web Services》的精神開拓 REST 世界。或許再過七年，其他被人們低估的 REST 相關問題會被發現並加以審視與討論。

嗯，雖然還不到七年，但《RESTful Web Clients 技術手冊》在此刻誕生了。Mike 在 API 領域相當資深，在內文中他會運用寫作技巧與思考流程，為被常忽略的 web API 相關內容提供清晰的見解。

羅伊·菲爾丁的論文 Architectural Styles and the Design of Network-based Software Architectures 是 REST 的定義文字。論文開頭，菲爾丁列出 REST 的七大必要架構。第一個稱為**客戶端—伺服器**，描述如下：

> 使用關注點分離（Separation of concerns，SOC）原則是突破客戶端—伺服器限制的主要方法。藉由分開使用者介面問題與資料儲存問題，我們增進了使用者介面跨多平台的移植性，並簡化伺服器元件增加擴充性。然而，對 Web 而言最重要的事，是分離關注點可以讓個別元件獨立進化，以達支援到更廣泛的網路規模要求。

很顯然地，伺服器端與客戶端對於此設計系統的方法是非常重要的。然而以菲爾丁為基礎架構的開發卻存在著一種偏見：幾乎所有的重點都放在伺服器端，極少討論到客戶端。這忽略了極重要的部分：RESTful 架構的許多優點只能透過正確設計客戶端才能被實現。有許多的系統架構具備客戶端—伺服器風格，但並不像是 web 的方式運行。假如必須配合伺服器端的編碼讓整體系統更像 web，則必須改變客戶端的編程方式。

事實上，在建構 API 時很難不使用「web 思維方式」思考。我已經與許多從事研究超媒體技術的機構人員討論此方式，而當實際運用新思維時他們又感到相當衝突。我相信有許多困難源自於超媒體的**產品**，也沒有考慮到**使用**方式的不同與變化。對於期待為 web API 建立客戶端的 API 開發者將會對結果感到很沮喪。然而這是完全可以理解的，因為倡導這種建構風格的人通常完全專注於產品上。

事後看來，這種不足似乎非常明顯：假如只關注一半的方程式，我們如何正確設計系統！我相信這是目前大多數人現今對於 API 的認知：我的組織致力於為我的產品提供 API，但是因為你的組織要使用它，所以你必須自行改善它。最近的五至十年，API 已經邁向這種潛在的趨勢：「不需要複雜的 SDK 就可以完成工作的簡單 API」。提供 API 客戶端的組織經常被以懷疑的態度看待，不過現在開始逆轉了，因為開發者已經厭倦了為每個新的 API 重新實現新的 API 客戶端。而第一方的 SDK 目前已被正視，因為使用此 API 的開發者可以專注在更多應用，不用擔心整合問題。

此外，web 日漸被視為應用程序平台，而不再只是簡單的文件共享方式。隨著專有平台的興起，特別是行動領域，這些熱愛網路自由開放性質的平台正在動員，大幅擴展了 web 平台的功能。順應上述趨勢，隨著產品規劃更宏遠的成長，有越來越多的應用程式使用 JavaScript 編程。這些應用程式算是另一種類型的客戶端，並且日漸重要。

隨著格局的轉變，企業組織可再次考慮等式的兩邊。廣義上，我覺得這會引領出更好的 API，但並非全部如此。正如之前所提到的，你可以藉由許多書籍幫助你更了解伺服器端。但客戶端完全沒有類似的手冊——到目前為止。

自從 Mike 告訴我他開始撰寫這本書時，我就一直相當期待，而他並沒有讓我失望。這是一本很棒的指南，講述了 web API 被人們忽略的部分，我相信這本書的影響力將在未來的幾年內受到重視。我希望你會像我一樣享受閱讀此書，但我不需要希望——我相信你會的。

——史蒂夫・卡夫尼克，2016 年 6 月

前言

「起頭是工作中最重要的部分。」——柏拉圖

以 web 為基礎的 REST 與「超媒體」（Hypermedia）服務在現今社會中已越來越普遍，但是這些強大的 API 功能卻鮮少被客戶端的函式庫拿來利用，造成這一現象的主因為創造一個成功超媒體客戶端所需要的科技與範式已經被大家所忽略。而經過正確的調整後，比起典型的一次性訂製的客戶端程式碼，基於超媒體的客戶端應用程序則更能夠展現出較佳的穩定度與靈活性。

為了提供明確的建議給開發者，以處理超媒體類型的 API，本書將提供紮實的知識背景與範例來源供開發者參閱。而此書的關鍵思想是客戶端應用程式必須依賴特殊條件運行，我們將這些條件稱之為請求（Request）、解析（Parse）、等待（Wait）迴圈，或稱為 RPW。藉由事件驅動介面傳送 RPW 與機器介面進行互動，使得視窗類型工作站能夠實現所有的電腦遊戲。

有些前端開發者不認為 RPW 模型是常見的作法；有人甚至認為筆者對於 RPW 模型的建議過於「偏激」，雖然可以理解這些人的觀點，但現今有太多的開發者對於客戶端程式庫與實踐作法只著重於設計一次性的使用者介面，因此造成這樣的使用者介面在未來難以修改，並且也造成使用者介面在執行期對新的服務訊息難以做出反應。因此，為了越來越多的超媒體 API 能夠創造高品質的使用者經驗，筆者希望前端開發者——那些技術較純熟的人——在閱讀完這本書的範例後，能初步建立基礎知識並創造出一個包含實踐、工具與可重複使用功能的程式庫。RPW 模型不但可以同時滿足高品質的使用者經驗，也可以使各種類型客戶端跟上不斷演化的服務介面，而無須不斷進行自我升級。

關於這本書

此書帶領讀者從開發特定目的客戶端應用程式到通用型客戶端應用程式,在過程中讀者也能夠學習到「全球資訊網」(World Wide Web)的基本知識與原則。大綱由以下內容所組成:程式碼、探索重要主題,例如表示器範式(Representor Pattern)、「人機互動」(HCI,human-computer interaction)模型和 web API 版本控制。學習過程中會用到許多程式碼(筆者為這本書創造超過 20 個 GitHub repos),但因為受限於版面的配置,此書只截取部分程式碼作說明,可能會造成程式碼難以理解,因此,將會提供讀者完整的線上程式碼,讓讀者能夠取得本書的所有範例。

章節介紹

這本書探討了通用超媒體類客戶端的世界——說明它們與典型 JSON 物件風格的客戶端有何不同,以及客戶端與伺服器端的開發者如何利用這種類型風格,建造出能夠不受時間影響、更有彈性的系統。本書說明部分格式(HTML、純 JSON、HAL、Siren 和 Collection + JSON)及 web 開發者所熟悉的背景理論和做法,章節包含(1)伺服器端所支援的訊息格式、(2)人機互動模型、(3)版本控制;以及(4)實作支援多種超媒體格式的通用解法。

本書大多數章節是獨立的,且可不按順序閱讀,但我鼓勵讀者將此書當作一個旅程,從頭讀到尾以獲得最佳效益。這裡簡單介紹一下此旅程將如何展開:

第一章,*HTML 起源與簡單的 Web API*

本章節將會介紹只使用 HTML 的客戶端。將使用它來快速了解瀏覽器的運作原理,以及如何影響大家對於應用在 web 上超媒體格式的想法。本章節也包含將一個只使用 HTML 的服務轉換成一個只有 JSON API 服務的過程。此服務將成為本書所有客戶端應用程式的基礎。

第二章,*JSON 客戶端*

多數客戶端的 web 開發者已經會建造「JSON 客戶端」。他們熟記 URL、使用靜態物件,並且遵循固定的工作流程。雖然這是一個很好的**開始**,但開發者會漸漸發現這是一個很恐怖的工作方式。在本章節將探討如何維護簡單的 JSON 樣式客戶端應用程式。

第三章，表示器範式

表示器範式（Representor Pattern）是一個簡單——且重要——的方法，用來處理 web API 伺服器的輸出。表示器範式是將內部物件模組轉換成外部訊息模組的流程。本章節將研究範式（包含起源）並介紹範式如何應用在 web 服務描述語言（WeSTL，Web Service Transition Language）與瀏覽器客戶端的 HTML DOM。

第四章，*HAL 客戶端*

HAL 媒體類型是目前最受歡迎的超媒體格式之一。例如，Amazon web 服務團隊在他們的 API 上就至少使用了兩種 HAL 媒體類型。HAL 處理所有 web 客戶端都要處理的三項重要元素的其中之一：**ADDRESS**。將學習如何使用 HAL 建造一個通用的客戶端作為訊息格式，並介紹如何擴充 HAL-FORM 以提高其處理動作的能力。

第五章，可重複使用的客戶端應用程式的挑戰

讀者會注意到書中的客戶端應用程式大多很相似。實際上，將試圖建造一個以特定方式發展的「探索者」，讓探索者——在某些有限的方式——自己探索客戶端應用程式的世界。這些客戶端遵循著請求、解析、等待迴圈（RPW）。章節中探討人類與世界的互動方式，並應用於探索者的設計理念。

第六章，*Siren 客戶端*

Siren 是另一個強大的超媒體類型，目前被用來作為 Zetta IoT 平台的一部分。Siren 被設計用來處理 web 客戶端的兩項關鍵元素：**ADDRESS** 與 **ACTION**。此章節建造一個使用 Siren 當作訊息格式的通用客戶端，並探討如何擴充 Siren（Profile for Object Display，或稱 POD）以增強在 UI 處理元資料的能力。

第七章，版本控制與 *Web*

當開始以超媒體型態為基礎來開發客戶端 web 應用程式時，API 的版本會發生什麼事呢？本章分析 API 版本的各種變化，當您改變介面**特徵**時如何利用超媒體風格 API 來減少需要修改介面的**溝通協定**。

第八章，*Collection + JSON 客戶端*

在本章中會探討另一種超媒體格式—— Collection + JSON，或稱 Cj，Cj 可用來處理 web 客戶端所有三個主要的關鍵元素：**OBJECT**、**ADDRESS** 與 **ACTION**。將學習如何使用 Collection + JSON 當成訊息格式建造一個通用的客戶端，並且學習擴充 Cj 的資料顯示與驗證流程。

第九章，超媒體與微服務

當同時應對多種格式的服務類型時，如何創造一個通用的超媒體客戶端？要如何創造一個單一的客戶端應用程式來應對「多語言」類型的訊息格式？讀者可以在最後一章找到答案。

書中對白

本書中的每個章節都是以簡短的插圖或是對話作為開始或是結束。這些虛構的對話是為了展示機構在 WWW 裡實現可擴充與健全的專案時，會遇到的一些挑戰與思考過程。這些對話是每個主題的摘要並會階段性的安排在內文中。

這些對話也代表著一些提示，讓您開始關注對白中提出的問題。藉由開始閱讀對話，花幾分鐘思考（甚至是寫下）如何解決這個問題，對讀者是很有幫助的。花點時間與這些素材互動，可以增加讀者對問題的洞察力，並且提升解決問題的能力。

最後，筆者添加這些對話可以讓快速瀏覽此書的讀者多點經驗。希望讀者可以獨自閱讀對話並從中得到基礎知識。這就是深入探討細節與素材的微妙之處。讀者也可藉由閱讀對話來尋找特定主題與挑戰——這也很好。

美術設計

這本書的圖表與美工是由一些很有才華的人們所製作。達娜・阿蒙森，在路易維爾，肯塔基州的一位成功藝術家，她與筆者一同創造了本書的角色，卡蘿與鮑伯。她也設計了範例應用程式中所看到的 BigCo 公司標幟。事實上達娜創造的素材比筆者囊括進書裡的還要多，希望在未來可以藉由其他方式分享這些藝術作品給大家。

這本書所看到的圖表是由筆者的一位好朋友所製作，迪奧戈・盧卡斯；一位技術純熟的軟體開發者、架構師、講師兼老師。第一次遇見迪奧戈是筆者去巴西（他住的地方）旅行時，他將書中的想法繪製成驚人的手稿圖並展示給筆者看。筆者便把握機會邀請他為此書創作插圖，很幸運的，迪奧戈同意在這本書裡展現他的藝術才華。

授權

此書所有的美術作品都是達娜與迪奧戈的創作，由 Creative Commons-
Attribution-NoDerivatives 4.0 International（CC BY-ND 4.0）授權。

筆者非常感謝達娜與迪奧戈為此書添加了很特別的素材。

這本書沒有的內容

本書必須在有限的篇幅內涵蓋相當多的內容。有鑑於此，筆者必須捨棄一些有用的素
材，以下做個簡單的說明，讓讀者了解哪些內容**沒有**被放入本書中。

使用者介面設計

雖然在書中有提到一些關於使用者介面的素材，但是其參考資料都是很粗略的。也不會
花太多時間解釋人機互動（HCI）或是設計方面的細節。

應該要給讀者一個挑戰，本書提供了一個基本的 UI 外觀和範例。主要重點會放在網路
與訊息層的技術，允許服務為客戶端應用程式，提供可辨識及有用的超媒體提示訊息。
筆者也花時間撰寫客戶端的範例解析程式，並讓這些超媒體訊號能夠正常運作，把裝飾
這些介面的視覺外觀交給其他在這方面較專業的人。

特別感謝班傑明・楊

筆者在此感謝一位老朋友，經驗豐富的 web 開發者——班傑明・楊。他
花時間廣泛的審閱初步的 UI 設計，並且讓所有客戶端應用程式的外觀能
一致。說實話，筆者給予班傑明創造的空間很有限，但他仍然能為所有的
應用程式制定了穩固且一致的風格。如果它們看起來非常賞心悅目，那全
都得歸功於班傑明的才華與堅持。假如有些差強人意的地方，那是因為筆
者限制了他發揮的自由。

超媒體的基礎

這本書沒有花太多的版面陳述實作超媒體的價值或是在專案裡深入探討如何使用超媒
體。筆者出版過的書籍《*RESTful Web APIs*》（與 Leonard Richardson 為共同作者）還有
《*Building Hypermedia APIs with HTML5 and Node*》（都是由 O'Reilly 出版），都是 web

API 使用超媒體的價值很好的參考資源，鼓勵讀者可以從這裡或是其他相關的來源獲得資訊。

HTML、CSS 與 JavaScript 程式設計

最後，不會在書中提到任何基本的 web 編程，例如 HTTP 協定議題、HTML5、JavaScript 及 CSS。因為這些都是非常重要的課題，而且遠遠超越本書的範疇。有許多書在介紹這些主題，相信讀者可以在其他地方找到所要的資訊。

原始碼

本書有許多相關的原始碼。至少每個章節都有一個甚至兩個以上相關的專案。本書如果置入*所有*的原始碼將會導致難以理解與閱讀。因此，本書中只會出現重要的程式碼片段。

完整的原始碼可以在公開的 Git repo（*https://github.com/ rwcbook*）中取得。Git 上的原始碼會不斷的更新，書中出現的任何原始碼則以網路上的更新版本較為準確。鼓勵讀者下載或創建程式分支並協助改進程式碼。

其他參考資料

書中筆者引用了其他的資料來源，像是其他本書、公開的論文、文章、公用的標準和部落客的貼文。文章中會提及參考文獻，但不會直接引用或注腳以避免打斷內容流程。相反的，會在每個章節的最後新增一個段落說明來源名稱，酌情使用素材的線上連結。

本書編排慣例

本書所使用的編排慣例如下所示：

斜體（*Italic*）
　　用於新的術語、URL、郵件地址、檔案名，以及文件擴展名。

定寬字（`Constant width`）
　　用於程式碼列表及段落中引用程式碼原件，例如變數、函式名稱、資料庫、資料型態、環境變數、述句與關鍵字。

定寬粗體字（**Constant width bold**）

　　表示使用者必須按照字面輸入指令。

定寬斜體字（*Constant width italic*）

　　表示使用者必須依照當時情況替換這些字。

 此圖表示提示或建議。

 此圖表示一般注釋。

 此圖表示警告與注意。

致謝

如果沒有許多人的投入與幫助，這本書就不會誕生。我想感謝那些願意閱讀本書草稿並留下評論的人。特別是 Todd Brackley、Carles Jove i Buxeda、Pedro Felix、Mark Foster、Toru Kawamura、Mike Kelly、Steve Klablnik、Ronnie Mitra、Erik Mogensen、Irakli Nadareishvili、Leonard Richardson、Kevin Swiber、Stefan Tilkov、Ruben Verborgh 與 Jeremy Wilken 的回覆與建議。

我要感謝 O'Reilly 團隊給予的支持與信任。尤其是 Meg Foley 和 Simon St.Laurent，他們的艱鉅任務就是在這漫長的過程中，不斷的推進與鼓勵筆者完成這本書。此外，我還要大大感謝製作編輯 Colleen Lobner，他不得不容忍無止盡的調整排版與字型等細節，得以讓書中素材看起來更像樣。也特別謝謝我在 API Academy 和 CA Technologies 的同事對此書提供的協助與支持。

最後，我要再次感謝我的家人在我沉浸於工作、拿掉戴耳機伸展身體、放空想著細節和在腦裡思考著腳本時，不得不照顧我，他們盡所能的處理我突如其來的疾病——伴隨著耐心與幽默感。謝謝。

啊，那是個有趣的旅程，對吧？

「經驗是最好的學習方式。」

——雪儂・凱撒，《50 件未來的我想讓我知道的事》

鮑伯與卡蘿

 「好了，鮑伯。我想我們完工了，對吧？」

「沒錯，卡蘿。這十二個禮拜我們在 BigCo 公司擔任的新角色讓人相當驚艷。」

 「是啊。當我同意你與我經驗豐富的團隊一起開發伺服器端，而我開始招募新組員致力於客戶端時，我一度懷疑這是否可行。但最後證明這是個非常令人愉快的經歷。」

「過程相當有趣。我學到許多將只有 HTML 的後端轉換成 web API 服務。最後一個月，妳與妳的團隊初次創建基本的 JSON 物件客戶端、HAL、Collection ＋ JSON 與最後的 Siren 超媒體應用程式，整個過程我也獲益良多。」

「嗯，我們都在短暫的幾個月內學到許多經驗。你對表示器的實作與 API 版本控制的研究也很棒。」

「如同妳在人機互動（HCI，human-computer interaction）設計方面也很不錯。我特別喜歡我們兩隊在整合協調時，我的團隊負責微服務的後端程序，妳的團隊負責自適應客戶端，兩端在執行期客戶端可以自動切換超媒體格式。」

「這真是兜了一大圈呢，可不是嗎，鮑伯？」

「當然。讓我幾乎忘了三個月前我們是從何開始的⋯」

「嗯⋯你知道，我幾乎不記得了，鮑伯⋯」

參考資源

1. 雪儂・凱撒的引用出自於 2014 年 9 月的文章（*http://g.mamund.com/ewvgz*）她為 MindBodyGreen 所撰寫（*http://mindbodygreen.com*）。

鮑伯、卡蘿與 BigCo 公司

本書在所有章節的開頭與結尾安插了簡短的對話，對話來自於在 BigCo 工作的兩位 IT 部門同事，BigCo 公司是一間成功的跨國企業。這兩位 IT 人員分別是鮑伯與卡蘿。兩位都是經驗豐富且訓練有素的軟體專業人員。為了讓讀者更加了解背景，以下提供兩位的 IT 與 BigCo 公司的簡介。

BigCo 公司

 Bayesian International Group of Companies（BigCo）是一間歷史悠久、繁榮且慷慨的企業組織。BigCo 於 1827 年在蘇格蘭成立，其企業宗旨為「客戶與員工的幸福就是公司最終理念」。BigCo 最初基於哲學家理查德•普賴斯的理論，專注於研究人口結構與金融領域，到了二十世紀末期 BigCo 分別與發明家弗雷德里克•瓊斯與雷金納德•埃森頓合作製造跨世代的重要科技產品，包括移動式 X 光放射機以及水中聽音器。BigCo 也是在曼哈頓計畫中少數的非美國承包商，為利昂那•伍德博士提供第一批和反應爐零件。

二次大戰之後景氣繁榮，BigCo 在美國設立辦事處，研究計算機學習領域包括預測演算法與機器人控制，為現今奠定重要基礎。目前，BigCo 致力於「逆機率問題」，以及如何使用逆機率來改善公營與私營部門的決策與決定。

卡蘿

 卡蘿多年來在 BigCo 領導許多成功的團隊,在這之前,她花了超過五年的時間為桌面與 web 系統撰寫程式碼。她擁有電腦科學與資訊系統學位,並且活躍於多個知名的開放原始碼社團。卡蘿也是一位多才多藝的視覺藝術家並參與當地藝術社團。當她不在工作也不在家放鬆陪伴她的兩隻貓時,卡蘿會參加區域漫畫大會銷售她的藝術作品,並與漫畫界的同僚切磋交流。

鮑伯

鮑伯是最近從矽谷的併購案加入到 BigCo 公司。他建立了幾間成功的網路公司 (其中一次他還在讀大學) 並且告訴其他人他是「創業狂」。在他賣了他的第一間公司並且得到不少報酬後，鮑伯拿到了電腦科學的學位並且迅速地投入他的新創公司。他有時會攀岩或在公園與國家森林區騎自行車。每年有幾次他會與朋友一起去落磯山脈或瀑布進行嚴苛的「阿爾卑斯風格」攀岩。

貢獻

- 圖片與商標設計出自於達娜 • 阿蒙森（ @ DanaAmundsen ）。

- 雖然 BigCo 是一間虛構的公司，但裡面所提及的人（普賴斯、瓊斯、埃森頓與伍德）都是真的歷史人物。假如 BigCo *確實*存在，則它也可能成為歷史的一部分。

第一章

HTML 起源與
簡單的 Web API

「真正令人著迷、令人沮喪和人生的偉大，就是你不斷的嘗試開始，而我很喜歡。」

——比利·克里斯多

鮑伯與卡蘿

「哈囉，卡蘿。我是鮑伯。我想跟妳聊聊。」

「好的，鮑伯。我記得上次遇到你是在上個月的收購聚會，很高興又見面了，怎麼了？」

「還記得在上次聚會中談到我們會一起做一個新專案嗎？我一直在思考著將 TPS 專案提升到另一個水平。」

「沒錯，任務程序系統（TPS, Task Processing System）。這是個很棒的點子，鮑伯。我認為目前的 TPS HTML 應用程式有很大的潛力能夠幫助公司的人更有效的管理時間與資源。」

「我同意。所以我們組成兩隊。妳與新團隊致力於客戶端，我與原始團隊專注於伺服器端。」

「所以你應該會負責將純 HTML 轉換成 Web 服務 API，對吧？」

「是的，我們會開始開發獨立的 Web API 給你與你的新團隊客戶端使用。」

「將 HTML 應用程式調整成 API 將會面臨許多挑戰，但你有個好團隊支持你，鮑伯。」

「我希望這不要太過艱難，畢竟我們只有大概 12 個星期的時間來整合這項工作。」

「嗯，我想我們必須開始了。」

在進入創建多媒體客戶端應用程式之前，讓我們花點時間回溯到早期 web 應用程式的歷史。許多的 web 應用程式是從網站形式開始的，以 HTML 頁面為基礎、僅僅是靜態的文件列表。在某些例子中，初期的 web 應用程式就是個純 HTML 應用程式。它有資料表格、分類格式及可以新增資料，並且有許多的連結可以讓使用者開啟並轉換至另一個視窗。（圖 1-1）。

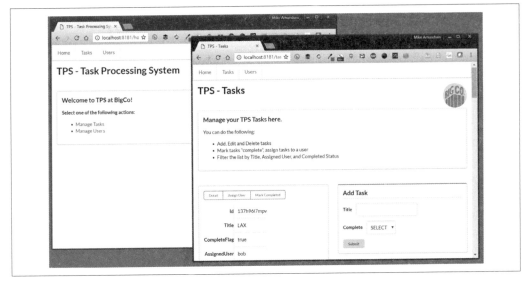

圖 1-1　BigCo TPS 網頁畫面

開發純 HTML 應用程式很有趣，其中一點是它的編程採用「宣告式」（*Declarative*）的風格。它們不需要在客戶端的應用程式中編程。事實上，即便是 HTML 應用程式的視覺效果也是透過── Cascading Style Sheets（CSS）以宣告式的方式處理。

只使用宣告式來創造用戶體驗聽起來不太尋常。但值得注意的是，至今為止的 Web 使用者對於這種互動方式非常熟悉（見圖 1-2）。在許多方面，早期的 Web 應用程式外觀與行為極類似典型的黑白框架，像是小型計算機與早期的個人電腦（見圖 1-3）。而這在早期被認為是件「好事物」。

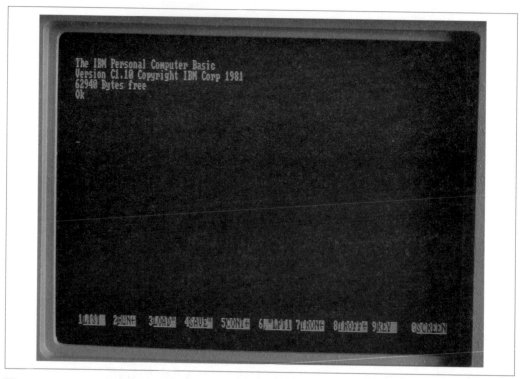

圖 1-2　IBM 可攜式個人電腦畫面

通常當有個成功以 HTML 為基礎開發的 Web 應用程式出現時，有人就會將其轉換成 *web API*。這基於許多原因，像是希望「發揮價值」好讓原本只能在單一應用程式中的功能讓更多人受用。也可能是為了在不支援 HTML ＋ CSS 的平台上可以運行此 UI 套件（例如行動裝置、豐富桌面應用程式等等），又或許是某人有個新創意想試試看。不論什麼原因，一個新的 Web API 就此誕生。

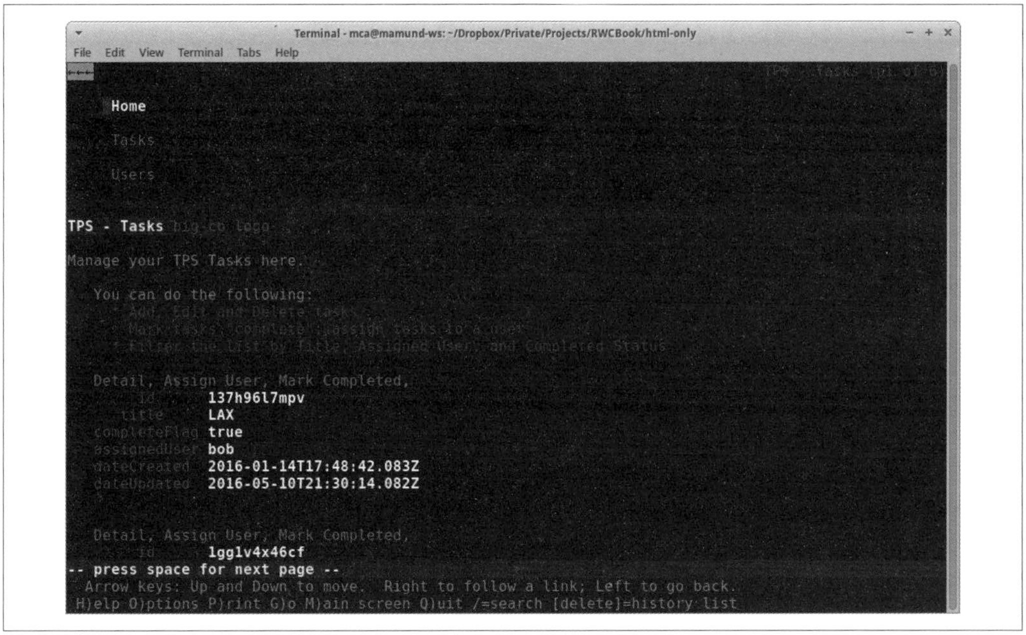

圖 1-3　早期的 Lynx HTML 瀏覽器

通常，轉化成 web API 的過程很直接，移除掉 HTML UI 的包袱並將 web 應用程式內部處理工作打包。通常最初的工作就是捨棄 UI（HTML），並將 web 伺服器端程式碼中的資料模組或物件模組包裝成 web API。

接下來，假設一個新團隊可以透過客戶端應用程式使用伺服器端 web API 來建構更好的 UI。較常見是在最新的客戶端框架，例如手機或進階 web 應用程式，建立個別的應用程序。轉化成 web API 的第一關較簡單易懂，建造一組客戶端應用程式可進行得很順利——尤其是客戶端與伺服器端的程式碼是由同組開發者或由對原本 web 應用程式有相當深度了解的多組成員開發。

本章節將帶領讀者——將 HTML 轉換成 API。會運用超媒體的原理與練習創造出許多日益健全與適應性強的客戶端應用程式，透過此過程也為其它章節奠定基礎經驗。

任務程序系統（TPS）Web 應用程式

快速回顧一下，卡蘿的團隊建造了一個 web 應用程式，它將 HTML（與 CSS）從 web 伺服器直接傳送至一般的 web 瀏覽器。此應用程式可以在任何品牌與版本的瀏覽器上運行（沒有 CSS 花招、沒有 JavaScript 且所有 HTML 都採用標準定義）。它也運行得很快，應用程式一開始便設計許多特定用例，透過判斷關鍵用例來完成工作。

從圖 1-4 可看出，UI 介面並不花俏，但它是可用、實用且可靠的——所有應用程式須具備的條件。

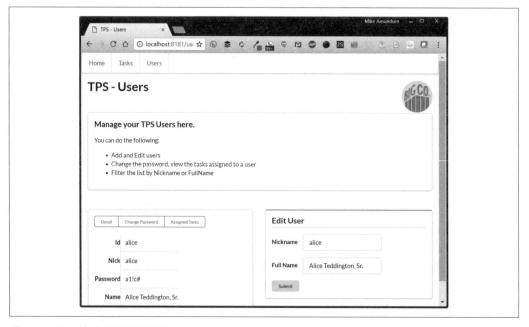

圖 1-4　TPS 使用者瀏覽器頁面

 此 TPS 版本 的 原 始 碼 可 在 相 關 的 GitHub repo（*https://github.com/RWCBook/html-only*）中找到。本章的應用程式運行版本可在線上找到（*http://rwcbook01.herokuapp.com*）。

伺服器端的 HTML

TPS 應用程式之所以會成功，有部分原因是因為它很簡單。Web 伺服器傳送乾淨的 HTML，此 HTML 會包含所有用例所需要的連結與表單：

```html
<ul>
  <li class="item">
    <a href="https://rwcbook01.herokuapp.com/home/" rel="home">Home</a>
  </li>
  <li class="item">
    <a href="https://rwcbook01.herokuapp.com/task/" rel="collection">Tasks</a>
  </li>
  <li class="item">
    <a href="https://rwcbook01.herokuapp.com/user/" rel="collection">Users</a>
  </li>
</ul>
```

舉例來說，在上述的程式碼，可以看到 HTML 標籤（<a>…</a>），這是在描述此頁面的相關內容。TPS 應用程式會傳送這組「選單連結」並出現在每頁的最上方：

```html
<div id="items">
  <div>
    <a href="https://rwcbook01.herokuapp.com/user/alice"
      rel="item" title="Detail">Detail</a> ❶
    <a href="https://rwcbook01.herokuapp.com/user/pass/alice"
      rel="edit" title="Change Password">Change Password</a> ❷
    <a href="https://rwcbook01.herokuapp.com/task/?assignedUser=alice"
      rel="collection" title="Assigned Tasks">Assigned Tasks</a> ❸
  </div>

  <table> ❹
    <tr>
      <th>id</th><td>alice</td>
    </tr>
    <tr>
      <th>nick</th><td>alice</td>
    </tr>
    <tr>
      <th>password</th>
      <td>a1!c#</td>
    </tr>
    <tr>
      <th>name</th><td>Alice Teddington, Sr.</td>
    </tr>
  </table>
</div>
```

伺服器列出所有使用者資訊,各別連結指向單一的使用者項目,每個項目包含一個指標
（Pointer）（❶）、少數資料欄位（❹）與用戶可以執行其它動作的連結（❷和❸）。這
些連結允許任何人觀看、更新或修改密碼（假如權限允許的動作）：

```html
<!-- 新增用戶 -->
<form method="post" action="https://rwcbook01.herokuapp.com/user/">
  <div>Add User</div>
  <p>
    <label>Nickname</label>
    <input type="text" name="nick" value=""
      required="true" pattern="[a-zA-Z0-9]+" />
  </p>
  <p>
    <label>Full Name</label>
    <input type="text" name="name" value="" required="true" />
  </p>
  <p>
    <label>Password</label>
    <input type="text" name="password" value=""
      required="true" pattern="[a-zA-Z0-9!@#$%^&*-]+" />
  </p>
  <input type="submit"/>
</form>
```

新增用戶的方式也很簡單 (請看上述程式碼)。HTML 的 `<form>` 裡有相關的 `<lable>` 與
`<input>` 元素。事實上,web 應用程式上所有的輸入表單都長得差不多。每個 `<form>` 可
設定 `<method>` 屬性為 get 來查詢資料（**安全的操作**）,設定 `<method>` 屬性為 post 來寫入
資料（**不安全的操作**）。以上範例最重要的區別就在於 `<form>` 的不同設定。

關於 HTML 與 POST 的注意事項

在 HTTP 中，POST 方法定義了一個非冪等且不安全的操作（RFC7231）。某些 TPS web 應用程式不安全的操作可以使用冪等（idempotent）的方式處理，但至今為止 HTML（仍）沒有支援 PUT 與 DELETE（HTTP 裡兩種冪等特性且不安全的操作）。正如 Roy Fielding 在 2009 年部落格文章所說（*http://g.mamund.com/sstuc*），web 絕對能只使用 GET 與 POST 方法完成所有操作。在處理重複失敗的請求時，使用冪等特性的操作會較簡單。筆者撰寫此書時多次嘗試將 PUT 與 DELETE 帶入 HTML 時得到了不好的結果。

除了典型的列表、讀取、新增、編輯與刪除動作，此 TPS web 應用程式也包含修改用戶密碼與分配任務給用戶。接下來的 HTML 展示任務分配頁面（圖 1-5 維瀏覽器運行畫面）：

```html
<!-- 任務分配表單 -->
<form method="post" action="//rwcbook01.herokuapp.com/task/assign/137h96l7mpv">
  <div>Assign User</div>
  <p>
    <label>ID</label>
    <input type="text" name="id" value="137h96l7mpv" readonly="readonly" />
  </p>
  <p>
    <label>User Nickname</label>
    <select name="assignedUser">
      <option value="">SELECT</option>
      <option value="alice">alice</option>
      <option value="bob" selected="selected">bob</option>
      <option value="carol">carol</option>
      <option value="mamund">mamund</option>
      <option value="ted">ted</option>
    </select>
  </p>
  <input type="submit" />
</form>
```

請注意此處的表單使用 HTTP POST 方法。因為 HTML 只有提供 GET 與 POST，使用 POST 會允許所有不安全的動作（創建、更新與刪除）。稍後在轉換只有 HTML 的 web 應用程式為 web API 時必須解決這個問題。

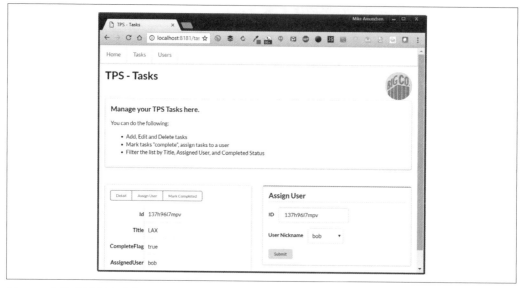

圖 1-5　任務分配瀏覽器畫面

web 瀏覽器當作客戶端

將一般 web 瀏覽器應用程式當成客戶端是非常無趣的。首先，此應用程式並沒有與客戶端的 JavaScript 存在相依性。它不需要任何 JavaScript 在本機端執行就可以正常運行。此應用程式利用了一些 HTML5 的使用者經驗（UX，User Experience），例如：

- HTML pattern 來執行本地端的輸入驗證

- HTML required 來引導使用者填寫重要的欄位

- HTML readonly 來防止使用者更改重要的 FORM 資料

除了上述幾點，也可使用 SELECT 選單模式提供使用者正確的輸入選項，為客戶端提供良好的互動方式——完全不需要依賴自定的 JavaScript。這裡的 CSS 樣式是由名為 Semantic UI 的函式庫處理。Semantic UI 函式庫提供大量的 UI 設計元素，同時也支援 HTML 標記。

此函式庫也支援 JavaScript 驅動的優化，將來可用於更新此應用程式。

觀察

結果證明，至少對此 web 應用程式而言，討論客戶端的體驗是非常無聊的。並沒有太多東西可討論！事實上這是個好消息。一般的瀏覽器被設計成接收 HTML 的標記——基於回傳的連結與表單，並提供可靠的使用者經驗而不須撰寫 JavaScript 程式碼。

以下是其他觀察：

極少「臭蟲」

因為這個客戶端沒有定制的 JavaScript 程式碼，所以幾乎沒有臭蟲（bug）。當然有可能會因為伺服器端發送破碎的 HTML 導致無法運作。也可能因為 CSS 規則沒有實作完善讓 UI 無法使用。不過涉及的程式碼行數越少，遭遇錯誤的可能性越小。而且此應用程式沒有必要的客戶端程式碼。

僅使用 POST 更新資料

由於此應用程式被限制處理只有 HTML 的格式，所以所有資料更新像是創建、更新和刪除，以及特定領域的動作例如 assign-user 與 change-password，都是使用 HTML POST 請求處理。嚴格來說，這不是一個臭蟲，但此方式與大多網路開發者所想的動作模式相反。使用非冪等特性的 POST 動作確實會產生些許的麻煩，使用者不確定 POST 是否已經成功並在幾秒內再次嘗試動作。在此情況下，由伺服器端防止重複新增的項目等等。

連結與表單

使用 HTML 當作響應格式的好處之一是 HTML 支援廣泛的超媒體控件：連結與表單。TPS 響應包含處理簡單不可變動的連結標籤 <a>…</a>、用於處理安全搜尋與查詢的 <form method="get"> 元素與使用 <form method="post"> 控件來處理所有不安全的寫入操作。每個響應都包含所有細節並傳送參數給伺服器。<input> 元素甚至包含簡單的客戶端驗證規則，傳送資料至伺服器之前會先驗證使用者的輸入。伺服器回覆這些帶有描述性的資訊，可輕鬆地讓瀏覽器執行明確的輸入規則，不需要任何客戶端自定義的程式碼。

有限的使用者經驗

儘管此 web 應用程式透過 POST 達到「無臭蟲」且實用的寫入操作，但使用者經驗仍然有限。在小團隊或小公司或許是可接受的，但假如 BigCo 公司計畫將此應用程式發布給廣泛的大眾使用——甚至是給公司內部的其他團隊——提供更好的 UX 會是較好的選擇。

所以，以此 web 應用程式為基準，來看看鮑伯與卡蘿如何將此應用程式達到下個層級，藉由創造伺服器端的 web API 來強化獨立的 web 客戶端應用程式。

任務服務 Web API

基於 HTML 開發的應用程式下個階段通常是發布一個獨立的 web API ——或「應用程式開發介面」（*Application Programming Interface*）——可直接供客戶端應用程式使用。在本章開頭的對話中，鮑伯帶領伺服器端團隊設計、實作並發布 TPS API，而卡蘿團隊負責建造使用此 API 的客戶端應用程式。

 TPS 原始碼，以 JSON 為基礎的 RPC-CRUD web API 版本，可在相關的 GitHub repo 中找到（*https:// github.com/RWCBook/json-crud*）。本章應用程式運行版本可在線上找到（*http:// rwcbook02.herokuapp.com*）。

首先對於 web API 伺服器設計過程做個簡單的分析，接下來檢視將現有 TPS 純 HTML 的 web 應用程式轉換成以 JSON 為基礎的 RPC-CRUD web API 時需要哪些修改。

Web API 常見做法

創建 web API 的常見做法是發布一組固定的「遠端程序呼叫」（RPC，Remote Procedure Call）「端點」（*endpoint*），將之表示為允許存取原始應用程式重要功能的 URL。此做法包含上述 URL 的設計、序列化物件在伺服器與客戶端之間的傳輸以及一系列關於如何一致使用 HTTP 方法、狀態碼與標頭。對大多數的 web 開發者而言，這是 HTTP 最先進的技術。.

HTTP、REST 與帕金森定律

在許多討論中，有人議論「REST」這個詞，爭吵著（字面上或實際上）設計 URI 的正確方式、哪些 HTTP 標頭「不」應該使用、為何可忽略某些 HTTP 狀態碼等等。爭論有關指定 HTTP 協定的 IETF 文件其內容、含義及 URL 的形式，討論瑣碎的議題而失去主要的重點：建造一個穩固的客戶端應用程式；應討論需要哪些互動方式解決用例，而非爭論 URL；HTTP 只是技術，而 REST 則是一種風格（像是龐克搖滾或印象派等等）。在什麼是真的 REST 與合適的 HTTP 議題裡瑣碎定理是帕金森定律的典型案例──辯論瑣碎的點而忽略重要的議題。

結論是設計與實作出可靠與彈性的 web 應用程式「是」很複雜的。需要頭腦清晰、有遠見與願意花時間在系統級思維。筆者不花費時間在 URL 的爭論與其他愚昧的問題，避開這些陷坑只關注於功能性。

接下將介紹基於 HTTP 的 web API 之常用做法。如同筆者隨後在章節中說明的，這不是在 web 實現服務的「唯一」途徑。一旦突破了此特定設計與實作細節，就可以繼續探索其他方法。

設計 TPS Web API

基本上，需要設計 web API。通常這代表（1）定義一組「*物件*」（*object*）它們可被 API 操作，以及（2）對這些物件運用一組固定「*動作*」（*action*）。這些動作稱為「*創建*」（*Create*）、「*讀取*」（*Read*）、「*更新*」（*Update*）與「*刪除*」（*Delete*）──簡稱 CRUD 操作。TPS 的範例中，列出公開的物件與動作如表格 1-1 所示。

表 1-1　TPS API 端點

URL	操作方法	回傳物件	接收物件
/task/	GET, POST	TaskList	Task(POST)
/task/{id}	GET,PUT,DELETE	Task	Task(PUT)
/user/	GET,POST	UserList	User(POST)
/user/{id}	GET,PUT	User	User(PUT)

看起來很簡單：四個端點與大約十個操作（每六十秒會將丟失的操作重新發送）。

從表中可看出，基本上有兩種格式的物件 URL：「*列表*」（*list*）與「*項目*」（*item*）。URL 的**列表**表單包含物件名稱（Task 或 User）並支援（1）HTTP GET 回傳物件列表，

（2）HTTP POST 產生新物件並加入列表。URL 的項目格式也包含了物件名稱（Task 或 User）與物件獨特的 id 值。此 URL 支援（1）HTTP GET 回傳單一物件；（2）HTTP PUT 更新單一物件；（3）HTTP DELETE 從列表中刪除該物件。

然而，此簡單的 CRUD 方法存在一些例外。請看表格將會發現 TPS User 物件並沒有支援 DELETE 操作。這是一般 CRUD 模型的變異，但並沒有太大的問題。將此異常記錄下來並確保 API 服務會拒絕任何 User 物件的 DELETE 請求。

此外，TPS web 應用程式提供一些專用的操作，允許客戶端修改伺服器的資料。操作如下：

TaskMarkCompleted

　　允許客戶端應用程式使用 completeFlag="true" 標記單一 Task 物件。

TaskAssignUser

　　允許客戶端應用程式分配 User.nick 給單一 Task 物件。

UserChangePassword

　　允許客戶端應用程式修改 User 物件的 password。

以上列出的操作完全沒有融入到 CRUD 範式中，此狀況在實現 web API 時很常發生。這些操作使得 API 設計有點複雜化。通常，這些特別的操作透過創建一個獨特的 URL（例如 /task/assign-user 或 /user/change-pw/）來處理，並且使用一組參數執行 HTTP POST 請求傳送給伺服器。

最後，TPS web API 支援少數處理過濾器的操作。操作如下：

TaskFilterByTitle

　　回傳 Task 物件列表中，title 屬性包含傳入的字串值

TaskFilterByStatus

　　回傳 Task 物件列表中，completeFlag 屬性設為 true（或設為 false）。

TaskFilterByUser

　　回傳 Task 物件列表中，assignedUser 屬性設為傳入的 User.nick 值。

UserFilterByNick

　　回傳 User 物件列表中，nick 屬性包含傳入的字串值。

UserFilterByName

回傳 User 物件列表中，name 屬性包含傳入的字串值。

此處常見的設計方法是對物件的 *list* URL（/task/ 或 /user/）發出 HTTP GET 請求，並直接在 URL 中傳遞參數。例如，從 Task 物件列表回傳 completeFlag 設為 true 的物件，可使用以下 HTTP 請求：GET /task/?completeFlag=true。

所以，目前有標準的 CRUD 操作（九種）、特殊操作（三種）與過濾器選項（五種）。上述構成一組固定的 17 種操作來定義、記錄與實現。

一套更完整的 API 設計 URL ——包含傳遞寫入操作（POST 與 PUT）——如表 1-2 所示。

表 1-2　一組完整的 TPS API 端點

操作名稱	URL	方法	回傳物件	輸入
TaskList	/task/	GET	TaskList	none
TaskAdd	/task/	POST	TaskList	title, completeFlag
TaskItem	/task/{id}	GET	Task	none
TaskUpdate	/task/{id}	PUT	TaskList	id, title, completeFlag
TaskDelete	/task/{id}	DELETE	TaskList	none
TaskMarkComplete	/task/completed/{id}	POST	Task	none
TaskAssignUser	/task/assign/{id}	POST	Task	id, nick
TaskFilterByTitle	/task/?Title={title}	GET	TaskList	none
TaskFilterByStatus	/task/?CompleteFlag={status}	GET	TaskList	none
TaskFilterByUser	/task/?AssignedUser={nick}	GET	TaskList	none
UserList	/user/	GET	UserList	none
UserAdd	/user/	POST	UserList	nick, password, name
UserItem	/user/{nick}	GET	User	none
UserUpdate	/user/{nick}	PUT	UserList	nick, name
UserChangePassword	/user/changepw/{nick}	POST	User	nick, oldPass, newPass, checkPass
UserFilterByNick	/user/?nick={nick}	GET	UserList	none
UserFilterByName	/user/?name={name}	GET	UserList	none

關於 URL 設計的注意事項

任務系統 API 展示的 URL 範例只是設計 web API URL 的多種方法之一。
有幾本書（Allamaraju, Masse）介紹如何使用正確的方法設計 URL 供人
使用。事實上，機器不關心 URL 的形式——機器只關心是否依循有效的
URL 標準（RFC3986）以及每個 URL 包含足夠的訊息讓服務將請求帶入
正確的位置做處理。此書中，讀者會找到許多的 URL 設計，這些都不是
設計 URL 唯一的正確方法。

記錄資料傳遞

目前為止，讀者可能會發現筆者是在記錄一組「遠端程序呼叫」（RPC，Remote
Procedure Call）。使用 URL 辨識動作並且傳遞所有參數。參數如下表所示，將參數分開
列舉是有幫助的。把此表分享給 API 開發者可以協助了解每個請求傳遞的資料元素。

表 1-3　TPS web API 參數傳遞

參數名稱	操作名稱
id	TaskItem, TaskUpdate, TaskDelete
title	TaskAdd, TaskUpdate, TaskFilterByTitle
completeFlag	TaskAdd, TaskUpdate, TaskMarkComplete, TaskFilterByStatus
assignedUser	TaskAssignUser, TaskFilterByUser
nick	UserAdd, UserChangePassword, UserFilterByNick
name	UserAdd, UserUpdate, UserFilterByName
password	TaskAdd, TaskChangePassword
oldPass	TaskChangePassword
newPass	TaskChangePassword
checkPass	TaskChangePassword

請注意，表中最後三個參數（oldPass、newPass 與 checkPass）並不屬於任何 TPS 物件
（例如 Task 或 User）。它們只為了 UserChangePassword 操作而存在。通常，RPC-CRUD
風格的 API 將資料傳遞限制在屬於某個定義的物件參數。但是，如讀者所見，此規則是
有例外的。這是在嘗試使用 RPC-CRUD 樣式來實現 web API 時遇到的另一個挑戰。

有些 RPC-CRUD API 設計會為傳遞的參數而記錄一組額外的物件。筆者
不會在此處著墨太多，但當讀者在設計其他 RPC-CRUD API 時可選擇此
方法。

只記錄每個 HTTP 請求傳遞哪些資料參數是不夠的。在傳遞 HTTP 主體時，記錄從客戶端至服務中用於參數傳遞的格式也很重要。對於使用基於 JSON 的 API 進行資料傳遞沒有設定標準，不過典型的做法是將參數作為 JSON「字詞」（dictionary）物件傳遞。例如，表 1-2 的 TaskAdd 列出兩個輸入：title 與 completeFlag。使用 JSON 字詞傳遞此資料如下所示：

```
POST /task/ HTTP/1.1
content-type: application/json
...

{
  "title" : "This is my job",
  "completeFlag" : "false"
}
```

即使在 WWW 上，將資料從客戶端傳送到伺服器最常用的方法是使用通用的 HTML FORM 媒體格式（application/x-www-form-urlencoded），但僅限於從客戶端向伺服器發送簡單的「名稱／值」（name-value）對組。JSON 比 FORM 資料更靈活，因為 JSON 可以在單一請求中傳遞任意地巢狀資料。然而，在本範例會使用典型的 JSON 字詞方法。

此方法涵蓋從客戶端發送至伺服器的端點、參數與格式細節。但還忽略了另一個重要的介面細節——響應的格式。將在下一節中介紹。

序列化 JSON 物件

web API 實現 RPC-CRUD 風格的另一個重要元素，是辨識從伺服器傳送至客戶端來回的格式與序列化物件的形式。在此 TPS web API 範例中，鮑伯決定使用簡單的 JSON 序列化物件來傳遞狀態。某些實作會使用巢狀物件樹傳遞，但 BigCo 公司的序列化物件目前還很簡單。

觀看表 1-2 的回傳物件欄，讀者會注意到此處定義了四個不同的回傳元素：

- TaskList
- Task
- UserList
- User

這些都是需要為 API 開發者明確定義的回傳群集／物件。幸運的是，TPS web API 只有兩個關鍵的物件，讓定義列表也比較短。

表 1-4 與 1-5 定義了此 TPS web API 中 Task 與 User 物件的屬性。

表 1-4　Task 物件屬性

屬性	類型	狀態	預設值
id	string	required	none
title	string	required	none
completeFlag	"true" or "false"	optional	"false"
assignedUser	MUST match User.nick	optional	""

表 1-5　User 物件屬性

屬性	類型	狀態	預設值
nick	[a-zA-Z0-9]	required	none
password	[a-zA-Z0-9!@#$%^&*-]	required	none
name	string	required	none

 所有欄位都被定義成 "string" 類型。只是為了簡化本書 TPS API 的實作。雖然有些 API 在客戶端與伺服器之間傳遞資料時，採用結構綱目或其他「強類型」資料傳輸，但增加了實作上的複雜度。筆者將此議題留至第七章討論。此外，在此範例設計中未列出儲存記錄布局，包含 dateCreated 與 dateUpdated。上述資料被遺漏是為了讓表格更清楚明瞭。

針對此 TPS 應用程式，筆者將簡化操作並將 TaskList 與 UserList 的回傳物件 Task 及 User 分別使用簡單的 JSON 陣列定義。以下為各別物件的範例：

```
/* TaskList */
{
  "task": [
    {
      "id": "dr8ar791pk",
      "title": "compost",
      "completeFlag": false,
      "assignedUser": "mamund"
    }
    ... 更多 tasks ...
  ]
}

/* UserList */
{
  "user": [
```

```
  {
    "nick": "lee",
    "name": "Lee Amundsen",
    "password": "p@ss"
  }
  ... 更多 user 紀錄 ...
  ]
}
```

筆者為 TPS web API 定義了以下內容：

- 每個 RPC 端點的 URL 與 HTTP 方法
- 將資料傳遞到服務的參數與格式
- 回傳至客戶端的 JSON 物件

還有少數的實作細節此處不多做解釋（處理錯誤或 HTTP 回傳的程式碼等），這些都會出現在 RPC-CRUD API 的完整文件集裡。現在，筆者做出一些假設並介紹創建運行的 TPS web API 之實作細節。

實作 TPS Web API

為了實作 JSON web API，必須對現有的 TPS 網站／應用程式進行一些改變。不需要從零開始（儘管在某些現實生活中遇到的案例也可能有相同狀況）。以此範例而言，將現有的 HTML web 實作分支來創建新的獨立代碼庫，針對新版本修改並轉換成基於 JSON 的 RPC-CRUD web API。

TPS 基於 JSON 的 RPC-CRUD web API 版本之原始碼可在相關的 GitHub repo 中找到（*https://github.com/RWCBook/json-crud*）。本章描述的應用程式運行版本可在線上找到（*http://rwcbook02.herokuapp.com*）。

此處有兩件重要的事情必須完成。首先，必須修改 TPS 網站讓其停止發布 HTML，並開始發布有效的 JSON 響應。這不會太難，因為 TPS 伺服器有內建的智能技術，以便使各種媒體類型表示儲存的資料相對容易。

筆者將在第三章深入研究表示響應的技術。

第二件事是添加支援表 1-2 中記錄的所有 HTTP 請求。好消息是 TPS 網站應用程式以支援大部分的操作。只需要添加一些操作（實際上是三個）並清除部分伺服器端程式碼，以確保所有操作都運作正確。

那麼，開始吧。

預設成 JSON 響應

TPS 網站／應用程式為所有響應發送 HTML。而此 TPS web API 將為所有響應發送 JSON（application/json）而非 HTML（text/html）。另一件重要的改變是限制服務響應，只能發送實際儲存的 Task 與 User 物件與屬性。將遵循表 1-2 記錄的訊息、表 1-4（Task 物件屬性）與表 1-5（User 物件屬性）的細節。

根據上述訊息，發出一個請求至 /task/ URL 的 JSON 輸出範例：

```
{
  "task": [
    {
      "id": "137h96l7mpv",
      "title": "Update TPS Web API",
      "completeFlag": "true",
      "assignedUser": "bob"
    },
    {
      "id": "1gg1v4x46cf",
      "title": "Review Client API",
      "completeFlag": "false",
      "assignedUser": "carol"
    },
    {
      "id": "1hs5sl6bdv1",
      "title": "Carry Water",
      "completeFlag": "false",
      "assignedUser": "mamund"
    }
    ... 更多 task 紀錄
  ]
}
```

要注意的是 JSON 響應中沒有任何連結與表單。這是典型 RPC-CRUD 風格的 API 響應。URL 與動作細節包含於該專案的人類可讀文件中（在 Github（*https://github.com/RWCBook/json-crud-docs*）），並將被編死到呼叫此 API 的客戶端應用程式中。

此 RPC-CRUD API 的 人 類 可 讀 文 件 可 在 GitHub（*https://github.com/ RWCBook/json-crud-docs*）repo 中找到，根據這些文檔筆者將在第二章， *JSON 客戶端*中詳細介紹創建基於 JSON 的 RPC-CRUD 客戶端應用程式。

正如預期的一樣，呼叫 /user/ 端點響應與 /task/ URL 類似：

```
{
  "user": [
    {
      "id": "alice",
      "nick": "alice",
      "password": "a1!c#",
      "name": "Alice Teddington, Sr."
    },
    {
      "id": "bob",
      "nick": "bob",
      "password": "b0b",
      "name": "Bob Carrolton"
    },
    .... 更多 user 紀錄
  ]
}
```

以上介紹已涵蓋了服務響應。接下來，必須確保表 1-2 中紀錄的所有動作都包含於程式碼內。

更新 TPS web API 操作

TPS HTML web 應用程式透過使用 HTML POST 方法支援編輯與刪除操作。雖然從 HTML 與 HTTP 的角度來看是非常好的，但此方法卻與基於 JSON 的 RPC-CRUD 範式 的常見做法背道而馳。在 CRUD 風格的 API 中，**編輯**操作是由 HTTP PUT 方法處理，**刪 除**操作是由 HTTP DELETE 操作處理。

為了使 TPS web API 符合要求，需要新增兩件事：

- 在 /task{id} URL 上支援 PUT 與 DELETE。

- 在 /user{nick} URL 上支援 PUT。

由於 TPS 服務已經支援 Tasks 的**更新**與**刪除**操作（以及 Users 的**更新**操作），所以只需 要在伺服器端的程式碼中添加 HTTP PUT 與 DELETE 來支援上述操作。在範例 1-1 中可快 速查看 TPS 伺服器程式碼（包括功能更新）。

範例 *1-1　修改 TPS 伺服器以支援 Task 的 PUT 與 DELETE 操作*

```
...
case 'POST':
  if(parts[1] && parts[1].indexOf('?')===-1) {
    switch(parts[1].toLowerCase()) {
      /* Web API 不再透過 POST 支援更新與刪除❶
      case "update":
        updateTask(req, res, respond, parts[2]);
        break;
      case "remove":
        removeTask(req, res, respond, parts[2]);
        break;
      */
      case "completed":
        markCompleted(req, res, respond, parts[2]);
        break;
      case "assign":
        assignUser(req, res, respond, parts[2]);
        break;
      default:
        respond(req, res,
          utils.errorResponse(req, res, 'Method Not Allowed', 405)
        );
    }
  }
  else {
    addTask(req, res, respond);
  }
break;
/* 新增透過 PUT 支援更新 */ ❷
case 'PUT':
  if(parts[1] && parts[1].indexOf('?')===-1) {
    updateTask(req, res, respond, parts[1]);
  }
  else {
    respond(req, res,
      utils.errorResponse(req, res, 'Method Not Allowed', 405)
    );
  }
break;
/* 新增透過 DELETE 支援刪除 */ ❸
case 'DELETE':
  if(parts[1] && parts[1].indexOf('?')===-1) {
    removeTask(req, res, respond, parts[1]);
  }
```

```
    else {
      respond(req, res,
        utils.errorResponse(req, res, 'Method Not Allowed', 405)
      );
    }
  break;
  ...
```

 別為難以解析此單獨片段的程式碼而擔憂。基於 JSON 的 RPC-CRUD web API 版本的 TPS 完整原始碼可在相關的 GitHub repo（*https://github. com/RWCBook/json-crud*）中找到。

從上述片段程式碼可看出，Task 資料的 HTTP 處理程序不再透過 POST 支援更新與刪除動作（❶）。更新與刪除動作更改為透過 HTTP PUT（❷）與 DELETE 方式存取（❸）。User 資料的更新動作也修改成類似方式。

最後，更新 web API 服務不再支援 assignUser、markCompleted 與 changePassword 頁面。上述頁面是由 TPS 網站／應用程式提供以允許使用者透過 HTTP 獨立的 <form> 響應來輸入資料。由於此 web API 並不支援 <form>，所以不再需要這些頁面。

以下是 TPS web API 的 Task 處理程序關閉 assignUser 與 markCompleted <form> 的頁面：

```
  ....
  case 'GET':
    /* Web API 不再為 assign 與 completed 表單頁面提供服務
    if(flag===false && parts[1]==="assign" && parts[2]) {
      flag=true;
      sendAssignPage(req, res, respond, parts[2]);
    }
    if(flag===false && parts[1]==="completed" && parts[2]) {
      flag=true;
      sendCompletedPage(req, res, respond, parts[2]);
    }
    */
    if(flag===false && parts[1] && parts[1].indexOf('?')===-1) {
      flag = true;
      sendItemPage(req, res, respond, parts[1]);
    }
    if(flag===false) {
      sendListPage(req, res, respond);
    }
  break;
  ....
```

使用 cURL 測試 TPS web API

即使需要一個功能齊全的 JSON CRUD 客戶端（或測試運行程式）來測試所有的 TPS web API，仍可使用 curl 命令工具進行一些基本的測試。curl 命令工具會確認是否已經正確設置 TPS web API（以上展示的每個 API 設計），並允許使用者與運行中的 API 服務進行簡單的互動。

以下是個簡短的 curl session，顯示在 Task 端口上的所有 CRUD 操作及 TaskMarkCompleted 特殊操作：

```
// 創建一筆新的 task 紀錄
curl -X POST -H "content-type:application/json" -d '{"title":"testing"}'
  http://localhost:8181/task/

// 獲取新建的 task 紀錄
curl http://localhost:8181/task/1z4yb9wjwi1

// 更新已存在的 task 紀錄
curl -X PUT -H "content-type:application/json" -d '{"title":"testing again"}'
  http://localhost:8181/task/1z4yb9wjwi1

// 將紀錄標記為已完成
curl -X POST -H "content-type:application/json"
  http://localhost:8181/task/completed/1z4yb9wjwi1

// 刪除 task 紀錄
curl -X DELETE -H "content-type:application/json"
  http://localhost:8181/task/1z4yb9wjwi1
```

 為了節省空間並布置在同個頁面中，一些指令印成兩行。如果讀者自行運行上述指令，須將每個指令放置成一行。

重點回顧，目前為止已經完成實作 TPS web API 啟動與運行的所有修改：

- 將 API 響應設置為發送簡單的 JSON（application/json）陣列。
- 新增支援 Task 物件的 PUT（更新）與 DELETE（刪除）。
- 刪除支援 Task 物件的 POST（更新）與 POST（刪除）。
- 刪除支援 Task 物件的 GET（分配任務）與 GET（標記完成）FORMS。
- 新增支援 User 物件的 PUT（更新）。

- 刪除支援 User 物件的 POST（更新）

- 刪除支援 User 物件的 GET（修改密碼）FORMS。

從列表中可看到，實際上筆者在 web API 中做了許多刪除支援動作。還記得之前也從所有 web API 響應中刪除所有連結與表單。過濾與修改 TPS 服務資料需要被記錄在人類可讀的文件中，並將其編進 JSON 客戶端應用程式裡。將在第二章討論運作模式。

觀察

現在已經開始運行一個 TPS web API 服務，以下是一些經驗觀察。

純 *JSON* 響應

目前 web API 的特點是發送純 JSON 響應——不再是 HTML，只有 JSON。優點在基於 JavaScript 的瀏覽器客戶端支援 JSON 比處理 XML 或解析 HTML 響應更容易。雖然在本書範例中沒有提及，但 JSON 響應比起 HTML 更能有效率的傳遞大量巢狀傳輸資訊。

關於 *URL* 與 *CRUD* 的 *API* 設計

當設計範例 web API 時，花費大部分的時間與精力在製作 URL，並決定每個請求傳遞哪些方法與參數。也必須確保 URL 將重要的 JSON 物件對應到 CRUD 操作。有少數操作並沒有良好的對應到 CRUD（三個用例），所以必須為此操作創建特殊的 URL。

沒有連結與表單

另一個 web API 常見的特點是響應中缺少連結與表單。常見的 web 瀏覽器使用 HTML 的連結與表單來呈現 UI 介面供人們使用。能如此運作是因為瀏覽器已經在 HTML 中明白如何解析連結與表單。由於 JSON 沒有像 <a>...</a>、<form method="get"> 或 <form method="post"> 的物件，所以從 UI 中執行操作的訊息必須被寫入 API 客戶端程式碼。

API 伺服器相對簡單

由於將 TPS web 應用程式轉成 web API 使用許多刪除功能，因此在創建 API 伺服器似乎相對簡單。創建 API 伺服器確實存在一些挑戰——範例 TPS web API 非常簡易——但在大多數情況下，比起創建資料響應、連結（LINKS）與資料傳遞指令（FORMS），創建 RPC-CRUD 風格的 API 需要考慮的事情較少。

完成 API 只是整個專案的一部分

一旦啟動 web API 並運作，仍需要使用某些客戶端進行測試。不能只依賴 web 瀏覽器測試，因為瀏覽器不了解範例的 CRUD 與特殊操作。所以，目前使用 curl 命令工具執行 HTTP 層的請求確保 API 依預期方式進行。

本章總結

在本章中，由超媒體客戶端開啟這趟旅程，首先回顧了一些典型 web API 的早期歷史──特別是在只有 HTML 的簡單網站／應用程式的起源。接著介紹 BigCo 的任務程序系統（TPS）web 應用程式並學習 HTML5 應用程式不需任何 JavaScript 程式碼就可運作。

由於筆者對 API 服務與 API 客戶端感興趣。所以第一個任務是將簡單的只有 HTML web 應用程式轉換為 JSON web API 服務。這並不會太難。筆者採用了常見的 RPC-CRUD 設計模型，對每個 API 物件（Task 與 User）建立 URL，並針對此物件與 URL 實作創建─讀取─更新─刪除（CRUD）範式。此外必須創建其他特殊 URL 來支援獨特的操作（使用 POST），並根據 web API 的 URL 集合（/task 與 /user/）記錄一組過濾程序。接著記錄所有從客戶端至伺服器應被格式化為 JSON 字詞的 JSON 物件。

完成初步設計，接著必須實作 API。將現有的網站應用程式做分支，並花費大部分的時間與精力於**刪除**功能、簡化格式（刪除所有 JSON 響應的連結與表單）與清理 web API 的程式碼。最後，使用 curl 命令工具來確認 API 功能是否正確運行。

這為 TPS API 服務提供很好的開始。下個挑戰是建造一個功能齊全的 JSON CRUD 客戶端，此客戶端理解 TPS web API 文件。由於花了大部分時間消除 web API 響應中的描述性訊息，因此需要將該訊息添加回 API 客戶端。筆者之後會詳細介紹。

鮑伯與卡蘿

「那麼，鮑伯。TPS web API 開始啟動運行了嗎？」

「是的，卡蘿，已在運行。實作它並不像想像中的困難，但設計細節比我計畫的要多一些。」

「沒錯，響應中不再有連結與表單，你必須重新設計 API 以支援 CRUD 範式，對吧？」

「對！CRUD 範式是大多 JSON API 開發者期望的。但我們仍需要支援其他非 CRUD 動作，例如分配任務、標記完成與修改密碼用例。」

「的確，並不是所有動作都適用 CRUD 範式。所以，我假設你現在也有些重要的文件要給我。」

「嗯，這些文件不算太大。我已列出所有 URL、HTTP 方法、有效負載、參數，以及回傳物件。妳需要將所有資訊寫死到妳的應用程式中。」

「哦，現在我明白你說實作不是很難的原因了。你的團隊從伺服器端 API 抽出一大堆東西，我的團隊要花時間把它們放回客戶端。」

「嗯，這是其中一種看法，我猜。之前沒有想到會這樣。」

「別擔心，鮑伯。那麼，我們團隊得開始開發 TPS API 客戶端？」

「是的，越快越好。我無法使用瀏覽器測試此 API，需要一個功能齊全的客戶端來幫忙驗證是否有任何錯誤。」

「好的，鮑伯。我們會在幾天後完成並與你討論。」

參考資源

1. 黑白電腦的螢幕圖像為 IBM 可攜式個人電腦，來自 Hubert Berberich（HubiB）（本人作品）〔CC BY-SA 3.0〕，透過 Wiki 分享（*http://creativecommons.org/licenses/by-sa/3.0*）。

2. Lynx 瀏覽器截圖是從 Lynx 規範（*http://lynx.browser.org*）中取得。顯示資料為範例 TPS web 應用程式。

3. Roy Fielding 2009 年的部落格文章《It is okay to use POST》（*http://g.mamund.com/sstuc*）指出，他的論文從未提到 CRUD 並且在 web 應用程式上使用 GET 與 POST 是可行的。

4. 在 URL 設計方面比者推薦兩本書《*RESTful Web Services Cookbook*》作者沙布・阿倫馬拉久（2010 年由 O'Reilly 出版）與《*REST API Design Rulebook*》作者馬克・馬塞（2011 年由 O'Reilly 出版）。當然還有許多書可參考，但這兩本書是筆者最常使用的。

5. 帕金森定律又稱 *bikeshedding*，由 C・諾斯科特・帕金森在他的書《*Parkinson's Law and Other Studies in Administration*》（Houghton Mifflin Company，1957 年）中首次描述。帕金森在繁忙的議會中提出「在任何議程項目所花費的時間與所涉及的〔金額〕成反比」。

第二章

JSON 客戶端

「我的書全都以奢華起頭並以純粹結尾。」

——安妮‧迪亞德

鮑伯與卡蘿

「好了,卡蘿。TPS web API 已經設置完成並開始運行,可以為妳的團隊創建客戶端。」

「聽起來不錯,鮑伯。我也看到你團隊提供的 API 文件。哇,這麼多的文件只為了如此微小的 API。」

「嗯,當編寫客戶端應用程式時有很多細節需要這些文件才能解決。物件、URL 與所有新增和更新紀錄的參數——都包含在內。」

「好的,沒問題。只是我以為整個 CRUD 範式會讓一切較簡單。」

「儘管我們使用 CRUD,但並不是所有 API 動作完全符合 CRUD。妳將會看到一些參數使用 HTTP POST 的例子。」

「好。我先與團隊進行討論，希望下週末能實作我們的第一個客戶端應用程式。」

 「沒問題，卡蘿。我們下週見。」

現在有一個功能齊全的 JSON web API（第一章中介紹），準備建造客戶端應用程式。由於筆者將 web API 定位為 RPC-CRUD API，因此必須查閱文件並確保將規劃的所有構建 URL 規則與處理特殊響應物件編入應用程式中，以及了解所有關於如何執行過濾細節、顯示與修改服務資料的所有操作（此 TPS 應用程式大約有 20 組）。

此外，在建造與發布 API 客戶端之後，將模擬現實生活中的場景並更新後端服務，以了解客戶端的影響與變化。理想狀況下，希望此客戶端能夠支援更新後端服務的所有新功能。但是任何建造 RPC-GRUD 客戶端的開發者都知道不太可能。至少希望應用程式在後端發生變化時**不會當機**，即使這是個取決於如何實現客戶端的不確定命題。筆者將努力完成 Web API 客戶端更新所需的修改，並在結束此章節前提供一些重點觀察並進入下個專案。

那麼，開始吧！

JSON Web API 客戶端

對於許多讀者來說，典型的 JSON web API 客戶端並不陌生——大部分的 web API 都被設計以支援此類型。筆者將回顧與介紹此客戶端的一些基本元素，並簡單掃描服務程式碼來探索 JSON API 輸出，之後開始編程功能完整的 JSON web API 客戶端。過程中，將了解 JSON 客戶端如何處理重要元素，例如：

- 在響應中辨認 **OBJECT**
- 構建與服務進行互動的 **ADDRESS**（URL）
- 處理例如過濾、編輯或刪除資料的 **ACTION**

在開始查看客戶端應用程式處理重要元素之前，先花點時間檢閱這三項元素。

OAA 的挑戰

本書中，筆者上述三項元素稱之為 OAA 挑戰（**OBJECT**、**ADDRESS** 與 **ACTION**）。每個 web API 客戶端應用程式都需要處理 OAA，特別是關注於超媒體風格的客戶端時，有許多不同方法可以處理 OAA 挑戰。

物件（Object）

JSON web API 客戶端需要處理最重要的事情之一即是響應中出現的 JSON 物件。大多的 JSON 物件透過響應展露出獨特的物件模型。在**開始**使用 API 之前，使用者的客戶端應用程式必須了解物件模型。

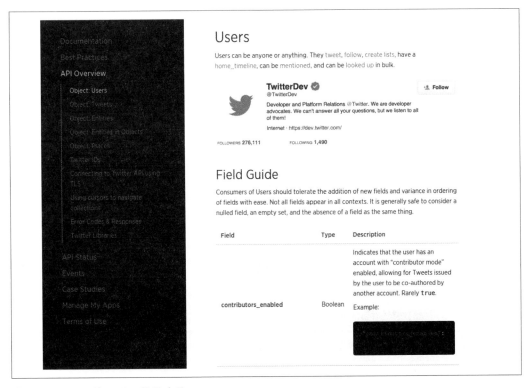

圖 2-1　Twitter 的 JSON 物件文件

例如，圖 2-1 所示，Twitter API Overview 頁面列出五個基準物件：

- Users

- Tweets

- Entities

- Entities in Objects

- Places

這些物件中許多也包含巢狀字詞與陣列物件。除了相關的 Twittr API 如串流服務、廣告服務等等，還有其它幾套完整的 JSON 物件。

辨識物件

幸運的是，TPS web API 只有兩個主要物件（Task 與 User）且都是由一組名稱／值配對組成。此簡單的設計範例應用程式易於使用與瀏覽。然而，大多數大型的應用程式可能具有許多物件與十幾個（甚至百個）屬性。

正如第一章所展示的，TPS web API 響應是簡單的陣列：

```
{
  "task": [
    {
      "id": "137h96l7mpv",
      "title": "LAX",
      "completeFlag": "true",
      "assignedUser": "bob",
      "dateCreated": "2016-01-14T17:48:42.083Z",
      "dateUpdated": "2016-01-27T22:03:02.850Z"
    },
    {
      "id": "1gg1v4x46cf",
      "title": "YVR",
      "completeFlag": "false",
      "assignedUser": "carol",
      "dateCreated": "2016-01-14T18:03:18.804Z",
      "dateUpdated": "2016-01-27T17:45:46.597Z"
    },
    .... 更多 TASK 物件
  ]
}
```

此客戶端應用程式將需要識別 "task" 陣列名稱並在執行期相應執行。一個很好的方法是使用物件標籤當作「**內文切換**」（*context switch*）。當應用程序在響應中看到 "task":[…] 時，它將切換到「task 模式」並顯示 task 相關資料（與可能的動作）。當伺服器響應包含 "user":[…] 時，應用程式切換至「user 模式」。當然，如果伺服器響應包含 "note ":[…] 或其它未知的內文值時，此應用程式將不知如何處理。現在，需要忽略任何無法辨認的東西。

「忽略任何無法辨識的東西」是編寫強大客戶端應用程式優越的實作範式。筆者將在第七章介紹用於創建彈性客戶端應用程式的其它範式。

顯示資料

只知道物件與其屬性是不夠的。當 API 響應時客戶端應用程式還需要知道如何處理。例如，是否顯示資料項目，如果是，要顯示哪些屬性、提示屬性相關聯的人等等。

舉例，TPS web API 發送 Task 物件如下：

```
{
  "id": "137h96l7mpv",
  "title": "Review API Design",
  "completeFlag": "false",
  "assignedUser": "bob",
  "dateCreated": "2016-05-14T17:48:42.083Z",
  "dateUpdated": "2016-05-27T22:03:02.850Z"
},
```

對於此客戶端應用程式，筆者決定**不**顯示 dateCreates 與 dateUpdated 欄位。實際上，對於*所有的* TPS 物件都要保持追蹤欄位是否顯示或隱藏。

也需要決定在 TPS Task 與 User 物件中為每個屬性顯示哪些提示。大多情況下，客戶端開發者需要保留一組內部提示（甚至可以標記多種語言）並在執行期將提示對應到屬性名稱。對於簡單的範例應用程式而言，只需在提示時使用 CSS 技巧放大屬性名稱字型（見❶在範例 2-1 提供的程式碼中）。

範例 2-1　使用 CSS 產生 UI 提示效果

```
span.prompt {
  display:block;
  width:125px;
  font-weight:bold;
```

```
    text-align:right;
    text-transform:capitalize; ❶
  }
```

能使用以上方法是因為只需要支援單一語言,而且只是個簡單的 demo 應用程式。產品化應用程式將會在此方面討論更多細節。將在第六章 *Siren 客戶端* 介紹更強大的處理螢幕顯示方法。

所以,範例客戶端應用程式將追蹤來自伺服器所有重要的 JSON 物件,了解如何處理物件、顯示屬性與相關提示。

接下來要處理的是物件的 **ADDRESS** —— URL。

位址(Address)

大多的 JSON RPC-CRUD API 響應並不包含 URL ——客戶端應用程式正在處理之物件與陣列的位址。反之,URL 資訊是由開發者定制細節並寫入人類可讀的文件。通常會將 URL(或 URL 模板)寫死在應用程式中,在執行期將物件和集合與這些位址相關聯,並在實際應用程式 **使用** 之前解析 URL 模板的每個參數。

API 中的 URL 與模板數量可能非常大。以 Twitter API(前面提及)為例,在 Twitter API 文件頁面(請見圖 2-2),僅在一個頁面裡顯示將近 100 個 URL 端點。雖然單一 API 客戶端可能不需要處理該頁面列出的 **所有** 97 個 URL,但任何實用的 Twitter 客戶端應用程式可能需要處理數十個 URL。

對於範例 TPS web API 而言,是由 17 個 URL 與模板來處理。如表 1-2 所示。需要整理出哪些位址屬於對應的內文物件(**Task** 或 **User**),以及哪些位址不僅僅是簡單的讀取動作(例如 HTTP POST、PUT 與 DELETE 動作)。

處理 JSON web API 的 URL 與模板有許多不同的方法。筆者在範例中使用的方法是為每個物件創建所有 URL 的 JSON 字詞。例如,範例 2-2 展示出如何「記住」某些 **Task** 操作(請注意,筆者在客戶端 UI 顯示 URL 作為連結時,會附帶 **prompt** 元素)。

範例 2-2 將 URL 編寫至 JSON web API 客戶端

```
actions.task = {
  tasks:   {href:"/task/", prompt:"All Tasks"},
  active:  {href:"/task/?completeFlag=false", prompt:"Active Tasks"},
  closed:  {href:"/task/?completeFlag=true", prompt:"Completed Tasks"},
}
```

還需要保留一些關於**何時**顯示連結的資訊。連結是否該出現在每個頁面？只出現在與 task 有關的頁面？只展示**單一** task 的頁面？各種客戶端的 JavaScript 框架以不同方式處理這些細節。由於筆者沒有將客戶端或伺服器綁定在任一框架，所以解決方法是使用位址的另一個屬性，稱之為 target，它的值被設為像是 "all"、"list" 或 "single-item" 等。稍後在本章中會介紹。

圖 2-2　Twitter 的 JSON 端點文件

以上是「**物件**」（**OBJECT**）與「**位址**」（**ADDRESS**）介紹。還不錯，但還不夠。還須了解「**動作**」（**ACTION**）的詳細資料，ACTION 涉及查詢參數與需要請求本體的構建之動作（例如 POST 與 PUT）。

動作（Action）

Web API 客戶端需要處理的第三重要元素是 web API 的過濾器與寫入操作。像 URL 構建規則一樣，此資訊通常寫入人類可讀的文件，之後由開發者寫入客戶端程式碼。例如，Twitter 的 API 最多可使用到七個參數來更新現有列表，圖 2-3 文件所示。

範例 TPS web API 文件如表 1-2 所示。與 Twitter API 文件相似，TPS 文件顯示出 URL、方法與參數集合。這些內容全部都要「寫」入 web API 客戶端應用程式。

圖 2-3　Twitter 的更新列表 API 文件

完整的 TPS web API 文件可在相關 GitHub repo 中找到（*https://github.
com/RWCBook/json-crud-docs*）。

將動作訊息編碼到客戶端應用程式中有許多不同的方法——寫死進應用程式、將其作
「元資料」（metadata）放至在獨立的本地檔案，或者甚至作為使用 JSON 響應發送的
遠端組態檔案。對於 TPS 客戶端範例，筆者將採用類似於處理簡單 URL 時使用的方法
（參見範例 2-2）。

例如，表 2-1 顯示 TPS 文件中 UserAdd 動作內容。

表 2-1　TPS UserAdd 動作內容

操作名稱	URL	方法	回傳物件	輸入
UserAdd	/user/	POST	UserList	nick, password, name

web API 客戶端應用程式會將該訊息儲存在 actions 元素中（見以下程式碼）。請注意，
pattern 屬性訊息來自另一部分的 TPS 文件（如表 1-5 所示）。

```
actions.user = {
  add:  {
    href:"/user/",
    prompt:"Add User",
    method:"POST",
    args:{
      nick: {
        value:"",
        prompt:"Nickname",
        required:true,
        pattern:"[a-zA-Z0-9]+"
      },
      password: {
        value:"",
        prompt:"Password",
        required:true,
        pattern:"[a-zA-Z0-9!@#$%^&*-]+"
      },
      name: {
        value:"",
        prompt:"Full Name",
        required:true
```

```
        }
      }
    }
  }
```

對於客戶端應用程式執行的*所有*動作必須處理這種操作訊息。在範例 TPS web API 中，有 17 種動作。非常重要的應用程式往往處理超過此數目的操作。

 筆者將在第四章中展示一種更強大的方法來處理描述上述互動的方式。

重點摘要

現在對於 web API 客戶端搭配 JSON RPC-CRUD 風格的 API 需要處理哪些議題有了很好的了解。除了一般的請求、解析與呈現響應的程式碼之外，每個 JSON API 客戶端也需要知道如何處理：

- 每個 API 獨特的 **OBJECT**
- API 中所有動作的 **ADDRESS**（URL 與 URL 模板）
- **ACTION** 詳細訊息包含重要動作請求的 HTTP 方法與參數，重要動作如 HTTP POST、PUT 與 DELETE

有了這些概念，現在可以深入 JSON web API 客戶端的實際程式碼。

JSON SPA 客戶端

現在已準備好了解 JSON web API 客戶端應用程式的程式碼。將查看單頁應用程式（SPA, single-page app）的 HTML 容器、頂層請求、解析、呈現與迴圈，並查看此客戶端應用程式如何處理先前提及的三件事：**OBJECT**、**ADDRESS** 與 **ACTION**。過程中，會看到 JSON 客戶端已在運行並展望如何處理應變後端 API 的更改。

 TPS JSON web 客戶端原始碼可在相關的 GitHub repo 中（*https://github.com/RWCBook/json-client*）中找到。本章描述的運行版本可在線上查詢（*http://rwcbook03.herokuapp.com/files/json-client.html*）。

本書中,將展示一個在瀏覽器寄存的 SPA 範例。此外,筆者選擇不使用 JavaScript 框架建構本書的範例應用程式,以便讀者更容易查看程式碼。所以,範例程式碼是為此書量身打造並非產品類型等級。不過使程式產品化只需讓其更堅固,不需要任何花俏的框架。

HTML 容器

為 TPS web API 創建的 SPA 客戶端是以單一 HTML 文件開始。此文件充當整個 API 客戶端應用程式的「容器」(*container*)。一旦初始的 HTML 被加載,所有其它請求與響應將由正在運行的 JavaScript 程式碼處理解析,並呈現從 TPS web API 服務回傳的 JSON 物件。

HTML 容器如下所示:

```
<!DOCTYPE html>
<html>
  <head>
    <title>JSON</title>
    <link href="json-client.css" rel="stylesheet" /> ❶
  </head>
  <body>
    <h1 id="title"></h1> ❷
    <div id="toplinks"></div>
    <div id="content"></div>
    <div id="actions"></div>
    <div id="form"></div>
    <div id="items"></div>
    <div>
      <pre id="dump"></pre>
    </div>
  </body>
  <script src="dom-help.js">//na </script> ❸
  <script src="json-client.js">//na </script> ❹
  <script>
    window.onload = function() {
      var pg = json();
      pg.init("/home/", "TPS - Task Processing System"); ❺
    }
  </script>
</html>
```

從上述 HTML 列表可看出，文件並沒有太多可說明。請注意**程式碼**從❷開始——七個 DIV 元素。每個 DIV 元素在執行期都有唯一的識別字與目的。可透過名字了解大概內容。最後一個 DIV 包含一個 `<pre>` 標籤，其將在執行期保存 JSON 響應的完整 "dump"。這是一種方便除錯顯示的方法。

除了 HTML，還有引用一個 CSS 文件（❶）與兩個 JavaScript；一個簡單的 DOM 函式庫（❸）與完整的客戶端程式碼（❹）。將在本章此節查看 `json-client.js` 函式庫。

 筆者使用小型函式庫（`dom-help.js`）減少客戶端程式碼中 HTML DOM 冗長的操作。這通常由其它 JS 框架處理，例如 JQuery 等。使用 `dom-help.js` 只是為了擺脫函式庫相依性並呈現有些函式庫沒有「魔法」。

最後，一旦加載頁面就會執行函式（見❺）。函式啟動 URL 與標題字串（可選填）初始化客戶端。URL 正常運作表示客戶端應用程式寄存與 TPS web API 相同的 web 網域。如果從另外的網域運行客戶端應用程式，只需要更新初始此 URL 即可。

那麼，來看看 `json-client.js` 函式庫如何運作。

頂層解析迴圈

客戶端應用程序被設計成簡單與重複的循環行為，如下所示：

1. 執行 HTTP 請求。

2. 將 JSON 響應儲存在記憶體中。

3. 檢查「**內文**」（*context*）響應。

4. 瀏覽響應並在螢幕上呈現內文相關的訊息。

本章先前談論到**內文**。客戶端預期來自 TPS web API 的多個自定義物件模型（Task、User 與 Home），並使用回傳物件當作**內文**來決定如何解析與呈現響應。

```
// 初始函式庫並啟動❶
function init(url, title) {
  if(!url || url==='') {
    alert('*** ERROR:\n\nMUST pass starting URL to the library');
  }
  else {
    global.title = title||"JSON Client";
    global.url = url;
    req(global.url,"get"); ❷
```

```
    }
  }

  // 流程循環❸
  function parseMsg() {
    setContext();
    toplinks();
    content();
    items();
    actions();
  }
```

當應用程式首次加載時，會呼叫 init 函式（❶）。驗證初始的 URL、儲存 URL，並對此 URL 送出第一次 HTTP 請求（❷）。一旦回傳響應（此處未顯示）後會呼叫 parseMsg 函式（❸），並啟動解析／呈現循環。

parseMsg 函式做的事情很少。首先，它調用 setContext 檢查響應並設定應用程式目前的內文，以便了解如何釋義響應。對範例應用程式而言，全域的 context 變數設定為 "task"、"user" 或 "home"。接下來，頁面頂部連結被定位與呈現（toplinks），並顯示所有 HTML 內容（content）。items 函式找尋響應中的所有物件（Task 或 User）並呈現在螢幕上，actions 函式建構適合目前內文的所有連結與表單。

上述只是單一功能，稍後會有詳細介紹。但首先，來看看 JSON 客戶端如何追蹤人類可讀文件中編寫的 TPS 物件、位址與動作。

物件、位址與動作

由於 TPS web API 只是回傳自定義的 JSON 物件與陣列，範例客戶端應用程式需要知道這些物件？什麼、如何制定位址，以及可能的動作行為。

TPS 物件

TPS 物件（Task 與 User）是簡單的名稱／值配對。所以，所有範例客戶端應用程式需要知道呈現的每個物件屬性。例如，所有 TPS 物件具有 dataCreated 與 dataUpdated 屬性，但是範例客戶端不需要處理這些屬性。

範例應用程式使用一個簡單的陣列以包含所有需要知道的物件屬性：

```
global.fields.task = ["id","title","completeFlag","assignedUser"];
global.fields.user = ["nick","name","password"];
```

現在，當要解析傳入的物件時，客戶端應用程式會將物件的屬性與自己的屬性列表做比較，並忽略不知名的傳入屬性。

在響應中處理物件螢幕顯示的運作如下程式碼所示：

```
// g = 全域存儲
// d = domHelper 函式庫

// 處理項目集合
function items() {
  var rsp, flds, elm, coll;
  var ul, li, dl, dt, dd, p;

  rsp = g.rsp[g.context]; ❶
  flds = g.fields[g.context];

  elm = d.find("items");
  d.clear(elm);
  ul = d.node("ul");

  coll = rsp;
  for(var item of coll) {
    li = d.node("li");
    dl = d.node("dl");
    dt = d.node("dt");

    // 發送資料元素
    dd = d.node("dd");
    for(var f of flds) { ❷
      p = d.data({text:f, value:item[f]});
      d.push(p,dd);
    }
    d.push(dt, dl, dd, li, lu);
  }
  d.push(ul,elm);
}
```

請注意（在❶）第一步是使用共享內文值定位響應（rsp）中的資料，並在檢查資料（flds）時選擇內部屬性。使用此訊息（在❷）確保僅呈現客戶端決定的欄位（參見圖2-4）。

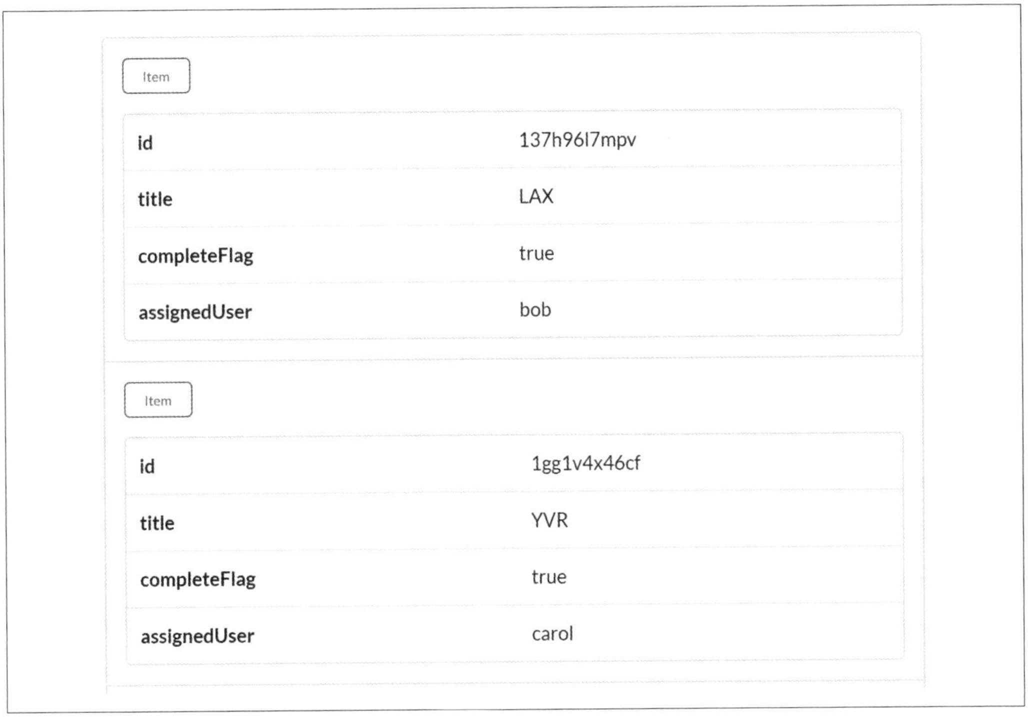

Item	
id	137h96l7mpv
title	LAX
completeFlag	true
assignedUser	bob

Item	
id	1gg1v4x46cf
title	YVR
completeFlag	true
assignedUser	carol

圖 2-4　在 JSON 客戶端呈現 task 項目

書中範例程式碼使用 ES6 `for..of`「迭代器」（iterator）。本書第一次使用 `for..of` 時僅在某些瀏覽器有支援，並非全部。筆者編寫範例時使用 Chrome 瀏覽器（Google 版本與 Chromium 開放原始碼版本）都運行正常。一定要檢查瀏覽器是否支援 `for..of` 迭代器。

位址與動作

範例客戶端應用程式將位址（URL）與動作（HTTP 方法與參數訊息）儲存至名為 actions 的單一內部集合中。每個動作的元資料會標明**何時**應該呈現（基於內文）以及**如何**執行（例如當作簡單連結、表單或直接的 HTTP 方法呼叫）。

TPS web API 動作列表相當長（17 個獨立動作），以下程式碼片段可讓讀者了解如何將位址與操作儲存在客戶端應用程式：

```
// task 內文動作
global.actions.task = {
  tasks:   {target:"app", func:httpGet, href:"/task/", prompt:"Tasks"}, ❶
```

```
    active:   {target:"list", func:httpGet, href:"/task/?completeFlag=false",
               prompt:"Active Tasks"
              },
    byTitle:  {target:"list", func:jsonForm, href:"/task", ❷
               prompt:"By Title", method:"GET",
               args:{
                 title: {value:"", prompt:"Title", required:true}
               }
              },
    add:      {target:"list", func:jsonForm, href:"/task/", ❸
               prompt:"Add Task", method:"POST",
               args:{
                 title: {value:"", prompt:"Title", required:true},
                 completeFlag: {value:"", prompt:"completeFlag"}
               }
              },
    item:     {target:"item", func:httpGet, href:"/task/{id}", prompt:"Item"},
    edit:     {target:"single", func:jsonForm, href:"/task/{id}", ❹
               prompt:"Edit", method:"PUT",
               args:{
                 id: {value:"{id}", prompt:"Id", readOnly:true},
                 title: {value:"{title}", prompt:"Title", required:true},
                 completeFlag: {value:"{completeFlag}", prompt:"completeFlag"}
               }
              },
    del:      {target:"single", func:httpDelete, href:"/task/{id}", ❺
               prompt:"Delete", method:"DELETE", args:{}
              },
};
```

上述程式碼片段中，可看到一個簡單、安全且唯讀的動作（❶），以及需要用戶輸入
（❷）的安全動作。也有經典的 CRUD 動作（❸、❹與❺）包含 HTTP 方法、提示與
（合適的）參數列表。動作定義是由執行期基於內文資訊選定。例如，target 屬性指示
哪些動作是用於應用程式層級、列表層級、項目層級，甚至單一項目層級內文。

以下範例程示碼為使用內文資訊並審視動作列表來呈現列表層級連結：

```
// d = domHelper 函式庫

// 處理列表層動作
function actions() {
 var actions;
 var elm, coll;
 var ul, li, a;

 elm = d.find("actions");
```

```
  d.clear(elm);
  ul = d.node("ul");

  actions = g.actions[g.context]; ❶
  for(var act in actions) {
    link = actions[act];
    if(link.target==="list") { ❷
      li = d.node("li");
      a = d.anchor({
        href:link.href,
        rel:"collection",
        className:"action",
        text:link.prompt
      });
      a.onclick = link.func;
      a.setAttribute("method",(link.method||"GET"));
      a.setAttribute("args",(link.args?JSON.stringify(link.args):"{}"));
      d.push(a,li);
      d.push(li, ul);
    }
  }
  d.push(ul, elm);
}
```

在上述程式碼中可看到物件內文（❶）與內部呈現內文（❷）都用於選擇僅合適顯示的連結。

包含參數細節的動作將在執行期使用 HTML `<form>` 元素呈現（見圖 2-5）。如下程式碼所示：

```
// d = domHelper 函式庫

// 呈現輸入
coll = JSON.parse(link.getAttribute("args")); ❶
for(var prop in coll) {
  val = coll[prop].value;
  if(rsp[0][prop]) {
    val = val.replace("{"+prop+"}",rsp[0][prop]); ❷
  }
  p = d.input({ ❸
    prompt:coll[prop].prompt,
    name:prop,
    value:val,
    required:coll[prop].required,
    readOnly:coll[prop].readOnly,
    pattern:coll[prop].pattern
```

```
  });
  d.push(p,fs);
}
```

上述程式碼片段，可從 action 定義中看到 args（❶）集合用於創造 HTML form 的輸入。在❷可看到目前每個物件填入輸入的值在實際創建 HTML input 元素之前（❸）。請注意 HTML5 屬性也包含 required、readonly 與 pattern 以改善客戶端使用者經驗。

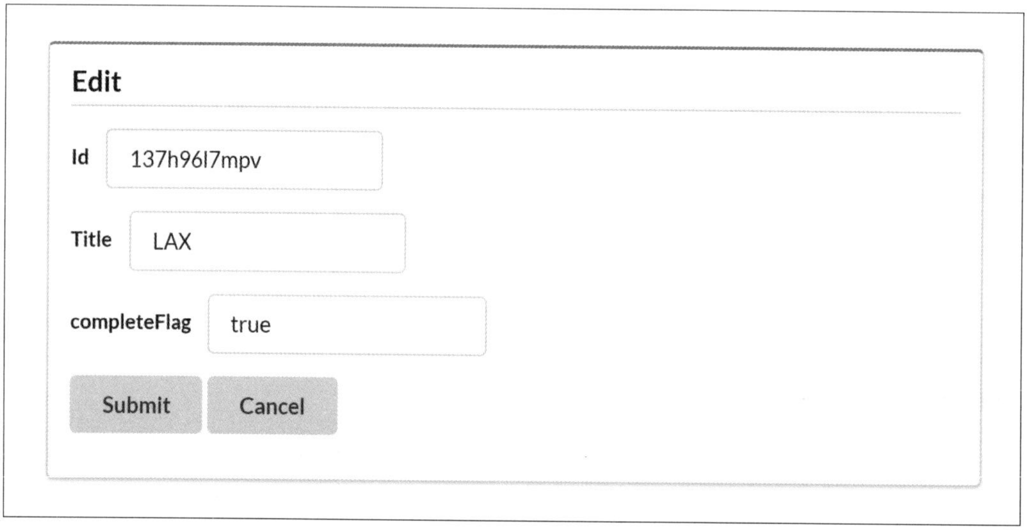

圖 2-5　JSON 客戶端呈現一組表單

重點摘要

json-client.js 函式庫中還有許多內容包含所有與 Ajax 相關處理 HTTP 要求與響應的程式碼，此處不再贅述。即使全部使用低階的 HTTP 程式碼，函式庫也有將近 500 行 JavaScript ——包含大量的注釋。實際上，客戶端各部分的分項是值得注意的。

處理 HTTP 層程式碼

　　舉例來說，與 Ajax 相關的低階 HTTP 程式碼大約使用 100 行。此程式碼通常由 jQuery 或其他框架的函式庫處理。此外，隨著 Web API 中獨特的物件、位址與動作的數量變化，此程式碼不會增長或縮短。HTTP 處理程式碼的大小是固定的。

解析與呈現

JSON 客戶端核心程式碼大約 300 行用於處理使用者介面解析與呈現。隨著 web API 物件與功能改變，程式碼內容不太會改變。不過，「程式碼庫」（codebase）可能會隨著更多的客戶端 UX 功能被添加至函式庫而成長。

web API 物件與動作

最後，函式庫另一大部分約 150 行左右的 JavaScript，是用於宣告 TPS web API 物件、位址與動作配置。此部分函式庫直接被 web API 物件與動作所影響。隨著 API 功能越多，程式碼也**必須**增長。

最後一項為 JSON API 客戶端的重點之一：更改後端 API 也將**強制**伴隨客戶端前端的修改。筆者已盡力將此更改抽離成函式庫的一個區段，但無法完全不更動，因為客戶端程式碼將所有服務的 **OBJECT**、**ADDRESS** 與 **ACTION** 直接寫死在程式碼中。

那麼，開始對後端 web API 進行改變並查看範例 JSON 客戶端如何處理。

處理機制間的變換

改變是 Web 的重要部分。數個 HTTP 協定與 HTML 的關鍵設計使得改變不須破壞現有的 HTTP 客戶端，不僅容易操作且易於支援。HTTP 頁面的內容可改變而不需重新編碼與發布新的 HTML 瀏覽器。HTTP 協定在過去的 25 年歷經少數更新且不破壞現有的 web 伺服器，或是要求兩者同時進行更新。實質上，改變已經「被設計」在 WWW 裡。將在第七章更詳細回顧此主題。

不幸的是，目前大多數的 web API 無法在後端變動時永遠不修改。Web API 伺服器變動時通常也需要客戶端同時進行更改。有時一旦伺服器端程式碼更改後現有的 API 客戶端甚至會當機或無法操作。大多的 web 開發者在 web API 上儲存明確的版本號碼以便讓開發者能夠容易知道已經發生變化——通常開發者可以重新編碼或布署其客戶端應用程式以保持與服務相容。

筆者將在客戶端應用程式完成**後**（大概可產品化）介紹後端服務 API 的修改。目前以探索各種 API 客戶端實作品如何處理修改與變化，並了解如何創建 API 客戶端以便在執行期可適應 API 的改變。

那麼，開始對 TPS web API 進行一些修改並看看範例 JSON 客戶端的反應。

新增欄位與過濾器

API 最常見的改變是添加新的資料儲存欄位。例如，在 BigCo 公司開發 web API 的團隊決定在 task 物件新增 tag 欄位。新增 tag 欄位允許使用者透過關鍵字標記 task 並使用相同關鍵字調用所有 task。

更新的（v2 版）TPS JSON web API 服務原始碼可在相關 GitHub repo
（*https://github.com/RWCBook/json-crud-v2*）中找到。服務運行版本可在線
上找到（*http://rwcbook04.herokuapp.com/task/*）。

新增 tag 欄位意味著必須新增新的搜尋選項：TaskFilterByTag。需要一個參數（字串）並使用此參數搜尋所有 task 紀錄的 tag 欄位，回傳 tag 欄位包含參數字串的 Task 物件。

修改 TPS web API

修改 TPS web API 以支援新的 tag 功能並不複雜。需要以下修改：

1. 新增 tag 屬性至 Task 儲存區。

2. 新增可透過 HTTP 查詢 Task 儲存區。

新增 tag 欄位至伺服器的儲存區，首先需要更新一行程式碼，此行程式碼定義了 Task 物件（❶）的有效欄位。

```
// task-component.js
// 此記錄的有效欄位
props = [
  "id",
  "title",
  "tag", ❶
  "completeFlag",
  "assignedUser",
  "dateCreated",
  "dateUpdated"
];
```

接下來，必須修改伺服器上新增與更新 Task 物件的驗證規則。以下程式碼片段展示帶有新 tag 欄位（❶）的 addTask 規則。updateTask 規則也採用類似的修改。

```
function addTask(elm, task, props) {
  var rtn, item;
```

```
item = {}
item.tags = (task.tags||""); ❶
item.title = (task.title||"");
item.assignedUser = (task.assignedUser||"");
item.completeFlag = (task.completeFlag||"false");
if(item.completeFlag!=="false" && item.completeFlag!=="true") {
  item.completeFlag="false";
}
if(item.title === "") {
  rtn = utils.exception("Missing Title");
}
else {
  storage(elm, 'add', utils.setProps(item, props));
}

return rtn;
}
```

測試更新後的 TPS web API

修改後的 TPS web API，可使用 curl 命令行應用程式驗證是否正確運行。創建 tag 並將值設成 "test" 的命令行如下所示：

```
curl -X POST -H "content-type:application/json" -d
  '{"title":"Run remote client tests","tags":"test"}'
  http://localhost:8181/task/
```

並創建一個新 task 紀錄如下所示：

```
{
  "id": "1sog9t9g1ob",
  "title": "Run server-side tests",
  "tags": "test",
  "completeFlag": "false",
  "assignedUser": "",
  "dateCreated": "2016-01-28T07:16:53.044Z",
  "dateUpdated": "2016-01-28T07:16:53.044Z"
}
```

假設創建數個新紀錄後，執行過濾器查詢命令行如下所示：

```
curl http://localhost:8181/task/?tags=test
```

回傳一個或多個 tag 值包含 "test" 的 task 紀錄：

```json
{
  "task": [
    {
      "id": "1m80s2qgsv5",
      "title": "Run client-side tests",
      "tags": "test client",
      "completeFlag": "false",
      "assignedUser": "",
      "dateCreated": "2016-01-28T07:14:07.775Z",
      "dateUpdated": "2016-01-28T07:14:07.775Z"
    },
    {
      "id": "1sog9t9g1ob",
      "title": "Run server-side tests",
      "tags": "test",
      "completeFlag": "false",
      "assignedUser": "",
      "dateCreated": "2016-01-28T07:16:53.044Z",
      "dateUpdated": "2016-01-28T07:16:53.044Z"
    },
    {
      "id": "242hnkcko0f",
      "title": "Run remote client tests",
      "tags": "test remote",
      "completeFlag": "false",
      "assignedUser": "",
      "dateCreated": "2016-01-28T07:19:47.916Z",
      "dateUpdated": "2016-01-28T07:19:47.916Z"
    }
  ]
}
```

介紹了 TPS web API 的更新與驗證，接下來看看 JSON API 客戶端需要如何修正。

 為了完整一致，也必須更新 TPS web API 文件。不過現在先跳過這步驟。

測試 JSON API 客戶端

為測試 JSON API 客戶端是否支援新 tag 欄位與過濾器選項，最簡單的方法就是運行客戶端並檢查結果是否正確。圖 2-6 為 JSON API 客戶端向新的 TPS web API 伺服器發送請求的螢幕截圖。

圖 2-6 　JSON API 客戶端不支援 tag 欄位

圖 2-6 可看出，即使新的 task 紀錄顯示在客戶端，tag 欄位卻無顯示也缺少新的過濾器選項。好消息是添加新功能後 JSON 客戶端沒有當機。壞消息是客戶端忽略了新的功能。

> 更新的（v2 版）TPS JSON web 客戶端原始碼可在相關 GitHub repo
> （ *https://github.com/RWCBook/json-client-v2* ）中找到。服務運行版本可在
> 線上找到（ *http://rwcbook05.herokuapp.com/files/json-client.html* ）。

讓 JSON 客戶端支援新功能的唯一方法，是將應用程式重新編寫程式碼並布署新版本。

編寫新的客戶端

為了讓 JSON API 客戶端支援 tag 欄位，需要更新客戶端物件與動作資料。客戶端在運用 tag 之前必須知道 tag 的特徵。因為範例 JSON 客戶端被設計為物件和動作獨立，與函式庫其餘部分分開，所以添加新功能相對容易。

首先，需要更新客戶端的物件屬性（❶）：

```
// task 欄位
g.fields.task = [
  "id",
  "title",
  "tags", ❶
  "completeFlag",
  "assignedUser"
];
```

接下來，將新的過濾器選項添加到客戶端的 `task.actions`：

```
byTags: {
        target:"list",
        func:jsonForm,
        href:"/task",
        prompt:"By Tag",
        method:"GET",
        args:{
          tags: {value:"", prompt:"Tags", required:true}
        }
      }
```

並更新 addTask 與 updateTask 動作定義（❶和❷）：

```
add:  {
        target:"list",
        func:jsonForm,
        href:"/task/",
        prompt:"Add Task",
        method:"POST",
        args:{
          title: {value:"", prompt:"Title", required:true},
          tags: {value:"", prompt:"Tags"}, ❶
          completeFlag: {value:"", prompt:"completeFlag"}
        }
     },
edit: {
        target:"single",
        func:jsonForm,
        href:"/task/{id}",
        prompt:"Edit",
        method:"PUT",
        args:{
          id: {value:"{id}", prompt:"Id", readOnly:true},
          title: {value:"{title}", prompt:"Title", required:true},
          tags: {value:"{tags}", prompt:"Tags"}, ❷
          completeFlag: {value:"{completeFlag}", prompt:"completeFlag"}
        }
      }
```

透過以上修改，現在可看到 JSON 客戶端支援 TPS web API 的新 tag 功能，如圖 2-7 所示：

讀者可能會注意到在客戶端應用程式所做的修改與在伺服器 API 中的更改類似。這並非偶然。典型的 JSON API 需要客戶端應用程式與伺服器端的程式碼共享相同的「物件

OBJECT ／位址 ADDRESS ／動作 ACTION」配置，以便保持同步。這表示服務的每個新功能都需要客戶端更新並釋出新版本。

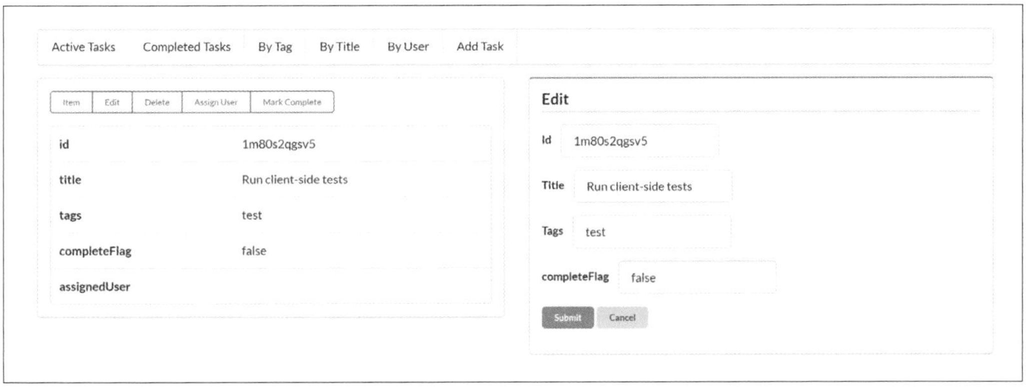

圖 2-7　JSON 客戶端 v2 版本支援 tag 功能

原始範例的 JSON 客戶端應用程式可保持提供相同功能不需要更新，因為 TPS web API 並沒有引入破壞性的改變。例如，如果服務已經更改 addTask 與 updateTask 操作，需要添加／編輯 Task 物件的 tag 欄位時，原始範例 JSON 客戶端就無法儲存 Task。由於服務將 tag 欄位設定為選填輸入，因此原始範例應用程式仍可運行；只是無法利用與顯示新功能。基本上，當 API 服務更改時，客戶端應用程式最希望服務不會對 API 進行破壞性的更改（例如刪除欄位／功能；更改現有的功能；添加新的必要欄位等等）。

然而，有許多設計服務 API 的方法，可允許客戶端適應不斷變化的響應——甚至有能力發布新功能（如 tag 欄位與過濾器）而無須重新編寫客戶端。此議題將在後續章節探討。

本章總結

回顧本章 JSON API 客戶端幾個關鍵部分，如下所示：

- 處理服務模型中的關鍵 **OBJECT**
- 建構與管理服務的 **ADDRESS** 或 URL
- 了解所有 **ACTION** 元資料，例如參數、HTTP 方法與輸入規則

之後詳細了解範例 JSON 客戶端並探討如何處理 OAA 挑戰。還注意到客戶端應用程式是使用簡單的循環模式編寫，像是提出請求、解析響應與（基於內文資訊）呈現訊息至螢幕。功能完整的 SPA 客戶端需要超過 500 行的 JavaScript ──即使使用低階 HTTP 程序處理。

 事實證明只接收純 JSON 響應的客戶端在 OAA 挑戰中表現不佳。這些客戶端會破壞或忽略三個元素中的任何一項更改。新增、刪除或更改 **OBJECT**、**ADDRESS** 或 **ACTION** 都需要重新編碼或布署。

最後，在 TPS web API 服務中加入新功能，並看到範例 JSON 客戶端忽略了此新功能。幸運的是，服務以向下相容的方式更新且客戶端沒有當機或失去作用。但是為了利用新的 **tag** 功能，必須重新編碼並布署客戶端。

鮑伯與卡蘿

 「嘿，鮑伯。來看看我們在 TPS web API 專案中學到了哪些經驗。」

「嗨，卡蘿。很高興見到妳。我們開始吧。」

 「首先，我們在上週學到了很多。做了些努力，即使在 API 中處理將近 20 個操作，我可以將 JSON 客戶端 SPA 降低至大約 500 行的 JavaScript。」

「真是令人印象深刻，並且在測試最初客戶端的功能非常良好。」

 「是的，但我們遇到了一個重大問題。後端的更改變動使得我們客戶端應用程式過時。」

「對，抱歉，卡蘿。在我們將 API 發布後，又被要求加入 tag 功能」

「嗯，至少你們添加的功能沒有**破壞** JSON 客戶端。但是必須重新編寫與布署我們的應用程式才能看到新功能。」

「是的，希望這事別發生太頻繁。」

「不過，鮑伯，我有點擔心**將**會持續發生。我的意思是，改變更動無可避免，對吧？」

「是的。無法阻止有新功能的需求。這就是 Web 的運作方式。現在開始我們將不**斷**更新與發布。」

「我不確定這方法是否可行，鮑伯。我想我們需要研究另一種建造 web API 與客戶端應用程式的方法，不受時間影響可支援變動的方法。」

「嗯，卡蘿。我很想聽到更深入的內容，但現在，我必須與我的伺服器端團隊會面並討論需要對 API 進行更多變動。」

「更多變動？好的，鮑伯。晚點聊。」

參考資源

1. 可透過線上文件了解更多關於 Twitter API 訊息（*https://dev.twitter.com/overview/documentation*）。

2. GitHub 上有個不錯的 ECMAScript 相容圖表可參考（*https://kangax.github.io/compat-table/es6/*）。

第三章

表示器範式

「可是，它明明是根菸斗。」

我說：「不對，它不是。這是菸斗的圖畫。了解嗎？所有圖畫本質上都是抽象的。這是很聰明的點子。」

——約翰・格林，生命中的美好缺憾

鮑伯與卡蘿

 「嗨，卡蘿。我想與妳談一下伺服器端的功能。具體來說，是有關於實現如何支援多種格式輸出。妳看，我們從 HTML 開始並在最近新增支援純 JSON 格式。」

「是的，有些團隊開始詢問有關其他註冊的格式，例如 HAL、Collection ＋ JSON、Siren 等等。在我們組成兩個團隊時，有稍微研究一番。」

 「對，妳的舊同事已告知我此消息，我想與妳一起回頭看看你們當初的筆記。」

「嗯，我不確定能提供多少幫助畢竟我們才剛開始。」

「好的，我有些關於妳提到格式輸出的可靠訊息，但我真正想與妳討論的是一些實作上的點子。」

「好的，鮑伯。很合理。到目前為止有哪些資訊分享呢？」

「昨天開會時，大家正熱烈討論必須支援哪些格式。對於新增支援純 JSON 物件似乎有廣泛共識，並且有人非常堅持支援超媒體格式，例如 HAL、Cj 與 Siren。讓我覺得相當混亂。」

「嗯，你不需要決定支援哪種格式。其實，我覺得這是個失敗的策略。」

「等等，什麼？我不需要決定格式嗎？這聽起來不正確。」

「嗯，與其試圖讓大家統一單一格式，不如實作 TPS API 來支援一種或多種格式。」

「嗯。妳的意思為了讓大家"滿意"而擴散這些格式參數嗎？這聽起來比選擇一種格式更糟糕。」

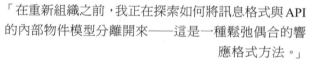「在重新組織之前，我正在探索如何將訊息格式與 API 的內部物件模型分離開來──這是一種鬆弛偶合的響應格式方法。」

「哦，我明白了。這樣一來，格式問題的決議就不會影響系統的其他部分。」

「沒錯，鮑伯。我是從一篇有關軟體模組化的舊論文中得到此想法。我不記得是哪一篇，不過給你的筆記中有提到此事。」

「嗯，很好。那麼，將輸出格式與內部物件模型分離，表示我們可以對內部模型進行更動而不會對外部訊息模型產生負面影響。」

「是的，我敢打賭你可以做出一個使用相同內部模組支援多個訊息格式的實作品。這是特別有意義的。」

「沒錯，卡蘿。這真的很有意義。好，我回團隊與他們討論想法。我會再與妳分享。」

「真不錯，鮑伯。下次再聊。」

幾乎每個開始在 web 上實作 API 的團隊都會面臨選擇支援哪種輸出格式的問題。大多情況下，影響決定的是接受目前的規格，而非進行一系列的實驗與研究工作。通常，開發團隊沒有時間與精力研究數十年的軟體實作與系統工程，來決定 API 將使用哪種輸出格式。相反的，目前的習慣與流行才是決定輸出格式的主要因素。

而**選擇**格式只是挑戰的一部分。更重要的是**如何**編寫實作輸出格式支援的服務。有時服務被實作成將內部物件模型緊密的綁定到外部輸出格式。這表示內部模組的改變會影響輸出格式，並可能會破壞**使用**服務 API 的客戶端應用程式。

這將導致 API 使用者與 API 提供者之間傳遞訊息時面臨的另一項重大挑戰：保護不受破壞。很久之前，軟體模組化的作家提供了明確的建議，如何隔離系統中較常發生變化的部分，並以實作證明此系統相對便宜、安全與容易。牢記這點有助於建構更強大的 API。

所以，有許多議題需要討論。先將模組化的歷史放在一旁，首先解決大多數 API 開發者面臨的挑戰：「我們的 API 該使用哪種訊息格式？」

XML 或 JSON：選邊站！

想要實現 API，對吧？那麼，面臨的第一個抉擇是使用哪種訊息格式。現今，幾乎所有人都選擇 JSON ──幾乎很少，甚至無人有異議。使用 JSON 是目前最知名的──此決定不需要太多考慮。但事實證明選擇 JSON 可能不是最佳做法，也可能不是 API 輸出格式的唯一選擇。

從 1990 年末至 2000 年初，習慣依賴基於 XML 標準的訊息格式。當時，XML 有強大的歷史背景── HTML 與 XML 在 SGML（ISO 8879：1986）中有相同始祖──並且有許多工具與函式庫用於解析和操作 XML 文件。SOAP 規格與後來被稱為「服務導向架構」（SOA，service-oriented architecture）風格，都是基於 XML 開始的商業計算架構。

XMLHttpRequest

Web 瀏覽器中以 API 為中心添加的最重要功能之一──在單一網頁直接呼叫服務的能力──稱之為 XMLHttpRequest 物件，因為其假定瀏覽器起動的行內請求會返回 XML 文件。一開始是採用此方法實現。但到了 20 世紀中期，JavaScript Object Notation（JSON）格式已超越 XML 成為服務與 web 瀏覽器之間傳遞資料的常用方式。格式已更改，但 JavaScript 的物件名稱卻從未更動。

但是，眾所皆知，選擇 XML 在服務與客戶端之間傳遞資料並沒有停止這種選擇格式的辯論。即使在基於 XML 的 SOAP 文件模型於 2000 年 5 月被發布為 W3C Note 時，另一項標準化資料傳輸文件正持續進行── JavaScript Object Notation 格式，或稱 JSON。

道格拉斯‧克羅克福德在 2001 年初指定使用 JSON。儘管 JSON RFC 文件（RFC627）直到 2006 年才發布，但格式在當時已被廣泛使用且越來越受歡迎。筆者撰寫本文時，JSON 被預設為任何新 API 的使用格式。調查最近的資料顯示，現今發布的 API 只有少數採用 XML 輸出格式──至少到目前為止──還沒有新的格式可削弱 JSON 在當今受歡迎的程度。

「我沒有發明 *JSON*」

在 2011 年,道格拉斯 • 克羅克福德發表一場「The True Story of JSON」
的演講,他說:「我不聲稱發明了 JSON。我只是找到它、命名它,並
描述如何運用它。所以,這個想法已經存在一段時間。我所做的是給予
JSON 規範與一個小網站。」他甚至表示在 1996 年工作於 Netscape web
瀏覽器的團隊早已看過類似 JSON 資料傳遞的案例。

當然,並非只能選擇 XML 或 JSON。例如,另一種傳遞資料的格式採用逗號分格值
(CSV,comma-separated values)格式。CSV 一開始於 2005 年 IETF 進行標準化
(RFC4180),不過從 1960 年後期已經是計算機通用的交換格式。也可能有 API 會需要
輸出 CSV 格式。例如,幾乎所有的電子表單軟體可輕鬆使用 CSV 文件,並將資料放在
某個行列中。

而且多年來創造了幾種二進制格式,像是 2007 年基於 XML 的 Fast Infoset;2008 年
Google 的 Protobuf;與近年來的二進制格式,如 Apache Avro(2016 年)與 Facebook
的 Thrift,其中 Thrift 也定義了廣泛的 RPC 協定細節。

問題很顯然不僅僅是在 XML 與 JSON 間決定。

新的超媒體格式產物

從 2010 年初開始,出現了新的基於文字的格式,不僅提供描述資料的結構;也包含
操作資料的指令。此類型的格式稱之為**超媒體格式**。超媒體格式代表 API 的另一種趨
勢,正如之後會在本書看到,可成為創建基於 API 服務有價值的工具,支援廣泛的服務
變動而不破壞現有的客戶端應用程式。在某些情況下,超媒體格式甚至允許客戶端應用
程式「自動神奇」的取得新功能與行為,而無須重新編寫和布署客戶端應用程式。

Atom 聯合格式與 Atom 出版協定

雖然大多數新的超媒體格式在 2010 年以後才出現,但有一種稱為 Atom 聯合格式
(Atom Syndication Format)在 2005 年被標準化為 RFC4287。與 SOAP 起源類似並且
是完全基於 XML 的規範。Atom 格式與 Atom 出版協定(Atom Publishing Protocol)
(RFC5023)在 2007 年一起描述了一個公開與編輯 web 資源的系統,此系統是基於常
見的簡單物件操作創建—讀取—更新—刪除(CRUD)模型。

Atom 文件主要用於唯讀模式,像是新聞與其他簡單紀錄的輸出。然而,幾個部落格引擎支援 Atom 文件的編輯與發布。還有一些註冊的格式擴展來處理分頁與歸檔(RFC5005)、線程(RFC4685)及授權內容(RFC4946)。較不常看到 Atom 用於 WWW 支援讀/寫 API,但仍可看到它用於企業事件,例如處理佇列和其他交易型 API 的輸出。

Atom 很有趣,因為它是一種基於 XML 的格式,可在格式中添加讀/寫語意。換句話說,像 HTML 一樣,它描述了新增、編輯與刪除伺服器資料的規則。

而且,自從 Atom 規格釋出後,已經發布了其他幾種格式。

其它超媒體格式

2011 年左右,IANA 發布並註冊基於文字的超媒體型態格式。即使每個都獨具優勢且專注於 API 格式的不同挑戰,不過這些格式都有類似的假設。筆者將在書中介紹這些內容以便為選擇與支援 API 格式的問題提供扎實的背景知識。

超媒體應用程式語言(*HAL*,*Hypermedia Application Language*)

麥克‧凱利於 2011 年向 IANA(Internet Authority for Names and Addresses)註冊了 HAL 格式。它被描述為「一種簡單的格式,可提供簡單的方式來超連結資源」,HAL 的設計重點是標準化連結在訊息中的描述與共享。HAL 不採用寫入語意的方式,而是利用 URI 模版規範(RFC6570)來描述行內查詢細節。本書將花一整個章節探索(並使用)這非常受歡迎的超媒體類型。

Collection + JSON 格式(*Cj*)

在麥克‧凱利發布 HAL 的同年,筆者也發布了 Collection + JSON 超媒體格式(筆者已分享此想法一段時間)。不同於 HAL,Cj 支援通用的 CRUD 行內語意之詳細描述,以及描述輸入元資料與錯誤的方式。Cj 基本上是 JSON 格式為 Atom 出版協定的分支,常用於列表管理用例。本書稍後會介紹 Cj 格式程式編碼。

Siren(*Structured Interface for Representing Entities*)

Siren 格式是由凱文‧斯威柏創建並於 2012 年在 IANA 註冊。Siren「是一種超媒體格式,用於表示具有相關屬性、子項與動作的物體」。Siren 具有豐富的語意模型,支援廣泛的 HTTP 動詞且目前為 Zetta 物聯網平台的預設格式。之後章節會再深入探討 Siren。

UBER（*Universal Basis for Exchanging Representations*）

筆者在 2014 年發布 UBER 格式的工作草案。不同於此處列出的超媒體格式，UBER 沒有強大的訊息結構，而是只有一個元素（稱為「data」）用於表示文件中所有類型的內容。它還是 JSON 與 XML 的變異形體。UBER 還未在 IANA 註冊，不會在本書多做介紹。

其它格式

最近出現了一些有趣的超媒體風格格式，這些格式並沒有囊括在本書中。包括喬恩•偉爾德的 Mason（*https://github.com/JornWildt/Mason*）、Yehuda Katz 的 JSON API 規格（*http://jsonapi.org/*），以及麥克•斯托的跨平台超文件語言（*https://github.com/mikestowe/CPHL*）等等。

上述的新格式並沒有一個是目前市場的領導者，筆者認為，這是件好事。根據經驗，一個重要有價值的訊息格式，只從一位作者便「毫無預警」出現的情況並不常見。在出現「獲勝者」之前，來自多個設計團隊的許多格式更有可能被創建、發布與測試。可能需要幾年的時間發展與幾次波折才會出現最終解答。

所以，即使許多人說「希望有人可選出一種格式，那麼就知道該用哪一種」，但此情況似乎不會發生。沒有選擇似乎是件好事，但是長遠來看卻並非如此。

必須習慣沒有「一種 API 格式可一統天下」的想法。

正確格式的謬誤

因此，儘管有許多新的超媒體格式（以及企業繼續使用的 XML），目前趨勢指向 JSON 作為最常用的輸出格式，這對於選擇輸出格式似乎是很簡單的決定，對吧？無論何時開始實作 API，選擇 JSON 即可。不幸的是，似乎並非如此。

首先，一些垂直產業仍依賴於 XML 和基於 SOAP 的格式。如果想與它們進行互動，就需要支援 SOAP 或其他基於 XML 自定義的格式。範例 API 提供給讀者可開發的基礎或其他以標準導向的機構會繼續使用 XML 格式作為首選，甚至在解決重要商業目標會使用第三方的 API。

其次，許多公司在過去 10 年裡投入大量基於 XML 的 API，並不願意重寫 API 只為了改變輸出格式。除非改編訊息格式具有明顯優勢（例如加速、新功能或其他商業指標），否則這些基於 XML 的服務不太可能改變。

最後，一些資料儲存系統本身是 XML 或預設輸出資料為 XML 文件（例如 dbXML、MarkLogic 等等）。雖然這些服務中可能會提供輸出 JSON 資料的選項，但仍有許多採用 XML 格式，而將資料轉換成 JSON 唯一明確的作法，是將其轉移到本身為 JSON 的資料儲存系統，像是 MongoDB、CouchDB 等等。

因此，為服務決定單一格式可能不可行。而且放大觀點，從單一團隊擴展到公司內的多個團隊，企業的多項產品，最後至整個 WWW，讓每個人都同意生產與使用單一輸出格式是不合理的目標。

對於團隊領導人或企業級軟體架構師會感到沮喪，因為沒有一個「正確的」訊息格式。也許可以控制單一團隊的決定（無論是共識或規定），但隨著牽扯的團體擴大就會無法控制。

這表示必須重新思考問題，而不是更加努力採用單一格式的解決方案。

重構問題

面對一個似乎難以克服的挑戰，可應用「**重構**」（*reframing*）的技術來解決問題——從不同的角度或新觀點來看待問題。重構問題走出框架並改變觀點，而不是努力提出解決問題的方案。有時可將情況視為完全不同的問題——或許會有更簡單或簡易的解決辦法。

認知重構

目前使用的「重構」（*reframing*）術語來自 1960 年亞倫·T·貝克的認知治療工作。當他在諮詢憂鬱症患者時，他發現藉由「檢查與評估」的方式教導病患察覺負面思想，甚至將負面思想轉化為正面積極的想法。最初稱為「認知重構」（*cognitive reframing*），現在此術語用於描述任何有助於反思想法與情況，並採取新觀點的技術。

本書案例中（為 API 選擇單一格式的挑戰），可看成「為何需要決定單一格式」？或者，換句話說，「為何不在單一 API 支援多種格式」？提出此問題有機會讓大家闡述為何不支援多種格式。如此一來，迴避了選擇一種格式的問題挑戰。現在，專注於同個問題的新觀點。為何不支援**多種格式**？

為何支援單一格式「更好」？

常見的模式是假設選擇單一格式是較好的解決方法。以此為前提，列出以下典型的理由：

單一格式較為簡單

通常 API 支援單一格式輸出被認為比起支援多種格式更簡單。選擇單一格式可能不是最理想的，但是優於支援多種格式的成本花費。這是有效的考量。往往使用編程工具與函式庫時，支援更多種格式會花費更多精力（例如額外的編程時間、測試難度與執行期的支援問題等等）。

多種格式是混亂的

有時為了支援多種格式被認為就是要支援任何格式。換句話說，一旦打開了一扇額外格式的門，就必須在往後的時間支援任何格式。

你選擇的格式是「不好的」

有時，甚至可能在多種格式的狀況下，有些人開始為一種或多種建議的格式提出價值判斷，他們認為（許多原因）此格式是「不好的」或不足，不應該包含在內。這可能會演變成一場「持久戰」，促使領導者選擇一種並結束這場爭論。

不論如何，不會知道未來人們喜歡哪種格式

另一個爭論只有一種格式的原因是選擇任何一組格式，可能導致未來這些沒有選擇到的格式變得非常受歡迎。如果無法準確預測未來哪一個格式受喜愛，那麼花時間選擇都是浪費時間。

你不需要它 (YAGNI，*You Aren't Gonna Need It)*

最後，大多數的 API 專案始於單一客戶端——通常是由創建服務 API 的同一組開發者建構此客戶端。此情況下，從「極限開發」（XP，Extreme Programming）社群引用此著名的格言似乎是有道理的。此想法又可解釋為「做最簡單的事情可能會奏效」。而且，如果 API 獲利不大或者生命週期有限時，此想法就說得通了。但是，如果正在創造一個最少可用多年（最長可用的年限）或將用於多管道（桌面、瀏覽器與手機等等）的 API 時，以長遠來看，創建一個服務緊密偶合於單一訊息格式的代價是較高的。然而，完成後，仍可遵守 YAGNI 規則保有在未來支援多種格式的選項。

上述列表有許多變化。但主題都是一樣的：不確定哪個是正確的格式，所以只選擇一種格式，避免添加其他在未來不會有人喜歡或使用的格式而付出更高的代價。這些論點的基本假設也相同。如下所示：

- 支援多種格式較困難。
- 無法在不影響產品程式碼的情況下安全新增格式。
- 在**當下**必須選擇正確的格式（而且不可能）
- 無法保證可吸收支援多種格式的代價。

結果證明，上述假設並非總是正確。

支援多種格式需要做什麼？

幫助團隊重構訊息格式挑戰的一種方法，是將其轉化成「需要做什麼？」問題。基本上，以其他建議（目前為支援多種輸出格式）是合理的，要求團隊描述狀況。最後引出以 API 支援多格式是合理的情況下，上述列出假設的情況是個很好的出發點。

例如，可推導出以下語句：

- 支援相同 API 所需的多種格式較簡單。
- 需要能隨時安全的支援新格式且不影響產品程式碼（或現有客戶端）。
- 需要些一致的標準來選擇現在與未來新增的格式。
- 新增格式必須保證代價夠低，如此一來就算未來使用率不高，也不會有太多損失。

即使以上描述的都是定性標準（「相對簡單」或「代價夠低」），仍可對其他實作格式相關的挑戰使用相同的判斷與評估模式，例如「什麼是 API 資源？」與「該使用哪種 HTTP 方法」等每天會面臨到的挑戰。

幸運的是，有一套測試良好且文件化編程範式，可做為範例 API 實現多格式的測試用例。其可追溯到 1980 年最早的軟體範式。

表示器（Representor）範式

要了解需要什麼來為 API 支援多種格式，必須處理幾件事情。一開始，必須嘗試讓支援多種格式（1）初步相對簡單，且（2）為已發布產品安全的添加新格式。筆者發現第一項任務是將支援格式工作與 API 的實際功能分開。確保可以繼續設計與實作基本的 API

功能（例如管理使用者、編輯內容與處理採購等等），不用將程式碼緊密綁定至單一格式，這將有助於安全且容易的支援多種格式——即使 API 已發布成產品。

此類型工作的另一種挑戰是將內部領域資料（例如數據圖與動作詳細資訊）轉換成廣泛格式有效的訊息格式和一致演算法的過程。這需要一些軟體範式實作，以及處理領域模型與輸出模型之間保真度的能力。幾乎每天處理 HTML 都會發生（HTML 不了解任何關於物件或浮點數型態），也採用類似方法處理常見的 API 訊息格式。

最後，需要一種機制為每個傳入的請求**選擇**正確的格式。這也是必須一致性實現的演算法。將仰賴於 HTTP 請求中的訊息，而非引入客戶端需要去支援的新自定義元資料。

好的——處理格式分離；實現將領域資料轉換成輸出格式的一致性方法；辨識請求的元資料以幫助選擇正確的格式。那麼先從處理格式與領域分離開始吧！

從功能分離格式

經常會看到服務與單一格式緊密綁定。這是 SOAP 實作品常見的問題——通常是因為開發工具**導致**開發者依賴於內部物件模型與外部輸出格式緊密綁定。將所有格式（包含 SOAP XML 輸出）與內部物件模型獨立是很重要的。此方式允許更改內部模型而不需要修改外部輸出格式。

為了管理分離，需要採用**模組化**來確保將領域模型轉換成外部操作領域模型本身的工作。使用模組化來分解工作的分配。通常模組化用於在單一地方收集相關功能（例如與 users、customers 或 shoppingCarts 相關的所有功能）。使用模組化作為主要工作分配策略的概念，來自大衛 • 帕納斯於 1972 年的論文《On the Criteria to be Used in Decomposing Systems into Modules》。正如帕納斯所言：

> 模組被認為是責任指派而非子程序。模組化包含的設計決策，於獨立模組運作前就必須決定。〔引文中斜體的部分為原文所用〕

將內部領域資料轉換成外部輸出格式，此責任指派的工作將使轉換行程獨立成各自的模組。現在可以管理從操作領域資料裡分開的模組。一個清楚分離的範例如下所示：

```
var convert = new ConversionModule(HALConverter);
var output = convert.toMessage(domainData);
```

上述虛擬碼為轉換行程透過 conversionModule() 存取的例子，conversionModule() 接收特定訊息翻譯器（此例為 HALConverter），並使用 toMessage 函式接收 domainData 來產生所需要的 output。現在一切都很模糊，但至少有明確目標，即為多種輸出格式實作安全、低成本與容易的支援。

將內部領域模型的功能與外部格式完全分離，需要一些指引，了解如何一致的將領域模型轉換成所需的輸出格式。但在此之前，需要一個範式來選擇哪種格式是最合適的。

選擇（Selection）演算法

支援 API 多格式輸出的重要實作細節，是輸出**選擇**行程。在執行期需要一些一致性的演算法以選擇正確的輸出格式。好消息是 HTTP ——仍是 web API 最常見的應用層協定——已經定義了此演算法：「內容協商」（content negotiation）。

HTTP 規範（RFC7231）第 3.4 章節，描述出「表示資訊」的兩種內容協商範式：

主動式（*Proactive*）

伺服器依據客戶端的偏好選擇表示法。

被動式（*Reactive*）

伺服器提供可能的表示法列表給客戶端，客戶端選擇首選格式。

現今 web 最常使用的範式是主動型並且在範例表示器中實作。具體而言，客戶端將發送包含一個或多個格式偏好列表的 **Accept** HTTP 標頭，服務會使用此列表並確定響應中將使用哪種格式（包含在服務的 **Content-Type** HTTP 標頭中選擇格式識別字）。

典型的客戶端請求如下所示：

```
GET /users HTTP/1.1
Accept: application/vnd.hal+json, application/vnd.uber+json
...
```

對於支援 HAL 但不支援 UBER 的服務而言，響應如下所示：

```
HTTP/1.1 200 OK
Content-Type: application/vnd.hal+json
...
```

關於品質

本書中展示的內容協商範例被大大的簡化。客戶端應用程式在其接收列表中包含幾種媒體類型——甚至 "*/*" 通道（表示「所有類型都接收！」）。此外，HTTP 規範的 Accept 標頭包含 q 參數，可為接收列表中的每個通道限定品質。此參數範圍從 0.001（最低選擇通道）到 1（最優先選擇通道）。

例如，客戶端顯示請求如下，兩種可接受的格式，HAL 格式是此客戶端應用程式的優先選擇：

```
GET /users/ HTTP/1.1
application/vnd.uber+json;q=0.3,
application/vnd.hal+json;q=1
```

所以，這就是「外部」的長相——實際的 HTTP 對話外觀。但是在內部是使用何種範式來讓服務端運作？很幸運地，此選擇行程的解決方案已在 1990 年制定。

配接與翻譯

編寫穩固內部程式碼的許多挑戰可以總結為一個共同的**範式**。而關於程式碼範式的重要書籍之一是 1994 年由 Gamma、Helm、Johnson 與 Vlissides 撰寫的《*Design Patterns*》（由愛迪生—威斯利出版社出版）。他們的名字難以記住，隨時間過去，這群作者被稱為「四人幫」（GoF，*Gang of Four*）。有時甚至在討論重要文本時，會聽到有人提及四人幫的書。

架構範式

架構可以表達成一組共同範式的概念，由克里斯托佛•亞歷山大首先提出。於 1979 年他的書《*The Timeless Way of Building*》（由牛津大學出版社出版）是本容易且發人省思的作品，了解範式在實際架構中扮演的角色，並啟發《*Design Patterns*》的作者們與許多其他軟體範式的書籍。

GoF 書中大約有 20 種範式，將其分為 3 種類型：

- 創建範式

- 結構範式

- 行為範式

能幫助實現安全、低成本且簡單之 API 支援多格式輸出的範式,為「**配接器**」
(**Adapter**)結構範式。

配接器範式

如 OODesign.com 上所建立的,**配接器**範式的目的為:

> 將一個「類別」(class)的介面轉換成客戶端期望的另一個介面。配接器可使類
> 別們協同運作,但如果介面不相容就無法達成。

即是目前需要做的——將內部類別(或模型)轉換成外部類別(或訊息)。

配接器範式共有四項參與者(如圖 3-1 所示):

Target(目標)

定義客戶端使用的特定領域介面。為用於輸出的訊息模型或媒體類型。

Client(客戶端)

與符合 Target 介面的物件合作。在範例中,這就是 API 服務——使用**配接器**範式的
應用程式。

Adaptee(被配接者)

定義需要調整適應的介面。為需要轉換成 Target 訊息模型的的內部模型。

Adapter(配接器)

將 adaptee 的介面配接至 target 介面。是特定的媒體類型插件,用於處理將內部模型
轉換成訊息模型。

因此,需要為每個 target 媒體類型(HTML、HAL、Siren 與 Collection + JSON)編
寫 adapter 插件。這並不會太難。不過挑戰在於每個內部物件模型(即 adaptee)都不相
同。例如,編寫一個插件來處理 User,之後編寫另一個插件處理 Task,不斷進行下去。
這表示編寫 adapter 需要使用大量程式碼——甚至更沮喪的是——這些 adapter 可能無法
重複使用。

為了減少緊密耦合於 adapter 的程式碼需求,介紹另一種範式——基於**配接器**的範式:
「**訊息翻譯器**」(**Message Translator**)。

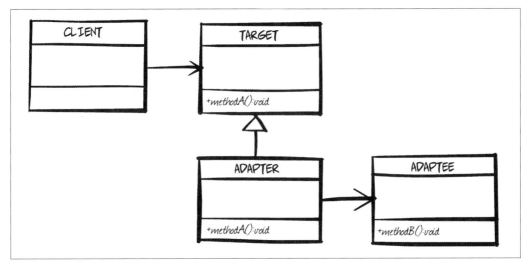

圖 3-1　配接器範式

這表示需要花費幾分鐘的時間來了解**訊息翻譯器**範式的外觀，以及如何使用它來標準化內部物件模型轉換成外部訊息模型的程序。

訊息翻譯器範式

為了減少自定義的 adapter，介紹另一種範式——由**配接器**範式衍生——稱為**訊息翻譯器**。源自於格雷戈・霍赫的書《*Enterprise Integration Patterns*》（由愛迪生—威斯利出版社出版）。

霍赫將**訊息翻譯器**描述如下：

> 在其他過濾器或應用程式之間使用特殊的過濾器，即訊息翻譯器，將一個資料格式轉換成另一個資料格式。

訊息翻譯器是 GoF 範式集合中 adapter 類別的一種特殊形式。

為了讓一切成功運作，將介紹一般的訊息格式—— WeSTL（Web Service Transition Language，web 服務轉換語言）——在本章的下個段落。WeSTL 將作為標準的 adaptee 並且可泛化 adapter 插件的編碼方式。現在，轉換的程序可變成一種不需依賴任何特定領域資訊的演算法。如圖 3-2 所示，可以編寫 WeSTL 至 HAL、WeSTL 至 Cj，或 WeSTL 至 Siren 的翻譯器，之後唯一的工作即是將內部模型轉換成 WeSTL 訊息。此舉將複雜度轉移至另一處，但此作法可以減少支援多格式所須自定義程式碼的數量。

所以，以此為背景，現在可以看到一套具體的實作細節讓一切順利運作。

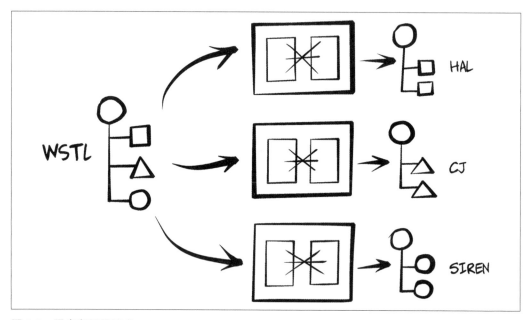

圖 3-2　訊息翻譯器範式

伺服器端模型

此段落，將介紹一個運作的表示器實作的高階細節：為本書中創建的所有服務所使用的實作。實作表示器會面臨以下挑戰：

- 檢查 HTTP 請求以辨認目前請求可接受的輸出格式。
- 使用資料決定將使用哪種輸出格式。
- 將領域資料轉換成目標輸出格式。

處理 HTTP Accept 標頭

上述列表首要兩項在任何 WWW 所知的代碼庫中都是非常簡單的。例如，為請求辨認可接收的輸出格式，即讀取 Accept 標頭。以下是 NodeJS 的程式碼片段：

```
// 基本的 accept 標頭處理
var contentType = '';
```

```
var htmlType = 'text/html';
var contentAccept = req.headers['accept'];
if(!contentAccept || contentAccept==='*/*') {
  contentType = htmlType;
}
else {
  contentType = contentAccept.split(',')[0];
}
```

請注意，上述程式碼範例作出兩個關鍵假設：

1. 如果沒有 Accept 標頭被傳遞，或 Accept 標頭被設定為「任何東西」，則 Accept 標頭將被設定為 text/html。

2. 如果 Accept 標頭列出多種可接收的格式，此服務只會取用列表中的第一個。

此實作非常受限。它不支援使用 q 值來幫助服務更加了解客戶端偏好，而且此服務預設 API 響應為 text/html 類型。上述兩種假設可透過額外的程式編碼改變與／或改進，但筆者在此書不多做說明。

實作訊息翻譯器範式

現在有請求的格式值——此請求的輸出內文——可繼續下一步：在 NodeJS 中實現訊息翻譯器範式。此書中，筆者使用 switch … case 元素新建簡單的模組，將請求內文字串（接收的格式）與適當的翻譯器實作相比對。

程式碼如下所示：

```
// 載入表示器❶
var html = require('./representors/html.js');
var haljson = require('./representors/haljson.js');
var collectionJson = require('./representors/cj.js');
var siren = require('./representors/siren.js');

function processData(domainData, mimeType) {
  var doc;

  // 無效值？假設為 HTML ❷
  if (!mimeType) {
    mimeType = "text/html";
  }

  // 分配至請求的表示器❸
  switch (mimeType.toLowerCase()) {
```

```
      case "application/vnd.hal+json":
        doc = haljson(object);
        break;
      case "application/vnd.collection+json":
        doc = collectionJson(object);
        break;
      case "application/vnd.siren+json":
        doc = siren(object);
        break;
      case "text/html":
      default: ❹
        doc = html(object);
        break;
    }
    return doc;
  }
```

在上述程式碼片段中，在最上方可看到一組**表示器**被載入（見❶）。這些模組程式碼將在 78 頁的「執行期的 WeSTL」中介紹。接下來（見❷），如果 mimeType 值沒有被傳遞（或無效值），mimeType 會自動設定為 text/html，是防禦性編碼。接著（見❸），switch … case 區塊使用已知的 mime 類型字串來檢查傳入的 mimeType 字串，以便選擇適當的格式處理模組。最後，假如傳入不知名或不受支援的格式，預設述句（見❹）會確保此服務運行 html() 模組以產生有效的輸出。

現在有了基本的表示器輪廓。下一步事實際實現每個特定格式的翻譯器（如 HTML、HAL 等等）。為了解決此挑戰，必須先建立所有翻譯器都可理解的一般格式── WeSTL 格式。

通用的表示器模組

在訊息翻譯器範式中，每個格式模組（html()、haljson() 等）都是一個翻譯器實例。當將這些模組實作為特定領域翻譯器（如 userObjectToHTML、userObjectToHAL 等）時即達到需求目標，所以此方法不會隨時間而擴展規模。相反的，筆者需要的是一種不限制特定領域通用的翻譯方法。例如，用於處理 user 領域資料的翻譯模組，與處理 customer 和 accounting 或其他特定領域之領域資料的翻譯模組是相同的。

為了做到上述需求，需要創建一個通用介面，將領域資料傳遞至獨立於任何單一領域模型的格式模組中。

WeSTL 格式

為了此書，筆者以標準化物件模型的形式製作出一個通用的介面，服務端的開發者可以透過此介面快速加載領域資料並傳遞至格式模組。筆者也藉此機會重構定義 web API 介面的挑戰。不針對定義資源，筆者選擇專注於定義狀態轉換。因此，將此介面設計命名為 *web 服務轉換語言*（*Web Service Transition Language*），或 WeSTL（發音為 *wehs'-tul*）。

基本上，WeSTL 允許 API 服務開發者使用標準化的訊息模型，將內部物件模型轉換成外部訊息格式。這降低了製作新**翻譯器**的成本（時間與精力），並帶動將內部模型轉換成訊息的單一實例複雜度——從內部模型轉換成 WeSTL。

圖 3-3 為使用 WeSTL 格式的服務請求／響應之生命週期圖示。

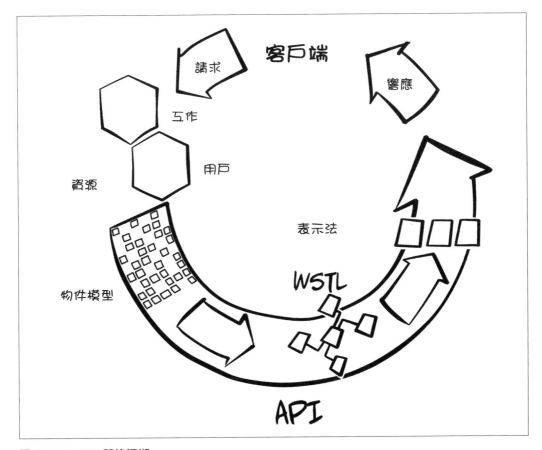

圖 3-3　WeSTL 轉換週期

對 *WeSTL* 感到好奇？

本章不會深入介紹 WeSTL 格式的設計。重點會放在如何使用 WeSTL 驅動通用的表示法模組實作。如果讀者對 WeSTL 背後的思維感到好奇，請查詢 WeSTL 規範頁面（*http://rwcbook.github.io/wstl-spec/*）與相關 GitHub repo（*http://github.com/RWCBook/wstl-spec*）。

當使用 WeSTL 設計與實作 web API 時，服務開發者收集所有可能的狀態轉換並在 WeSTL 模型中進行描述。藉由**狀態轉換**，在任何服務響應中可能出現所有的連結與表單。例如，所有響應都可能有連結接至主頁。有些響應具有 HTML 風格的輸入表單，允許 API 客戶端創造新的服務資料或編輯現有資料。甚至可能服務響應會列出服務所有可能的連結與表單（狀態轉換）！

為何是狀態轉換？

專注於狀態轉換似乎有點不尋常。首先，轉換是狀態**之間**的事；從一個狀態至另一個狀態。例如，狀態 A 可能是主頁，狀態 B 可能是 users 列表。WeSTL 文件不會描述狀態 A 或 B。相反的，它描述了可從狀態 A 轉移至狀態 B 的動作。但這也不是很正確。WeSTL 文件並沒有表明起始狀態（A）或結束狀態（B）──只是可從一些狀態轉移至其他狀態。專注於能使狀態變動的動作，讓 WeSTL 更容易創建訊息翻譯器。

如何使用 WeSTL 描述轉換的簡單範例程式碼如下所示：

```
{
  "wstl" : {
    "transitions" : [
      {
        "name" : "home",  ❶
        "type" : "safe",
        "action" : "read",
        "prompt" : "Home Page",
      },
      {
        "name" : "user-list",  ❷
        "type" : "safe",
        "target" : "user list"
        "prompt" : "List of Users"
      }
      {
        "name" : "change-password",  ❸
        "type" : "unsafe",
```

```
      "action" : "append"
      "inputs" : [ ❹
       {
         "name" : "userName",
         "prompt" : "User",
         "readOnly" : true
       },
       {
         "name" : "old-password",
         "prompt" : "Current Password",
         "required" : true,
       },
       {
         "name" : "old-password",
         "prompt" : "New Password (5-10 chars)",
         "required" : true,
         "pattern" : "^[a-zA-Z0-9]{5,10}$"
       }
      ]
     }
    ]
   }
  }
```

從以上 WeSTL 文件可看出，它包含三個名為 home（❶）、user-list（❷）與 change-password（❸）的轉換描述。前兩個轉換被標記為 safe。此表示前兩個轉換不會寫入任何任何資料，只執行讀取（例如 HTTP GET）。第三個轉換（change-password）被標記為 unsafe，因為它將資料寫入服務（類似如 HTTP POST）。還可以看到許多為 change-password 描述的 input 元素（❹）。當為用戶管理服務新建 API 資源時，將會使用到這些細節資料。

在此簡單的範例中有些細節省略了，但仍可以看到 WeSTL 是如何運作；它描述了服務中使用的轉換。需要注意的是，此文件不會定義 web 資源或限制轉換出現的位置（或時機），此工作由服務開發者在其他地方的程式碼中處理。

所以，這就是在服務啟動與運行前，WeSTL 模型在設計時的樣貌。通常，服務設計者在此模式下使用 WeSTL。另外對於 WeSTL 文件還有另一種模式：「執行期」（runtime）。通常在實作服務時會使用執行期模式。

執行期的 WeSTL

在執行期,創建一個 WeSTL 模型實例,它包含了特定資源的有效轉換。此執行期實例也包含與此 web 資源相關聯的任何資料。換句話說,在執行期,WeSTL 模型反映資源的目前狀態——可用的資料與可能的轉換。

創建一個執行期 WeSTL 模型的程式碼如下所示:

```
var transitions = require('./wstl-designtime.js');
var domainData = require('./domain.js');

function userResource(root) {
  var doc, coll, data;

  data = [];
  coll = [];

  // 為資源提取資料❶
  data = domain.getData('user',root.getID());

  // 為資源新增轉換❷
  tran = transitions("home");
  tran.href = root +"/home/";
  tran.rel = ["http:"+root+"/rels/home"];
  coll.splice(coll.length, 0, tran);

  tran = transitions("user-list");
  tran.href = root +"/user/";
  tran.rel = ["http:"+root+"/rels/collection"];
  coll.splice(coll.length, 0, tran);

  tran = transitions("change-password");
  tran.href = root +"/user/changepw/{id}";
  tran.rel = ["http:"+root+"/rels/changepw"];
  coll.splice(coll.length, 0, tran);

  // 組成 wstl 模型❸
  doc = {};
  doc.wstl = {};
  doc.wstl.title = "User Management";
  doc.wstl.transitions = coll;
  doc.wstl.data =  data;

  return doc;
}
```

如上程式碼所示，userResource() 函式首先提取與目前資源相關的資料——在此情況下，基於 URL 中用戶紀錄的 ID 值（見❶），接著從設計時期 WeSTL 模型中提取 3 個轉換（見❷），最後透過組合資料、轉換與有用的標題字串組成執行期的 WeSTL 模型（見❸）。

以下為一些高階程式碼，將執行期的 WeSTL 文件轉換成 HAL 表示法：

```
var transitions = require('./wstl-designtime.js');
var domainData = require('./domain.js');

function userResource(root) {
  var doc, coll, data;

  data = [];
  coll = [];

  // 為資源提取資料❶
  data = domain.getData('user',root.getID());

  // 為資源新增轉換❷
  tran = transitions("home");
  tran.href = root +"/home/";
  tran.rel = ["http:"+root+"/rels/home"];
  coll.splice(coll.length, 0, tran);

  tran = transitions("user-list");
  tran.href = root +"/user/";
  tran.rel = ["http:"+root+"/rels/collection"];
  coll.splice(coll.length, 0, tran);

  tran = transitions("change-password");
  tran.href = root +"/user/changepw/{id}";
  tran.rel = ["http:"+root+"/rels/changepw"];
  coll.splice(coll.length, 0, tran);

  // 組成 wstl 模型❸
  doc = {};
  doc.wstl = {};
  doc.wstl.title = "User Management";
  doc.wstl.transitions = coll;
  doc.wstl.data =  data;

  return doc;
}
```

如上述範例程式碼所示，**userResource()** 函式首先提取與目前資源相關的資料——在此情況下，基於 URL 中用戶紀錄的 ID 值（見❶），接著從設計時期 WeSTL 模型中提取 3 個轉換（見❷），最後透過組合資料、轉換與有用的標題字串組成執行期的 WeSTL 模型（見❸）。

此處強調，對 wstl.data 元素的唯一限制為其必須是一個陣列。它可以是 JSON 屬性的陣列（例如名稱—值配對）、多個 JSON 物件的陣列，或甚至是一個高度巢狀 JSON 物件的陣列。WeSTL 文件甚至可包含一個屬性，此屬性指向描述 data 元素的模式文件（例如 JSON Schema、RelaxNG 等等）。格式模組可以使用相關的模式資訊來幫助定位與處理 data 元素的內容。

因此，WeSTL 文件允許服務開發者以普遍的方式定義 web 資源。首先，服務設計者可以創建設計時期的 WeSTL 文件，此文件描述服務所有可能的轉換。其次，服務開發者可使用設計時期的文件作為建構執行期 WeSTL 文件的來源材料，這些文件包含被選擇的轉換以及相關的執行期資料。

現在，終於可以撰寫通用的格式模組。

一個表示器樣本

現在，使用 WeSTL 的通用介面來表示資源，可以建造一個通用的格式模組，將標準化 WeSTL 模型轉化成輸出格式。基本上，程式碼皆收執行期的 WeSTL 文件，接著將領域資料逐一轉換成 API 響應的目標訊息格式。

來看看它的外觀，以下是一個簡單的高階 HAL 表示器實現範例：

 此處展示的表示器已是最基本，以幫助說明行程。功能完整的 HAL 表示器將在第四章，*HAL 客戶端*中介紹。

```
function haljson(wstl, root, rels) { ❶
  var hal;

  hal = {};
  hal._links = {};

  for(var segment in wstl) {
    hal._links = getLinks(wstl[segment], root, segment, rels);
    if(wstl[segment].data && wstl[segment].data.length===1) {
      hal = getProperties(hal, wstl[segment]);
```

```
    }
  }
  return JSON.stringify(hal, null, 2); ❹
}

// 發出 _links 物件❷
function getLinks(wstl, root, segment, relRoot) {
  var coll, items, links, i, x;

  links = {};

  // 列表層動作
  if(wstl.actions) {
    coll = wstl.transitions;
    for(i=0,x=coll.length;i<x;i++) {
      links = getLink(links, coll[i], relRoot);
    }

    // 列表層物件
    if(wstl.data) {
      coll = wstl.data;
      items = [];
      for(i=0,x=coll.length;i<x;i++) {
        item = {};
        item.href = coll[i].meta.href;
        item.title = coll[i].title;
        items.push(item);
      }
      links[checkRel(segment, relRoot)] = items;
    }
  }
  return links;
}

// 發出根源屬性❸
function getProperties(hal, wstl) {
  var props;

  if(wstl.data && wstl.data[0]) {
    props = wstl.data[0];
    for(var p in props) {
      if(p!=='meta') {
        hal[p] = props[p];
      }
    }
  }
  return hal;
```

```
    }

    /* 此處為額外的支援函式 */
```

雖然此程式碼範例只是高階檢視，但讀者應該可以了解重要的細節。最頂層函式
（haljson()）的第一個參數接收一個 WeSTL 模型以及一些執行期的請求層資料（見
❶）。此函數「走過」WeSTL 執行期實例，並（a）處理模型中的任何連結（轉換）（見
❷），接著（b）處理 WeSTL 實例中的任何名稱—值配對（見❸）。一旦處理完畢，生成
的 JSON 物件（現在是有效的 HAL 文件）就會回傳給呼叫者（見❹）。此程式碼可能產
生的文件如下所示：

```
{
  "_links" : { ❶
    "self" : {
      "href": "http://localhost:8282/user/mamund"
    },
    "http://localhost:8282/rels/home": {
      "href": "http://localhost:8282/",
      "title": "Home",
      "templated": false
    },
    "http://localhost:8282/rels/collection": {
      "href": "http://localhost:8282/user/",
      "title": "All Users",
      "templated": false
    },
    "http://localhost:8282/rels/changepw": {
      "href": "http://localhost:8282/user/changepw/mamund",
      "title": "Change Password"
    }
  },
  "userName": "mamund", ❷
  "familyName": "Amundsen",
  "givenName": "Mike",
  "password": "p@ss",
  "webUrl": "http://amundsen.com/blog/",
  "dateCreated": "2015-01-06T01:38:55.147Z",
  "dateUpdated": "2015-01-25T02:28:12.402Z"
}
```

現在可以看到 WeSTL 文件從設計時期模式到執行期實例，以及最終（透過 HAL 翻譯器
模組）至實際的 HAL 文件。WeSTL 轉換出現於 HAL 的 _links 區段（❶），user 的相
關資料在 HAL 文件中以名稱—值稱為 properties（從❷開始）。

當然，HAL 只是一種可能的翻譯器實作。此書中，讀者會找到用於少數格式的通用訊息翻譯器。期望此簡短的概述能提供對於任何想實作自己（可能**更好的**）通用 HAL 表示器與其他註冊的格式的人們有足夠的指導。

本章總結

本章內容有點偏離。即使本書主要目的為探索**客戶端**的超媒體，而筆者在此章節關注於**伺服器端**的表示器。但是，表示器範式是一個重要的實作方法，它將多次出現在本書的程式碼範例中。藉由帕納斯的「責任指派」方法到模組化、HTTP 的內容功能及格雷戈‧霍赫的訊息翻譯範式，來建造一個代表器的運作範例。

有點的偏離主題，但還不賴。

鮑伯與卡蘿

「嗨，卡蘿。準備好要了解我在支援多格式的結果嗎？」

「當然，鮑伯。我很想知到你發現的內容。」

「嗯，這真的很有趣。在與團隊成員腦力激盪後，我們發現了一些以前的方法可應用於我們的挑戰。」

「真的？讓我猜猜。你們從 1980 年的電腦科學論文中找到解決方法，對吧？」

「不完全是。首先，我們討論了 API 支援多格式的優缺點。它們都歸根於一些關鍵點。如果我們希望支援多格式，就需要增加格式支援安全、低成本與簡單的條件。」

「對。你需要先從簡單的開始，接著在未來新增新格式而不產生大量的重新編碼／重新布署代價。」

「沒錯。好消息是我們找到了些很棒的背景資料來幫助我們解決問題。」

「現在迎來舊的電腦科學材料！」

「是的。首先，David Parnas 在 1972 年的一篇論文中，將責任指派描述為模組化方法，因此我們將所有格式化相關的內容都放進單獨模組中。接下來，我們發現了現有的企業集成範式——訊息翻譯器——可以有效的處理我們的挑戰。
最後，我們可以使用 HTTP 的內容協商功能以在執行期選擇正確的輸出格式。」

「哇，這真是為你們而打造的！」

「不完全是。我們已經有了理論。但下一步是建立模組——表示器。為此，我們需要建立一個通用的介面，這意味著要使用 web 服務轉換語言或稱 WeSTL 格式。它是一個模型，用於描述轉換，也就是將資源資料從內部服務領域傳送至特定的格式模組。」

「嗯。我們可以稍後討論此轉換模型。而現在你們已經有個表示器正在運作了，對嗎？這很酷。」

「是的，這是整個團隊的貢獻，目前為止我們都很開心。很高興我們花了幾天的時間來研究這個挑戰，並且提出一個通用的鬆散耦合解法。」

「嗯，太好了，鮑伯。還有個問題：最終你們為服務選擇了什麼格式？」

「哈！現在我們已經實作此範式並且可以支援多格式，正在尋找建議，因為我們擴展了過去預設的 HTML 與純 JSON 格式。」

「太棒了。那麼我的請求是新增支援 Hypertext Application Language，或稱 HAL 格式。」

「沒問題。我相信團隊已經在努力支援 HAL 格式了。」

「OK。我想我需要盡快讓我的團隊開始 HAL 客戶端的工作。」

參考資源

1. Standard Generalized Markup Language （SGML）被記載於 ISO 8879：1986（*http://g.mamund.com/zdtxd*）中。然而，它是基於 1960 年 IBM 的 *GML* 格式。

2. 「Simple Object Access Protocol（SOAP）1.1」（*http://g.mamund.com/wcqhs*）規範於 2000 年五月作為 W3C Note 發布。在 W3C 發布的模型中，Note 並非 W3C 建議的標準。直至 2003 年 W3C 發布了 SOAP 1.2 Recommendation 之後，SOAP 技術上才是「標準」。

3. Crockford 的 50 分鐘談話「The JSON Saga」（*http://g.mamund.com/ztsdv*）被描述為「The True Story of JSON」。此非正式的演講內容可在以下連結獲取（*http://g.mamund.com/gsqym*）。

4. CSV 首先由 IETF 在 2005 年於 RFC4180（*http://g.mamund.com/spjhs*）指定為「Common Format and MIME Type for Comma-Separated Values (CVS) Files」。後來由 RFC7111 更新（*http://g.mamund.com/rbexp*）（以增加 URI 片段屬性的支援）與 CSV 相關支援附加語意的工作。

5. 讀者可藉由瀏覽 Fast Infoset、Avro、Thrift 與 ProtoBuf 了解本章中提到的二進位格式。

6. 「Atom Syndication Format」（http://g.mamund.com/wnqmf）（RFC4287）與「Atom Publishing Protocol」（*http://g.mamund.com/jjbcj*）（RFC5023）形成了一套獨特的規範，連結描述不同的 RFC 文件格式與讀／寫語意。其中還包括一些 RFC 定義 Atom 格式擴展。

7. YAGNI 格言在羅恩•傑弗里斯的部落格中（*http://g.mamund.com/zeyxj*）描述。

8. 麥克•凱利的 Hypertext Application Language（*http://g.mamund.com/xympu*）（HAL）已被證明是最受歡迎的超媒體格式之一（在撰寫此書時期）。

9. RFC6570 規範 URI 模版（*http://g.mamund.com/pmjez*）。

10. Collection＋JSON（*http://amundsen.com/media-types/collection/*）格式於 2011 年在 IANA 註冊，是「一個基於 JSON 讀／寫的超媒體格式，用於支援管理與查詢簡單的集合」。

11. Siren（*https://github.com/kevinswiber/siren*）與 Zetta（*https://github.com/zettajs/zetta/wiki*）都是由 Kevin Swiber 帶頭領導的專案。

12. 撰寫本書時，Universal Basis for Exchanging Representations（*http:// uberhypermedia.com*）（UBER）是個草案，尚未向任何標準機構註冊。

13. 貝克的 1997 年文章《The Past and Future of Cognitive Therapy》（*http:// g.mamund.com/osucx*）描述了他早期的經歷演變為現在所知的認知重構現象。

14. 帕納斯的《On the Criteria to be Used in Decomposing Systems into Modules》（*http:// g.mamund.com/bbyni*）是 1972 年為 ACM 編寫的一篇（優秀的）極短文。

15. 有關 HTTP 內容協商的細節請參閱 RFC7231 3.4 節（*http://g.mamund.com/olyrb*）。一系列 HTTP 相關的 RFC（7230 至 7240）。

16. 「四人幫」的書全名為《*Design Patterns：Elements of Reusable Object-Oriented Software*》，作者為 Eric Gamma、Richard Helm、Ralph Johnson 與 John Vlissides（由愛迪生─威斯利出版社出版）

17. 了解更多關於克里斯托佛•亞歷山大與他的研究工作，可於 Pattern Language（*https://www.patternlanguage.com/ca/ca.html*）網站中找到。

18. 格雷戈•霍赫於他的書《*Enterprise Integration Patterns*》中介紹了訊息翻譯器（由愛迪生─威斯利出版社出版）。

圖片貢獻

- 迪奧戈•盧卡斯，圖 3-1 與圖 3-2

第四章

HAL 客戶端

「過度擔憂未來是錯誤的，命運的鎖鏈一次只能處理一個環扣。」

——溫斯頓·邱吉爾

鮑伯與卡蘿

 「OK，鮑伯。與我的團隊討論後，我們決定建立一個新的使用 HAL 媒體類型的 web 客戶端。」

「Amazon web 服務有些 API 也使用了 HAL 媒體類型，對吧？」

 「沒錯。在新的超媒體格式中最常用之一就是 HAL。我認為這可幫助我們創造通用的客戶端，以適應 API 的後端變化。」

「真的？基於 HAL 的客戶端會比純 JSON 客戶端來得好？比如幾週前你們建立的純 JSON 客戶端。」

 「嗯，HAL 是關於將連結放入響應，我認為連結是你們 TPS web API 中不斷變化的事情之一，對吧？」

「是的，我們有時絕對需要修改 URL。最近當我們將
TPS API 移至新的伺服器時，這真的是個麻煩。」

「當然是。即使沒有新的功能更新，我的團隊也必
須重新編碼、重新測試且重新布署 JSON 客戶端。」

「卡蘿，所以妳認為 API 使用 HAL 當成輸出格式會
有幫助嗎？由於伺服器團隊實作出表示器範式，所以
現在要產生新的輸出格式已經不是難事。」

「太好了。你與你的團隊開始支援 HAL 表示器，我
與我的團隊來建造新的 HAL 客戶端應用程式。我們
下週見。」

「好的，卡蘿。下週見。」

如同第二章 *JSON 客戶端* 所見，將所有 **OBJECT**、**ADDRESS** 與 **ACTION** 資訊寫入客戶端應用程式，表示即使對服務 API 進行微小的修改，客戶端將會忽略這些資訊。常見的做法是服務必須盡其所能對 API 進行非破壞性的改變，接著將新功能通知至客戶端並希望客戶端開發者可以盡快重新編碼與重新布署應用程式。此作法當客戶端與服務端團隊在同一間公司時是可被接受的，但是隨著越來越多的客戶端開發者開始針對單一 web API 開發就越難採用此方法──尤其當這些客戶端開發者不屬於 web API 負責發布的組織成員。

大約在 2010 年，API 開發者藉由為 API 響應定義一些新的格式來解決上述問題。這些格式是基於 JSON 開發但更結構化。媒體類型設計包含連結的定義，某些情況下甚至包括查詢與更新動作。基本上，這些格式將 HTML 失去的一些功能（連結與表單）恢復至 JSON 訊息格式，這在 web API 中很普遍的。

在這些結構中最受歡迎之一為 HAL（Hypertext Application Language）。本章中將探索 HAL 並為 TPS web API 建造一個通用的 HAL 客戶端，接著如之前所述，修改 web API 以了解在後端變動時 HAL 客戶端如何應變。

但首先，先簡要介紹 HAL 格式。

HAL 格式

麥克・凱利在 2011 年初設計了 Hypertext Application Language（HAL），並於 2011 年 7 月向 IANA 註冊。最初新建 HAL 是為了解決凱利在產品發布時遇到的問題，而 HAL 已成為近幾年最受歡迎的新超媒體格式之一。

HAL 的設計目標很簡單——使客戶端應用程式更容易處理後端服務 URL 的變動。凱利在 2014 年的採訪中解釋：

> 該產品（凱利開發中）的流程路線圖包含了大量的後端更改，這些更改會影響 API 中的 URL 結構。凱利想設計一種 API 以便盡可能減少變化所帶來的摩擦，而超媒體似乎是個理想的風格。

對凱利而言，HAL 模型著重兩個概念：資源（Resource）與連結（Link）。連結具有識別字、目標 URL 與一些額外的元資料。資源攜帶狀態資料，而連結攜帶其他（嵌入式）資源。HAL 模型如圖 4-1 所示。

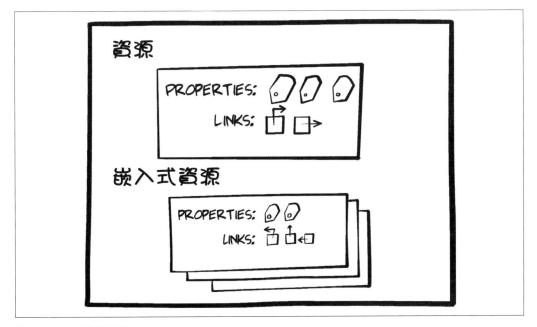

圖 4-1　HAL 設計模型

範例 4-1 展示出一個簡單的 HAL 訊息（將在下個段落詳細介紹）。

範例 *4-1* 一個簡單的 *HAL* 訊息

```
{
  "_links": {
    "self": {"href": "/orders"},
    "next": {"href": "/orders?page=2"},
    "find": {"href": "/orders{?id}", "templated": true},
    "admin": [
      {"href": "/admins/2", "title": "Fred"},
      {"href": "/admins/5", "title": "Kate"}
    ]
  },
  "currentlyProcessing": 14,
  "shippedToday": 20,
  "_embedded": {
    order": [
      {
        "_links": {
          "self": {"href": "/orders/123"},
          "basket": {"href": "/baskets/98712"},
          "customer": {"href": "/customers/7809"}
        },
        "total": 30.00,
        "currency": "USD",
        "status": "shipped"
      },
      {
        "_links": {
          "self": {"href": "/orders/124"},
          "basket": {"href": "/baskets/97213"},
          "customer": {"href": "/customers/12369"}
        },
        "total": 20.00,
        "currency": "USD",
        "status": "processing"
      }
    ]
  }
}
```

此模型非常簡單且非常強大。透過 HAL，凱利介紹了一個連結不僅僅是個 URL 的想法。它還具有識別字（rel）與其它重要的元資料（例如 type、name、title、templated 和其它屬性）。2013 年凱利還在他的部落格文章中指出，在設計 HAL 時還有些其它重要的目標。歸納如下：

- HAL 透過 _link 元素減少客戶端與伺服器之間的耦合。

- HAL 的 _link 協定使 API「可以被開發者瀏覽」。

- 將 HAL 的 _link 元素連接至人類可讀文件的做法，可使開發者發現 API。

- 服務可以使用 HAL 的 _link 元素以「細緻的方式」引入更改。

在考慮 API 客戶端需要處理的三個重要事項時 —— **OBJECT**、**ADDRESS** 和 **ACTION** ——可以看到 HAL 在執行期被優化以支援不同的 **ADDRESS**（連結）。HAL 使用 _link 作為關鍵的設計元素，使服務可以在不破壞客戶端應用程式的情況下更改 URL 值。

HAL 與 OAA 挑戰

雖然 HAL 在變更 **ADDRESS** 很容易，但此設計並不會嘗試去優化外露的 **OBJECT** 或與這些物件相關的 **ACTION** 之更改。這不是凱利的目標。將在之後的章節中討論其它超媒體風格的格式，以處理其它 web 客戶端方面的挑戰。

連結

到目前為止，HAL 格式中最重要的元素是在 JSON 中標準化的連結。HAL 文件中的連結如下所示：

```
"_links": {
  "self": { "href": "/orders" },
  "next": { "href": "/orders?page=2" },
  "find": { "href": "/orders{?id}", "templated": true } ❶
},
```

請注意，每個 link 物件都有一個識別字（self、next 與 find），這是 HAL 文件必須的。客戶端應用程式將在程式碼中儲存識別字，而不是實際的 URL 值。URL 出現在 href 屬性中，這些 URL 可能實際上是 URL 模板（見❶）。此處 HAL 利用 URI 模板規範（RFC6570）與 templated:"true" 屬性。

在 HAL 中，所有連結物件都以 **"_links"** 集合一部分的方式出現。這些集合可以顯示在單一 HAL 文件中的許多地方。

物件與屬性

HAL 也支援傳遞純 JSON 物件與名稱／值配對。這些通常在 HAL 文件的根目錄中出現作為屬性的集合。例如，Amazon API Gateway 服務發出 HAL 響應。以下是 AWS Gateway API 產生 26 個資源模型的幾個範例：

```
{
  "domainName" : "String",
  "certificateName" : "String",
  "certificateUploadDate" : "Timestamp",
  "distributionDomainName" : "String"
}
{
  "id" : "String",
  "description" : "String",
  "createdDate" : "Timestamp",
  "apiSummary" : {
    "String" : {
      "String" : {
        "authorizationType" : "String",
        "apiKeyRequired" : "Boolean"
      }
    }
  }
}
```

正如第二章 *JSON 客戶端*所討論的，追蹤領域物件是 API 客戶端的重要部分。透過設計，HAL 格式不提供任何額外的設計元素使其與使用純 JSON 響應有所不同。所以在 API 可以與客戶端應用程式互動之前，HAL 客戶端需要知道 API 可能發送的物件與模型。

嵌入式連結與物件

最後，HAL 設計允許額外的資源（和其關聯的連結與屬性）在響應中以嵌入式（*embedded*）模型方式出現。它可以返回一個 HAL 文件，裡面包含多個服務端的資源。此舉可以減少 HTTP 的請求數量並提高服務的響應能力。

以下為更廣泛的 HAL 文件，包含目前為止涵蓋的所有功能：

```
{
  "_links": {
    "self": { "href": "/orders" },
```

```
    "curies": [{ "name":"ea", "href":"http://example.com/docs/rels/{rel}", ❶
      "templated": true }],
    "next": { "href": "/orders?page=2" },
    "ea:find": {
      "href": "/orders{?id}",
      "templated": true
    },
    "ea:admin": [{
      "href": "/admins/2",
      "title": "Fred"
    }, {
      "href": "/admins/5",
      "title": "Kate"
    }]
  },
  "currentlyProcessing": 14,
  "shippedToday": 20,
  "_embedded": {
    "ea:order": [{
      "_links": {
        "self": { "href": "/orders/123" },
        "ea:basket": { "href": "/baskets/98712" },
        "ea:customer": { "href": "/customers/7809" }
      },
      "total": 30.00,
      "currency": "USD",
      "status": "shipped"
    }, {
      "_links": {
        "self": { "href": "/orders/124" },
        "ea:basket": { "href": "/baskets/97213" },
        "ea:customer": { "href": "/customers/12369" }
      },
      "total": 20.00,
      "currency": "USD",
      "status": "processing"
    }]
  }
}
```

上述範例也展示出 HAL curies 的支援（見❶）。HAL 使用 W3C Compact URI Syntax
（CURIES）作為縮短長且獨特的連結識別字方式。雖然它是個可選填的 HAL 元素，但
讀者有可能「哪天」就會碰到。

CURIES

2010 年 W3C Working Group Note 記錄了 CURIES 語法。縮寫 CURIE（發音 *cure-ee*）代表 Compact URI（E 是為了發音而添加）。它是由 XHTML 創造並用於 XML 與 RDF 文件，類似於使用 XML 命名空間的方式。讀者可以透過閱讀 W3C 文件了解更多關於 CURIE 的訊息。

重點摘要

HAL 超媒體格式的重點在於使服務可以在執行期更改 URL 而不破壞客戶端應用程式。透過使用 HAL **連結**元素（例如 `"_links:{"self":{"href":"/home/"}}`）來正規化 URL 在響應中的呈現方式。HAL 也支援在純 JSON 屬性或物件中傳遞狀態資料，並使用 `"_embedded":{…}` 元素提供巢狀**資源**的能力。

這提供了足夠的訊息為範例 TPS web API 新增支援 HAL。首先，將修改 TPS API 發出符合的 HAL 響應。接下來，將建構一個通用的 HAL 客戶端讀取這些響應。

HAL 表示器

正如第三章**表示器範式**所介紹的，範例 TPS 服務允許基於 WeSTL 格式分別創造表示器模組，以支援多種輸出格式。對於範例 TPS web API 支援 HAL 客戶端，首先需要編寫表示器模組並將其添加至現有的服務。透過 HAL 格式的三項重點在伺服器端編寫幾百行的 JavaScript 即可完成，重點如下所示：

* 連結
* 屬性
* 嵌入式資源

TPS web API 的 HAL 版本原始碼可在相關的 GitHub repo（*https://github.com/RWCBook/hal-client*）中找到。本章中描述的應用程式運行版本可在線上找到（*http://rwcbook06.herokuapp.com/task/*）。

表示器的頂層常式為創建空的 HAL 文件並填入連結、屬性與（假如可用的）嵌入式物件。如範例 4-2 程式碼所示：

範例 *4-2　HAL 表示器的頂層常式*

```javascript
function haljson(wstlObject, root, relRoot) {
  var hal;

  hal = {};
  hal._links = {};

  for(var segment in wstlObject) {
    hal._links = getLinks(wstlObject[segment], root, segment, rels); ❶
    if(wstlObject[segment].content) { ❷
      hal.content = wstlObject[segment].content;
    }
    if(wstlObject[segment].related) { ❸
      hal.related = wstlObject[segment].related;
    }
    if(wstlObject[segment].data && wstlObject[segment].data.length===1) { ❹
      hal = getProperties(hal, wstlObject[segment]);
    }
    else {
      hal._embedded = getEmbedded(wstlObject[segment], root, segment, rels); ❺
    }
  }
  return JSON.stringify(hal, null, 2); ❻
}
```

初始化空的 HAL 文件後，常式執行如下所示：

❶ 將所有相關連結添加至 _link 集合。

❷ 如果有任何與此響應相關聯的內容，將其作為首層屬性添加。

❸ 如果有任何與此響應相關聯的紀錄，將其作為另一種屬性添加。

❹ 如果只有一個資料紀錄與此響應相關聯，將其作為一組屬性添加。

❺ 否則，在 HAL 文件中添加資料物件集合至可選填的 _embedded 元素中。

❻ 最後，回傳純文字的 JSON 物件由 HTTP 發送回客戶端。

如此而已，不會太難。現在來看看產生 HAL 響應的主要子常式：連結、屬性與嵌入式資源。

連結（Link）

getLinks 常式搜尋執行期內部的 WeSTL 文件並為響應組成適當的 link 元素。如下所示：

```
// 發出 _links 物件
function getLinks(wstlObject, root, segment, relRoot) {
  var coll, items, links, i, x;

  links = {};

  // 列表層動作
  if(wstlObject.actions) { ❶
    coll = wstlObject.actions;
    for(i=0,x=coll.length;i<x;i++) {
      links = getLink(links, coll[i], relRoot);
    }

    // 列表層物件
    if(wstlObject.data) { ❷
      coll = wstlObject.data;
      items = [];
      for(i=0,x=coll.length;i<x;i++) {
        item = {};
        link = getItemLink(wstlObject.actions);
        if(link.href) {
          item.href = link.href.replace(/{key}/g, coll[i].id)||"#";
        }
        item.title = coll[i].title||coll[i].nick;
        items.push(item);
      }
      links[checkRel(segment, relRoot)] = items; ❸
    }
  }
}
```

在 getLinks 常式中有些有趣的元素：

❶ 假如 WeSTL 文件中有動作，將它們結合成有效的連結（即 getLink 常式），並將其添加至文件中。

❷ 假如有與響應相關的資料，瀏覽所有物件並解析項目連結資料，並將其添加至文件中。

❸ 最後，檢查每個連結（使用 checkRel 常式）查看是否為註冊 IANA 連結關聯值或為特定應用程式的連結識別字。

最後一步，確認遵循連結關聯的規則（來自 RFC5988），並對於尚未註冊的任何識別字包含完整網域名稱（fully qualified domain name，FQDN）至連結的 rel 值。

屬性

下一步是在響應中發送任何 HAL 屬性。TPS API 可以發送一些純 HTML（透過內部的 content 元素），也能有一些相關的資料物件（透過內部 related 物件集合）來幫助支援下拉式列表或其他顯示功能。如果響應只有一個相關的資料物件，也必須發送根源層級的 HAL 屬性。這並非 HAL 的必要條件——只是發送相容的 HAL 文件讓表示器可以輕鬆閱讀。

> content 與 related 元素是 TPS web API 的一部分，並非由 HAL 定義。筆者在此處使用它們來確保 TPS web API 新的 HAL 版本與 JSON 版本提供相同的功能。

處理 content 與 related 元素的程式碼出現在 haljson 常式中（請參閱範例 4-2）。將資料物件作為屬性（getProperties）發送的程式碼如下所示：

```javascript
// 發送根源屬性
function getProperties(hal, wstlObject) {
  var props;

  if(wstlObject.data && wstlObject.data[0]) { ❶
    props = wstlObject.data[0]; ❷
    for(var p in props) {
      hal[p] = props[p]; ❸
    }
  }
  return hal;
}
```

以下為 getProperties 常式運作：

❶ 如果資源集合中只有一個資料物件…

❷ 取得該物件的屬性名稱的索引集合。

❸ 將每個屬性的名稱／值配對添加道 HAL 文件。

嵌入式資源

支援有效的 HAL 響應的最後一步是處理可選擇使用的 _embedded 區段。HAL 設計此元素旨在透過響應中包含相關聯的物件，來優化 HAL link 元素的長列表。這是一種內部緩存幫手。對於範例 HAL 表示器，每當 HAL 響應後面的資源在內部 WeSTL data 集合中有多個物件時，就會生成一個 _embedded 區段（使用 getEmbedded 函式）。

程式碼如下所示：

```
// 發送嵌入式內容
function getEmbedded(wstlObject, root, segment, relRoot) {
  var coll, items, links, i, x;

  links = {};

  // 列表層物件
  if(wstlObject.data) {
    coll = wstlObject.data;
    items = [];
    for(i=0,x=coll.length;i<x;i++) {  ❶
      item = {};
      link = getItemLink(wstlObject.actions);  ❷
      if(link.href) {
        item.href = link.href.replace(/{key}/g, coll[i].id)||"#";  ❸
      }
      for(var p in coll[i]) {
        item[p] = coll[i][p];  ❹
      }
      items.push(item);  ❺
    }
    links[checkRel(segment, relRoot)] = items;
  }

  return links;  ❻
}
```

這裡許多事情發生。抓取資源資料物件的集合後，getEmbedded 常式運作如下：

❶ 掃過物件集合來創立一個嵌入式 item 物件。

❷ 提取該項目的直接連結（使用 getItemLink 函式）。

❸ 解析此直接連結（如果有 URI 模版）。

❹ 使用內部物件屬性填充嵌入式 item。

❺ 將完成的 item 添加至 embedded 集合。

❻ 最後，檢查 RFC5988 合規性的項目連結後，回傳 _embedded 集合包含在 HAL 文件中。

有幾個內部常式在此處無展示。他們處裡尋找資料物件的直接連結模板（getItemLink），創建有效的 HAL 連結（getLink）與 RFC5988 合規性（checkRel）。讀者可以查看原始碼以獲取更多詳細訊息。

HAL 表示器的 TPS 輸出範例

隨著 HAL 表示器的完成，TPS web API 現在發送正確的 HAL 表示法。範例 4-3 展示了從 TPS 伺服器輸出的首頁資源。

範例 4-3　*TPS web API 首頁資源的 HAL 響應*

```
{
  "_links": {
    "self": {
      "href": "http://rwcbook06.herokuapp.com/home/",
      "title": "Home",
      "templated": false,
      "target": "app menu hal"
    },
    "http://rwcbook06.herokuapp.com/files/hal-home-task": {
      "href": "http://rwcbook06.herokuapp.com/task/",
      "title": "Tasks",
      "templated": false,
      "target": "app menu hal"
    },
    "http://rwcbook06.herokuapp.com/files/hal-home-user": {
      "href": "http://rwcbook06.herokuapp.com/user/",
      "title": "Users",
      "templated": false,
      "target": "app menu hal"
    },
    "http://rwcbook06.herokuapp.com/files/hal-home-home": []
  },
  "content": "<div class=\"ui segment\"><h3>Welcome to TPS at BigCo!</h3> _
  <p><b>Select one of the links above.</b></p></div>",
  "related": {},
  "_embedded": {
    "http://rwcbook06.herokuapp.com/files/hal-home-home": []
  }
}
```

與範例 4-4 展示出單一 TPS Task 物件的 HAL 輸出。

範例 4-4　單一 *TPS Task* 物件的 *HAL* 文件

```
{
  "_links": {
    "http://rwcbook06.herokuapp.com/files/hal-task-home": {
      "href": "http://rwcbook06.herokuapp.com/home/",
      "title": "Home",
      "templated": false,
      "target": "app menu hal"
    },
    "self": {
      "href": "http://rwcbook06.herokuapp.com/task/",
      "title": "Tasks",
      "templated": false,
      "target": "app menu hal"
    },
    "http://rwcbook06.herokuapp.com/files/hal-task-user": {
      "href": "http://rwcbook06.herokuapp.com/user/",
      "title": "Users",
      "templated": false,
      "target": "app menu hal"
    },
    "http://rwcbook06.herokuapp.com/files/hal-task-item": {
      "href": "http://rwcbook06.herokuapp.com/task/{key}",
      "title": "Detail",
      "templated": true,
      "target": "item hal"
    },
    "http://rwcbook06.herokuapp.com/files/hal-task-edit": {
      "href": "http://rwcbook06.herokuapp.com/task/{key}",
      "title": "Edit Task",
      "templated": true,
      "target": "item edit hal"
    },
    "http://rwcbook06.herokuapp.com/files/hal-task-remove": {
      "href": "http://rwcbook06.herokuapp.com/task/{key}",
      "title": "Remove Task",
      "templated": true,
      "target": "item edit hal"
    },
    "http://rwcbook06.herokuapp.com/files/hal-task-markcompleted": {
      "href": "http://rwcbook06.herokuapp.com/task/completed/{id}",
      "title": "Mark Completed",
```

```
    "templated": true,
    "target": "item completed edit post form hal"
  },
  "http://rwcbook06.herokuapp.com/files/hal-task-assignuser": {
    "href": "http://rwcbook06.herokuapp.com/task/assign/{id}",
    "title": "Assign User",
    "templated": true,
    "target": "item assign edit post form hal"
  },
  "http://rwcbook06.herokuapp.com/files/hal-task-task": [
    {
      "href": "//rwcbook06.herokuapp.com/task/1m80s2qgsv5",
      "title": "Run client-side tests"
    }
  ]
},
"id": "1m80s2qgsv5",
"title": "Run client-side tests",
"tags": "test",
"completeFlag": "false",
"assignedUser": "alice",
"dateCreated": "2016-01-28T07:14:07.775Z",
"dateUpdated": "2016-01-31T16:49:47.792Z"
}
```

 如果表示器使用 CURIE 作為 URL 鍵值，輸出將會大大提升。CURIE 不會讓服務或客戶端運行得更好，但是它們使 API 響應更能被開發者瀏覽與發現。而且，讀者可從麥克•凱利的設計指南中回想起，這些是設計 HAL 訊息的兩個非常重要的目標。筆者將添加 CURIE 的支援並上傳至 GitHub，留給讀者改進此簡單的 HAL 表示器。

請注意，輸出包含 target 屬性的 link 物件。這並非是一個被定義的 HAL 屬性。範例 TPS 伺服器發出此屬性以幫助 HAL 客戶端知道如何處理連結——無論是在每個頁面（"app"）的頂部、只針對物件列表（"list"）或當僅有顯示一個物件（"item"）。將在本章的下個段落介紹更多內容。

HAL SPA 客戶端

好的，現在來看看 HAL 客戶端的實現。正如第二章 *JSON 客戶端*中，將介紹 HTML 容器、頂層解析迴圈，以及客戶端如何處理 HAL 的連結、屬性與嵌入式元素。

HAL 客戶端的原始碼可在相關的 GitHub repo（*https://github.com/RWCBook/hal-client*）中找到。本章中描述的運行版本應用程式可在線上找到（*http://rwcbook06.herokuapp.com/files/hal-client.html*）。

HTML 容器

如同所有單頁面應用程式（SPA，single-page app）一樣，一個始於單一 HTML 文件，作為所有客戶端－伺服器端交互的*容器*。範例 HAL 客戶端容器如下所示：

```html
<!DOCTYPE html>
<html>
  <head>
    <title>HAL</title>
    <link href="./semantic.min.css" rel="stylesheet" />
    <style>#dump {display:none;}</style>
  </head>
  <body>
    <div id="toplinks"></div> ❶
    <h1 id="title" class="ui page header"></h1>
    <div id="content"></div>
    <div id="links"></div>
    <div class="ui two column grid" style="margin-top: 2em">
      <div class="column">
        <div id="embedded" class="ui segments"></div>
        <div id="properties"></div>
      </div>
      <div class="column">
        <div id="form"></div>
      </div>
    </div>
    <div>
      <pre id="dump"></pre>
    </div>
  </body>
  <script src="uritemplate.js">//na</script> ❷
  <script src="dom-help.js">//na</script>
  <script src="hal-client.js">//na </script>
  <script>
    window.onload = function() {
      var pg = hal();
      pg.init("/home/", "TPS - Task Processing System"); ❸
    }
  </script>
</html>
```

大部分的內容應該看起來很熟悉。為了適應 HAL 元素（連結、屬性與嵌入式資源），針對應用程式的 HTML 布局（從❶開始）有些不同，而其餘類似於 JSON 客戶端應用程式。請注意此客戶端有三個腳本（❷）。分別為熟悉的 dom-help.js 檔案、預期的 hal-client.js 函式庫與一個新的 JS 模組：uritemplate.js 檔案。HAL 設計依賴於 RFC5988（URI 模版）相容連結，因此將使用標準函式庫來處理這些連結。

最後，在❸，提供初始的 URL 並啟動 hal-client.js 函式庫。將剩餘的時間花在 hal-client.js 檔案。

頂層解析迴圈

完成製作初始 HTTP 請求後，響應將被傳遞給 parseHAL 常式。像所有 SPA 應用程式一樣，HAL 客戶端依賴於一個簡單的請求、解析與呈現迴圈。此應用程式的頂層解析迴圈如下所示：

```
// 主迴圈
function parseHAL() {
  halClear();
  title();
  setContext(); ❶
  if(g.context!=="") { ❷
    selectLinks("app", "toplinks");
    selectLinks("list", "links");
    content();
    embedded();
    properties();
  }
  else {
    alert("Unknown Context, can't continue"); ❸
  }
}
```

清除任何先前呈現的用戶介面內容並設定標題後，web 客戶端啟動一組特定的 HAL 常式。以下為重點：

❶ 首先，setContext 常式確定要回傳的 **OBJECT**（Home、Task 或 User）。

❷ 如果有一個有效的內文，HAL 特定的元素將被解析和呈現（包含過濾連結以顯示在正確的位置上）。

❸ 最後，如果服務回傳一個內文但是客戶端無法處理，則會發出警示。

請注意，筆者將 **OBJECT** 內容編死進此應用程式中（透過 setContext）。也期待服務的每個連結物件知道如何運作與在哪裡顯示它。將在下個段落看到更多內容。

連結

HAL 的優勢在於能夠為 API 客戶端回傳識別良好的 link 物件。對於範例客戶端，selectLinks 常式解析 HAL _links 集合，並確定如何在螢幕上適當的位置建構與呈現連結訊息。

程式碼如下所示：

```
// 選擇並呈現 HAL 連結
function selectLinks(filter, section, itm) { ❶
  var elm, coll;
  var menu, item, a, sel, opt, id;

  elm = d.find(section);
  d.clear(elm);
  if(g.hal._links) { ❷
    coll = g.hal._links;
    menu = d.node("div");
    menu.className = "ui blue menu";

    for(var link in coll) {
      if(coll[link].target && coll[link].target.indexOf(filter)!==-1) { ❸
        id = (itm && itm.id?itm.id:"");

        a = d.anchor({ ❹
          rel:link,
          href:coll[link].href.replace('{key}',id),
          title:(coll[link].title||coll[link].href.replace('{key}',id)),
          text:(coll[link].title||coll[link].href.replace('{key}',id))
        });

        // 添加內部屬性 ❺
        a.setAttribute("templated", coll[link].templated||"false");
        a = halAttributes(a,coll[link]);

        item = d.node("li");
        item.onclick = halLink; ❻
        item.className = "item";

        d.push(a, item);
```

```
        d.push(item, menu);
      }
    }
    d.push(menu, elm); ❼
  }
}
```

此常式包含許多事情。這是因為 HAL 響應中的大部分訊息都儲存在 _links 集合中。請讀者循序來看…

首先（在❶）selectLinks 函式最多可以有三個值：與自定義 link.target 欄位一起使用的字串（filter）、呈現連結使用的 HTML DOM 元素（section）與（可選的）當解析項目層級連結時要使用的目前資料物件（itm）。在掃描處理 HAL _embedded 集合的程式碼中，將會看到使用最後一個參數。

確認此響應具有連結（❷），並過濾集合以符合需求（❸），程式碼建構了一個 HTML<a>…</a> 元素（❹），添加程式碼在運行時處理使用者點擊屬性，如果使用 URL 模版（❺）則標記連結，之後（在❻）附加本地的點擊事件（halLink）可以整理出如何處理所請求的動作。最後，（在❼）產生的連結被添加到 HTML DOM 並在螢幕上呈現。

圖 4-2 展示 HAL _links 集合中的元素如何在螢幕上呈現 Task 物件列表。

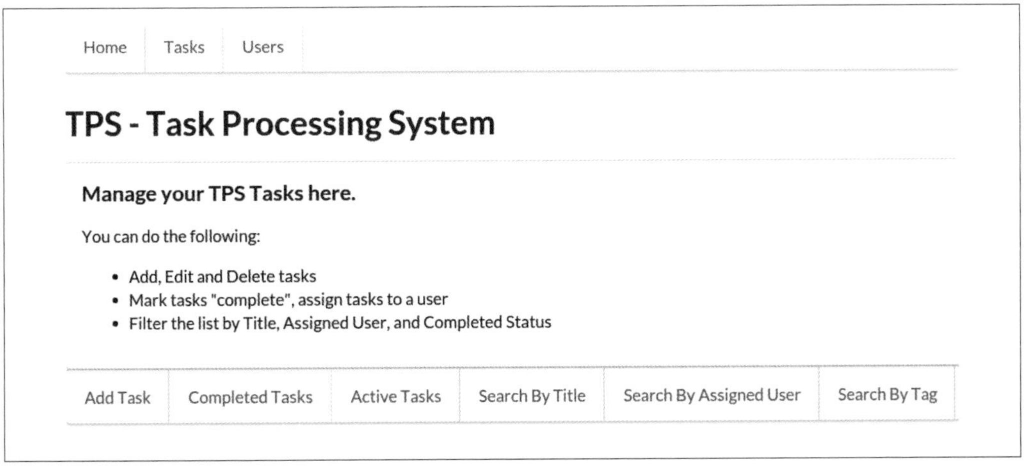

TPS - Task Processing System

| Home | Tasks | Users |

Manage your TPS Tasks here.

You can do the following:

- Add, Edit and Delete tasks
- Mark tasks "complete", assign tasks to a user
- Filter the list by Title, Assigned User, and Completed Status

| Add Task | Completed Tasks | Active Tasks | Search By Title | Search By Assigned User | Search By Tag |

圖 4-2　HAL _link 呈現 Task 物件

嵌入式資源

HAL 的 _link 集合不僅包含動作連結列表（如之前呈現的）。HAL 響應還可以包含一個或多個連結到相關資源。例如，TPS web API 回傳一個 Task 物件列表作為 HAL 響應中的 link 元素。相同的響應還包含 _embedded 區段中關聯的 Task 物件：

```json
{
  "_links": {
    "self": {
      "href": "http://rwcbook06.herokuapp.com/task/",
      "title": "Tasks",
      "templated": false,
      "target": "app menu hal"
    },
    "http://rwcbook06.herokuapp.com/files/hal-task-task": [
      {
        "href": "//rwcbook06.herokuapp.com/task/1m80s2qgsv5",
        "title": "Run client-side tests"
      },
      {
        "href": "//rwcbook06.herokuapp.com/task/1sog9t9g1ob",
        "title": "Run server-side tests"
      },
      {
        "href": "//rwcbook06.herokuapp.com/task/1xya56y8ak1",
        "title": "Validate client-side code changes"
      }
    ]
  },
  "_embedded": {
    "http://rwcbook06.herokuapp.com/files/hal-task-task": [
      {
        "href": "//rwcbook06.herokuapp.com/task/1m80s2qgsv5",
        "id": "1m80s2qgsv5",
        "title": "Run client-side tests",
        "tags": "test",
        "completeFlag": "false",
        "assignedUser": "alice",
        "dateCreated": "2016-01-28T07:14:07.775Z",
        "dateUpdated": "2016-01-31T16:49:47.792Z"
      },
      {
        "href": "//rwcbook06.herokuapp.com/task/1sog9t9g1ob",
        "id": "1sog9t9g1ob",
        "title": "Run server-side tests",
        "tags": "test",
```

```
          "completeFlag": "false",
          "assignedUser": "",
          "dateCreated": "2016-01-28T07:16:53.044Z",
          "dateUpdated": "2016-01-28T07:16:53.044Z"
        },
        {
          "href": "//rwcbook06.herokuapp.com/task/1xya56y8ak1",
          "id": "1xya56y8ak1",
          "title": "Validate client-side code changes",
          "completeFlag": "true",
          "assignedUser": "",
          "dateCreated": "2016-01-14T17:46:32.384Z",
          "dateUpdated": "2016-01-16T04:50:57.618Z"
        }
      ]
    }
  }
```

HAL 客戶端利用 _embedded 物件將它們呈現在螢幕上。這是由 embedded 常式處理的，如下所示：

```
// 處理任何嵌入式內容
function embedded() {
  var elm, embeds, links;
  var segment, table, tr;

  elm = d.find("embedded");
  d.clear(elm);

  if(g.hal._embedded) {
    embeds = g.hal._embedded;
    for(var coll in embeds) { ❶

      p = d.para({text:coll, className:"ui header segment"});
      d.push(p,elm);

      // 取得每個集合中的所有物件
      items = embeds[coll];
      for(var itm of items) { ❷
        segment = d.node("div");
        segment.className = "ui segment";
        links = d.node("div");
        links.id = itm.id;
        d.push(links,segment);

        // 發送此項目的所有屬性
        table = d.node("table"); ❸
```

```
          table.className = "ui very basic collapsing celled table";
          for(var prop of g.fields[g.context]) {
            if(itm[prop]) {
              tr = d.data_row({className:"property "+prop,text:prop+" ",
              value:itm[prop]+" "});
              d.push(tr,table);
            }
          }

          // 將項目元素推送至頁面
          d.push(table,segment);
          d.push(segment, elm);

          // 發送任何項目層級連結
          selectLinks("item",itm.id, itm); ❹
        }
      }
    }
  }
```

以下為此常式運作：

❶ embedded 常式可以在響應中處理多個物件集合，因為 HAL 規範允許如此。

❷ 收集一組物件後，程式碼循環掃過每個項目進行呈現。

❸ 每個嵌入式物件都具有在 HTML 表格中呈現的屬性。

❹ 而且，最後，也會呈現與物件相關的任何項目層級連結（從 _link 集合）。

緩存或物件列表？

應該注意的是，範例 HAL 客戶端將 _embedded 區段視為一個或多個物件集合的列表。這（技術上）推動了 HAL _embedded 設計的緩存意圖界限。可以在範例中看到，但它可能不會與任何回傳 HAL 響應的服務一起運作。

圖 4-3 展示範例 HAL 客戶端呈現 User 物件列表的螢幕截圖。

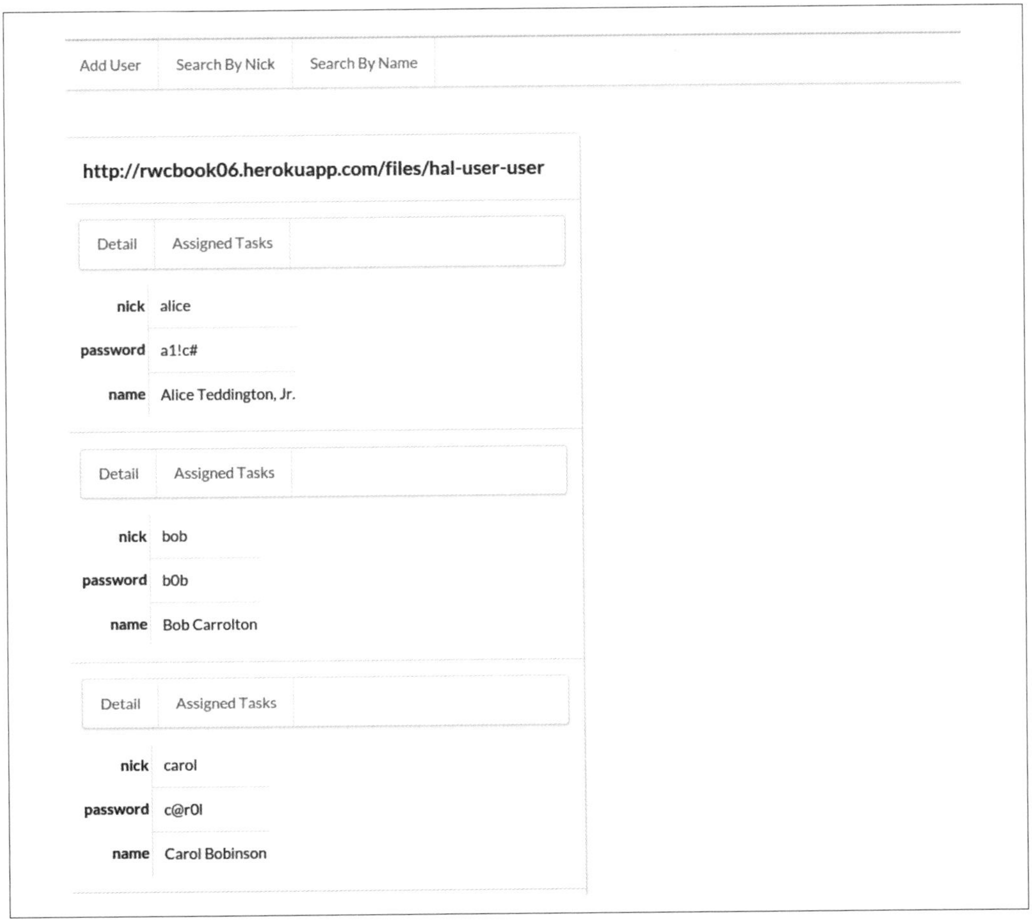

圖 4-3　使用 HAL 客戶端呈現 user 物件列表

還有一種 HAL 元素必須處理：屬性。

屬性

HAL 設計包含支援在響應的根源層發送物件或名稱／值配對。在範例 4-1 中有看過。處理這些根源元素的常式為 properties 函式：

```
// 發送任何根源層級屬性
function properties() {
  var elm, coll;
  var segment, table, tr;
```

```
    elm = d.find("properties");
    d.clear(elm);
    segment = d.node("div");
    segment.className = "ui segment";
    if(g.hal && g.hal.id) { ❶
      links = d.node("div");
      links.id = g.hal.id;
      d.push(links,segment);
    }

    table = d.node("table");
    table.className = "ui very basic collapsing celled table";

    for(var prop of g.fields[g.context]) { ❷
      if(g.hal[prop]) {
        tr = d.data_row({className:"property "+prop,text:prop+" ",
          value:g.hal[prop]+" "});
        d.push(tr,table);
      }
    }

    d.push(table,segment);
    d.push(segment,elm);

    // 發送任何項目層級連結
    if(g.hal && g.hal.id) {
      selectLinks("item",g.hal.id, g.hal); ❸
    }
  }
```

此常式比處理 _links 區段的程序更為繁瑣。

首先（在 ❶），確認有一個或多個根源層級屬性。請注意 hal.id 的檢查。這是 TPS **OBJECT**（它們總是擁有 id 屬性）的一個特點，被寫入至客戶端。這只適用於**任何** HAL 服務響應。一旦有一組屬性，使用 g.fields[g.context] 狀態值循環迴圈此內文的內部欄位集合（❷），並且只顯示客戶端提前知道的屬性。最後，在❸，插入與該物件相關聯的任何項目層級連結。這是另一個 TPS 特定的元素。

圖 4-4 顯示出 HAL 客戶端呈現單一 Task 紀錄。

這涵蓋了所有的 HAL 響應元素。但是仍然有一個非常重要的 web 客戶端沒有展示：處理 Task 與 User 的 **ACTION**。讀者可能還記得 HAL 響應中不包含任何 **ACTION** 元資料。它是由客戶端應用程式來處理這些細節。

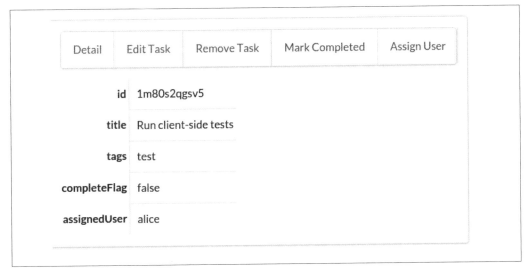

圖 4-4　在 HAL 中呈現單一項目

處理 HAL 的動作

由於 HAL 不包含 **ACTION** 細節，如 HTTP 方法和參數，所以客戶端必須處理這些事情。對於 JASON 客戶端，使用一組 action 物件來保存所有訊息（請參看第 34 頁的「位址」）。在 HAL 客戶端會做類似的事情。由於 HAL 連結都具有唯一的識別字，因此可以使用此識別字作為程式碼中 **ACTION** 定義列表的指標，並且可以編寫一個簡短的常式來存取這些定義。筆者為此創造了一個 halForms 的 JavaScript 函式庫。

以下是 halForms **ACTION** 定義的範例：

```
{
  rel:"/files/hal-task-edit", ❶
  method:"put", ❷
  properties:   [ ❸
    {name:"id",required:true, value:"{id}", prompt:"ID", readOnly:true},
    {name:"title",required:true, value:"{title}", prompt:"Title"},
    {name:"tags", value:"{tags}", prompt:"Tags"},
    {name:"completeFlag",value:"{completeFlag}", prompt:"Completed"},
    {name:"assignedUser",value:"{assignedUser}", prompt:"Assigned User"}
  ]
};
```

請注意,使用 rel 屬性將 **ACTION** 識別字保存在❶。這用於匹配在 HAL 響應 _links 區段中的 link 元素,找到相同值。也包含使用 HTTP 方法(❷)和所有輸入參數(❸)。針對 TPS web API 記錄的每個查詢與寫入操作,都有一個 **ACTION** 定義。當有人點擊用戶介面中的動作連結時會在執行期存取。

在 HAL 客戶端的執行期使用時,UI 中的每個連結都綁定到一個函式 —— halLink 函式。該函式如下所示:

```
// 處理連結的 GET
function halLink(e) {
  var elm, form, href, accept;

  elm = e.target;
  accept = elm.getAttribute("type");

  form = forms.lookUp(elm.rel);  ❶
  if(form && form!==null) {
    halShowForm(form, elm.href, elm.title);  ❷
  }
  else {
    req(elm.href, "get", null, null, accept||g.ctype);  ❸
  }
  return false;
}
```

如讀者所見,當一個人點擊 HAL 客戶端中的連結時,此程式碼檢查是否有 **ACTION** 可用的定義(❶),如果有,則在 UI 中顯示 HTML FORM(❷)。否則,HAL 客戶端只需要在點擊的連結上執行一個簡單的 HTTP GET(❸)。

halShowForm 常式知道如何將 **ACTION** 定義轉換為有效的 HTML FORM,並且可以將任何目前的 task 和 user 紀錄與輸入相關聯(以便簡單顯示編輯存在的物件)。圖 4-5 展示螢幕上執行期 TaskEdit 的操作。

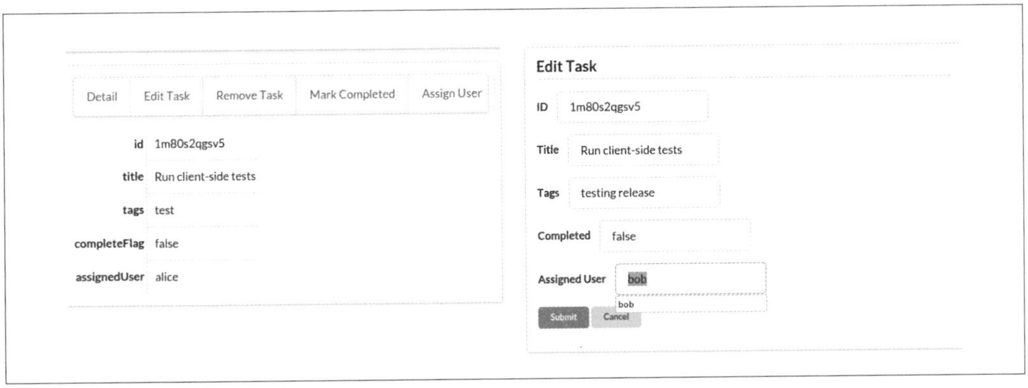

圖 4-5　處理 HAL 客戶端的輸入

重點摘要

在建構範例 HAL 客戶端時，學習如何創造一個通用的 HAL 響應解析器，以便在使用者介面上呈現資料。過程中，在通用函式庫中建立了一些關鍵的 HAL 操作：

selectLinks

此常式用於尋找和過濾 HAL _links 集合中的 link 元素集合，並在需要的時機呈現在位置上。

embedded

使用 HAL _embedded 區段來攜帶物件列表（task 和 user），並編寫程式碼在執行期呈現相關的項目層級連結（再次使用 selectLinks 函式）。

properties

最後，properties 函式處理任何根源層級的名稱／值配對（或物件），並也使用 selectLinks 常式來呈現與根源物件相關的任何項目層級連結。

hal-client.js 函式庫還有許多內容在此處沒有介紹，包含在所有其他 SPA 範例中使用的低階 HTTP 常式，以及一些支援 URI 模版的 HAL 特定功能、管理螢幕顯示和處理其他小雜事。

現在有一個功能齊全的 HAL 客戶端，介紹一下服務 API 的變化，看看客戶端如何適應處理。

處理機制間的變動

如第二章 *JSON 客戶端* 所做的一樣，現在將測試 HAL 客戶端以了解它在初版發布之後，如何處理後端 API 發生變化。之前看到 JSON 客戶端的表現並沒有很好。當服務添加一個新的資料欄位和過濾器選項時，JSON 客戶端只是忽略它們。它沒有中斷，但需要重新編寫程式與重新布署應用程式之後，新的 API 功能才會出現在客戶端。

從之前介紹的 HAL 與 OAA 挑戰，了解到 HAL 設計的重點是處理對 **ADDRESS** 的變動。只要保持 API 初始的 URL 是一致的──入口 URL ── HAL 規範允許更改所有其他 URL 而且客戶端將正常運行。

例如，如果 TPS 服務將用於處理變更密碼操作的 URL 從 /user/pass/{id} 更改為 /user/changepw/{id}，則 HAL 應用程式將繼續運作。這是因為 HAL 客戶端沒有將實際操作的 URL 寫進程式碼中。

然而，由於 HAL 響應不包含 **OBJECT** 元資料或 **ACTION** 定義，所以這些元素的變動──甚至*新增*它們──可能會導致 HAL 客戶端應用程式出現問題。

新增一個動作

以範例來說，假設 TPS 團隊決定在 web API 中新增一個新的 **ACTION** 元素── TaskMarkActive 操作。這允許人們透過設定 completeFlag="false" 將任何 Task 物件標記為 "active"。可以使用類似 TaskMarkCompleted 的操作。

更新文件

所以，可以將以下 **ACTION** 定義添加到 API 文件中（表 4-1）。

表 4-1　TPS TaskMarkActive 動作

操作名稱	URL	方法	回傳物件	輸入
TaskMarkActive	/task/active/{id}	POST	TaskList	none

HAL 客戶端內建的新功能 MarkActive 原始碼可以在相關的 GitHub repo（*https://github.com/RWCBook/hal-client-active*）中找到。本章中描述的應用程式運行版本可在線上找到（*http://rwcbook07.herokuapp.com/files/hal-client.html*）。

更新 TPS web API

隨著文件完成，可以更新伺服器端加入新功能（見❶）：

```
case 'POST':
  if(parts[1] && parts[1].indexOf('?')===-1) {
    switch(parts[1].toLowerCase()) {
      case "completed":
        markCompleted(req, res, respond, parts[2]);
        break;
      case "active":
        markActive(req, res, respond, parts[2]); ❶
        break;
      case "assign":
        assignUser(req, res, respond, parts[2]);
        break;
      default:
        respond(req, res,
          utils.errorResponse(req, res, 'Method Not Allowed', 405)
        );
    }
```

現在，針對 API 提出單一 task 紀錄請求時──例如，GET /task/1m80s2qgsv5 ──會看到新的 TaskMarkActive 出現（以下程式碼請見❶）：

```
{
  "_links": {
    "collection": {
      "href": "http://localhost:8181/task/",
      "title": "Tasks",
      "templated": false,
      "target": "app menu hal"
    },
    "http://localhost:8181/files/hal-task-item": {
      "href": "http://localhost:8181/task/{key}",
      "title": "Detail",
      "templated": true,
      "target": "item hal"
    },
    "http://localhost:8181/files/hal-task-edit": {
      "href": "http://localhost:8181/task/{key}",
      "title": "Edit Task",
      "templated": true,
      "target": "item edit hal"
    },
    "http://localhost:8181/files/hal-task-remove": {
      "href": "http://localhost:8181/task/{key}",
```

```
        "title": "Remove Task",
        "templated": true,
        "target": "item edit hal"
      },
      "http://localhost:8181/files/hal-task-markcompleted": {
        "href": "http://localhost:8181/task/completed/{id}",
        "title": "Mark Completed",
        "templated": true,
        "target": "item completed edit post form hal"
      },
      "http://localhost:8181/files/hal-task-assignuser": {
        "href": "http://localhost:8181/task/assign/{id}",
        "title": "Assign User",
        "templated": true,
        "target": "item assign edit post form hal"
      },
      "http://localhost:8181/files/hal-task-markactive": { ❶
        "href": "http://localhost:8181/task/active/{id}",
        "title": "Mark Active",
        "templated": true,
        "target": "item active edit post form hal"
      },
      "http://localhost:8181/files/hal-task-task": [
        {
          "href": "//localhost:8181/task/1m80s2qgsv5",
          "title": "Run client-side tests"
        }
      ]
    },
    "id": "1m80s2qgsv5",
    "title": "Run client-side tests",
    "tags": "test",
    "completeFlag": "false",
    "assignedUser": "alice",
    "dateCreated": "2016-01-28T07:14:07.775Z",
    "dateUpdated": "2016-01-31T22:30:25.578Z"
  }
```

HAL 客戶端無法解讀

新的連結(「Mark Active」)將自動出現在 HAL 客戶端,因為 HAL 了解如何處理連結。但是,因為 TaskMarkActive 操作需要使用 HTTP POST,所以 HAL 客戶端會出現錯誤(見圖 4-6)。

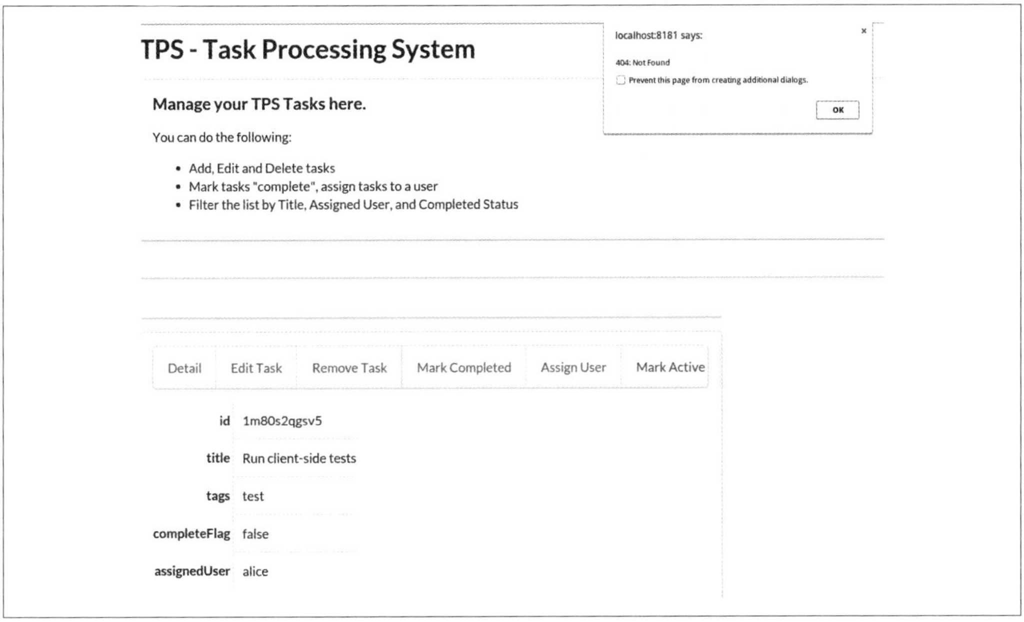

圖 4-6　HAL 客戶端使用新 **ACTION** 會出現錯誤

HAL 響應不包含 **ACTION** 定義。對於此新功能來說，只能辨別連結是不夠的，客戶端還需要知道該如何處理。而且處理方法只有寫在人們能讀的文件裡。

在 HAL 客戶端重新編碼 ACTION 定義

為了解決這個問題，需要將新的 API 文件翻譯成一個新的 **ACTION** 定義，之後重新編碼並重新布署應用程式：

```
{
  rel:"/files/hal-task-markactive", ❶
  method:"post",
  properties: [
    {name:"id",value:"{id}", prompt:"ID",readOnly:true},
    {name:"completeFlag",value:"false", prompt:"Completed",readOnly:true}
  ]
};
```

請注意在前面的 **ACTION** 定義（❶）中，將 rel 值設定為與 TPS web API 輸出的 HAL 響應相匹配的連結識別字。

現在，如圖 4-7 所示，HAL 客戶端知道如何處理新連結，顯示正確的 HTMLform，並將 Task 物件標記為 "active"。

圖 4-7　HAL 客戶端新的 ACTION 定義

實際上可以透過仰賴自定義的 HAL 擴充來提高 HAL 客戶端處理意外 ACTION 的能力。將在本章中最後一節快速瀏覽。

擴充 HAL-FORMS

改進 HAL 客戶端的一種方法就是擴充 HAL 格式，以包含比目前更多的 OBJECT 或 ACTION 訊息。這種擴充在原來的 HAL 規範中沒有明確描述。但是，只要擴充不會破壞現有客戶端或重新定義 HAL 現有的功能，應該就沒有問題。

此書中，筆者創造了一個擴充來保存所有添加到程式碼中的 ACTION 定義。透過此擴充並且客戶端了解如何使用它，可以在執行期添加新的 ACTION 定義，而不需要重新編碼與重新布署 HAL 客戶端。

> 支援 HAL-FORMS 的 HAL 客戶端原始碼可以在相關的 GitHub repo（*https://github.com/RWCBook/hal-client-forms*）中找到。本章中描述的應用程式運行版本可以在線上找到（*http://rwcbook08.herokuapp.com/files/hal-client.html*）。

規範介紹

HAL-FORMS 規範是本章前面使用的應用程式中 ACTION 定義的更正式版本。然而，此簡單的 JSON 物件已被更新為更符合麥克‧凱利的 HAL 規範，並提供更多未來的可能性，包括在執行期時按照需要加載的定義能力。

此處不會介紹 HAL-FORMS 的細節——讀者可以在相關的 GitHub（*https://github.com/RWCBook/hal-forms*）repo 中閱讀所有相關的內容，並在線上閱讀最新文件（*http://rwcbook.github.io/hal-forms/*）。現在，只展示一個 HAL-FORMS 文件，介紹如何在更新的 HAL 客戶端中使用它。

HAL-FORMS 文件

以下是將 task 添加到 TPS 系統的獨立 HAL-FORMS 文件：

```
{
  "_links" : {
    "self": {
      "href": "/files/hal-task-create-form" ❶
    }
  },
  "_templates" : {
    "default" : {
      "title" : "Add Task",
      "method":"post", ❷
      "properties": [ ❸
        {"name":"title", "required":true, "value":"", "prompt":"Title"},
        {"name":"tags", "value":"", "prompt":"Tags"},
        {"name":"completeFlag", "required":false,
        "value":"false", "prompt":"Completed"}
      ]
    }
  }
}
```

在上述的文件中，有三項重點如下：

❶ 用於查找此文件的 rel 值包含在裡面，因為在 HAL 文件中包含 "self" 引用是標準做法。

❷ 包含 HTTP method。通常是 POST、PUT 或 DELETE，但有可能是用於複雜查詢表單的 GET。

❸ properties 陣列包含用於顯示 HTML form 的所有細節，之後將資料傳送至服務。

請注意，本文件中沒有 href。這是因為客戶端應用程式在執行期時從 HAL 文件取得此操作的 **ADDRESS**。這也讓這些 HAL 格式可以重新使用。

請求 HAL-FORMS 文件

HAL-FORMS 文件在 HTTP 的 content-type 標頭中回傳唯一的 IANA 媒體類型字串（application/prs.hal-forms+json）。這也是如何請求 HAL-FORMS 文件 —— 使用 application/prs.hal-forms+json 媒體類型字串在 HTTP 的 accept 標頭。HAL 客戶端使用連結識別字作為 URL，來查看此連結是否存在關聯的 **ACTION** 定義。

 媒體類型字串中的 prs 是 RFC6838 中涵蓋媒體類型的 IANA 註冊標準之一部分。它表示一個「個人」的註冊。正如本書介紹，筆者已經申請註冊，但尚未完成。

以下是運作原理：

如果客戶端應用程式在 HAL 響應中看到此連結：

```
"http://localhost:8181/files/hal-task-create-form": {
  "href": "http://localhost:8181/task/",
  "title": "Add Task",
  "templated": false
},
```

當有人活化（點擊）應用程式中的新增 task 連結時，客戶端會發出 HTTP 請求如下所示：

```
GET /files/hal-task-create-form HTTP/1.1
accept: application/prs.hal-forms+json
...
```

如果存在，則伺服器將使用 HAL-FORMS 進行響應如下：

```
HTTP/1.1 200 OK
content-type: application/prs.hal-forms+json
....
{
  ... HAL-FORMS document here
}
```

一旦文件由客戶端加載，它可以用於建造和顯示 HTML FORM 以供使用者輸入。一些範例實作細節在下一節中討論。

實作介紹

在執行期添加對 HAL-FORMS 擴充的支援非常簡單。需要對低階層 HTTP 呼叫進行一些調整，使它們意識到 HAL-FORMS 響應。還需要修改客戶端對初始連結點擊（halLink），並更新 halShowForm 常式的運作方式，以確保它包含來自新的 HAL-FORMS 文件的訊息。

以下是客戶端函式庫中的摘錄，其中展示出 halLink 常式和相關程式碼：

```
// 處理連結的 GET
function halLink(e) {
  var elm, form, href, accept, fset;

  elm = e.target;
  accept = elm.getAttribute("type");

  // 建造無狀態區塊❶
  fset = {};
  fset.rel = elm.rel;
  fset.href = elm.href;
  fset.title = elm.title;
  fset.accept = elm.accept;
  fset.func = halFormResponse;

  // 執行檢查表單
  formLookUp(fset); ❷

  return false;
}

function formLookUp(fset) { ❸
  req(fset.rel, "get", null, null, "application/prs.hal-forms+json", fset);
}

function halFormResponse(form, fset) {
  if(form && form!==null && !form.error && fset.status<400)  {
    // 有效的表單響應？顯示它
    halShowForm(form, fset.href, fset.title); ❹
  }
  else {
    // 必須是簡單的 HAL 響應，接下來
```

```
        req(fset.href, "get", null, null, fset.accept||g.ctype, null); ❺
    }
}
```

重點如下所示：

❶ 建造共享的屬性區塊以發送到低階 HTTP 呼叫者。

❷ 使用該訊息來請求 HAL-FORMS 文件。

❸ 此行是 HAL-FORMS 請求（非媒體類型字串）。

❹ 如果回傳有效的 HAL-FORMS 文件，將其傳遞給 halShowForm 常式。

❺ 否則，只需要在發起點擊的初始 URL 上執行簡單的 HTTP GET。

還有更多細節，讀者可參考相關的 repo 訊息。

所以，使用新的擴充，已經將 **ACTION** 定義移動到可以由 API 服務更新的獨立檔案集合，使範例 HAL 客戶端應用程式能夠了解並且安全地使用，不需要重新編寫和重新布署客戶端程式碼。這意味著當服務 API 添加新功能時——例如 MarkTaskActive 或任何其它新的交互功能——服務只能提供新的 HAL-FORMS 文件，而現有的客戶端將能夠處理細節（例如 URL、HTTP 方法、參數等）。

 Comcast 的一名資深軟體工程師，班傑明・格林伯格，就如何創建自己定制的 HAL-FORMS 實作（稱為 _forms）發表了一個演講。筆者在撰寫本章時，無法找到書面規範，但是新增了一個影片存取點在本章的參考資源部分。

本章總結

好的，在這一章中介紹了很多東西。來快速總結一下：

變動 *URL* 是安全的

感謝 HAL 的設計，不再需要在程式碼中儲存許多 URL。筆者只儲存一個（初始 URL），讀者甚至可以在執行期讓使用者提供。現在，TPS API 可以隨時修改 URL，不會破壞客戶端應用程式（只要**第一個** URL 仍符合要求）。

OBJECT 和 ACTION 仍缺漏

雖然 HAL 響應有很多關於 **ADDRESS** 的可用訊息，但是幾乎沒有提供關於 **OBJECT** 與 **ACTION** 的訊息。所以必須自行處理。在客戶端程式碼中包含一個 `setContext` 常式，用於尋找已預期的（Home、Task 與 User）**OBJECT**。還使用 `halForms` 常式和自定義的 **ACTION** 定義寫入程式碼中來處理查詢和寫入操作。將此訊息添加到範例應用程式中，使其與人們閱讀文件中的服務 **OBJECT** 模型和已定義的 **ACTION** 元素緊密綁定。

HAL-FORMS 擴充解決了 ACTION 的挑戰

自行創造一個 HAL 規範的自定義擴充，允許將所有的 **ACTION** 儲存在一個獨立的文件中，並在執行期加載它們。這意味著範例 HAL 客戶端不需要預先了解所有 **ACTION**，而且 TPS API 可以在未來添加新的 **ACTION** 而不會破壞範例應用程式。壞消息是，這只是筆者發明的一套方法。它在其它 HAL 伺服器是不可用的，甚至此擴充可能會被存取 TPS 服務的任何其它 HAL 客戶端忽略。

更新 HAL 客戶端與 OAA 挑戰

HAL 客戶端在 OAA 的挑戰中做得很好。它們為處理對 **ADDRESS**（URL）的更改而被建造，但是在新增、刪除或更改 **OBJECT** 或 **ACTION** 的時候，都需要重新編寫和重新布署。可以透過實作自定義的 HAL-FORMS 擴充來改善 OAA 挑戰，但這對於任和其他 HAL 服務或客戶端都不適用。

所以，現在比起依賴 JSON 客戶端時來得更好——那些僅接收自定義 JSON 物件響應的客戶端。但是我們可以做得更好。正如稍後在本書中介紹的，還有幾種媒體類型的設計，它們都在 OAA 挑戰中處理得更好。

鮑伯與卡蘿

「那麼，卡蘿。我們這週做得如何？」

「嗯，不錯。我認為此 HAL 客戶端肯定是正確的方向。但是，我們仍然需要對適應性挑戰做更多工作。API 這邊本週進行得如何？」

「很好。對於我們團隊來說，實作 HAL 表示器並不困難。研讀規範、花些時間在聊天室並在討論列表中分享一些範例，並在一天之內寫了一個簡單的運行版本。」

「太好了，鮑伯。我們做了許多相同的事情——規格、聊天室與討論列表——但我們花了點時間來建立第一個可運作的客戶端。結果 HAL 遺失了一些對我們團隊很重要的東西。」

「像是什麼，卡蘿？」

「HAL 的連結非常好——很高興看到 URL 變動不會破壞應用程式或必須進行產品更新。但是我們仍然堅持處理自定義物件模型，以及執行查詢與寫入操作的所有細節。」

「原來如此。HAL 不包含 **OBJECT** 和 **ACTION** 元資料，是嗎？但是妳實作了 HAL-FORMS 擴充來解決這個問題，對吧？」

「是的，這是 **ACTION** 元素一個很棒的自定擴充。我們可以與公司團隊，甚至是客戶來共享此函式庫。但是不能指望所有的 HAL 客戶端都可以使用我們制定的擴充。而且我們已經開始運行其它 HAL 伺服器，那些地方我們的客戶端不能運作，因為它期望有 HAL-FORMS。」

「沒錯，卡蘿。我了解。妳真的想要一個適用於各種服務的格式與客戶端應用程式，對吧？一種用於 API 的 HTML 瀏覽器。」

「喔，鮑伯。我不需要一個完整的 "瀏覽器" API，但我需要提高客戶端應用程式的適應能力，而不僅僅是 URL 更改。我想我們也需要開始研究其他超媒體格式。」

「好的，請讓我知道我們下一步該做什麼，我會讓我的團隊為妳準備另一個表示器。」

「沒問題，鮑伯。我先與我的團隊討論後，再告知你我們的決定。」

「聽起來不錯。下次再聊，卡蘿。」

參考資源

1. 本書發行後，最可靠的 Hypertext Application Language（*http://stateless.co/hal_specification.html*）（HAL）文件由麥克•凱利的 web 伺服器管理。

2. 已經為 JSON HAL（*http://g.mamund.com/mdfce*）啟動了一個 IETF 規範文件，但在本書撰寫期間已經過期了。不過當讀者閱讀本書時可能會復活使用。

3. 可以在 IANA 上找到 HAL 的 IANA 註冊（*http://g.mamund.com/kjinu*）。

4. 麥克•凱利在 2014 年同意與筆者一起接受 InfoQ 雜誌的採訪（*http://g.mamund.com/exses*）。

5. 麥克•凱利的 2013 年部落格文章──「API 的超連結案例」──可於 The Stateless Blog（*http://g.mamund.com/egdvb*）中找到。

6. URI 模板 IETF 規範（RFC6570（*http://g.mamund.com/pmjez*））定義了 URL 擴充範式。

7. W3C 於 2010 年發布了 CURIES 1.0（*https://www.w3.org/TR/curie/*）Working Group Note。

8. Web Linking 規範 RFC5988（*http://g.mamund.com/dysxr*）「指明 web 連結的關係類型，並定義註冊表」。

9. 使用 IETF 註冊媒體類型的標準在 RFC6836（*http://g.mamund.com/zivam*）、RFC4289（*http://g.mamund.com/unqmf*）與 RFC6657（*http://tools.ietf.org/html/rfc6657*）。

10. 在 Comcast 的資深軟體工程師班傑明・格林伯格，介紹了 HAL 的格式擴充。可以在 Youtube 上觀賞他的演講視頻（*hrrp://g.mamund.com/xzdlf*）。

圖片貢獻

- 迪奧戈・盧卡斯：圖 4-1

第五章

可重複使用的客戶端
應用程式的挑戰

「一切都在一個圓圈裡。」

——辛蒂・露波

鮑伯與卡蘿

「好的,鮑伯。我想跟你確認一下客戶端團隊正在
執行可重覆使用的客戶端計畫。」

「我知道 JSON 客戶端專案進展順利,HAL 客戶端也
似乎成功了。我對妳的團隊有許多的期待。」

「對,這就是我們需要討論的。當我們展望未來為
其他媒體類型新建客戶端時,我們開始看到一種新
的範式出現。」

「妳的意思是說,可能有某種模型適用於妳所使用的
任何格式,對嗎?」

「沒錯。我開始質疑我們平常建造客戶端應用程式
的方法。通常我們有一個預設的目標,我們只是編
寫一個應用程式來解決這個問題。」

「妳意思是像一個應用程式來計算延遲的費用或一個應用程式來編輯我們的目錄等等。沒錯吧？」

「嗯，如果你想在每次出現新的任務時都建立新的應用程式也是可以。但是我們的團隊需要構建具有一定程度的可重用性的應用程式。」

「當然，我明白了。我們一直使用電子表格和文字處理軟體等應用程序。它們是一種通用的客戶端，對吧？」

「對，鮑伯。電子表格應用程式是真正新建各種解決方案的"畫布"。即使是新建電子表格軟體的人沒有想到的問題。」

「妳想要建造這種類型的應用程式嗎？這好像是一個巨大的任務，卡蘿。」

「也許。但是團隊中的人們已經提出了描述一些用於創建互動式界面的模型論文。其中可能有一些簡單的原則或範式讓我們可以使用。」

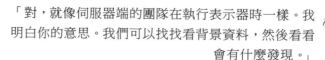

「對，就像伺服器端的團隊在執行表示器時一樣。我明白你的意思。我們可以找找看背景資料，然後看看會有什麼發現。」

「好的，鮑伯。我要回到團隊看看他們有什麼我們所需要的資料。我們可以在本週末再見面。」

「聽起來很不錯，卡蘿。本週再見。」

建造客戶端應用程式的挑戰時，我們經常從思考一個解決辦法開始。這似乎是一件好事，但有時候不是這樣。有時候，更重要的是思考這個問題本身；更具體地說，是問題的領域。

這個從問題領域開始的概念有一些重要的意義。不將問題本身用作設計程式的模型，需要別的東西來當作設計程式的模型。這通常被稱為互動式模型。在這個層次上，互動式模型成為應用程式設計的頂尖方法之一。有幾種不同的方式來模擬互動，將在本章中探討其中兩個並且同時提出一個可以實作在超媒體客戶端時使用的模型。

最後，利用互動式模型中的信息，可以找出超媒體客戶端（稱之為**地圖風格客戶端**）和非超媒體客戶端（**路徑風格客戶端**）之間的關鍵差異之一。超媒體客戶端具有程式碼中**缺少關鍵**的互動式模型（了解動作細節並**翻譯**響應結構的能力）。這些細節不是在客戶端寫死，而是由服務端發送的訊息所提供。當可以建造一個不需要提前記住解決方案的客戶端（例如，將所有可能的動作流程和工作流程放在程式碼中）時，可以開始建造能夠解決以前未知問題的客戶端，以及具有足夠「智能」適應新的客戶端可能發出的動作。

如何**較少地**教導它們解決特定問題來建造一個「更聰明」的客戶端應用程式？這取決於要解決的問題。本章節將從創建通用客戶端應用程式開始。

正在解決什麼問題？

一般問題空間讓大家有機會思考同樣問題的廣泛解決方案。這也有機會思考很多相關的問題。事實上，如果不小心，可能倉促地解決錯誤的問題。在開始設計的工作時，務必要了解「真實」問題。人機互動（HCI）領域的領先思想家之一唐納德・諾曼在他的書《*The Design of Everyday Things*》中寫道：

> 好的設計師從來不是從試圖解決問題開始：他們首先會想知道真正的問題是什麼。

在**豐田方式**中的「五個為什麼」也是一種類似的方法。大野耐一在《*Toyota Production System*》（由生產力出版社出版）他 1988 年的書中指出：

> 透過問五次為什麼並且回答每一次這個問題，就可以發現問題的真正原因。

雙鑽石設計模型

採取單一問題並且擴大問題空間的行為是設計人員的常用技術。這有時被稱為**雙鑽石設計模型**（見圖 5-1）。雙鑽石在 2005 年由英國設計委員會創建，展示出 DISCOVER（探索）、DEFINE（定義）、DEVELOP（開發）和 DELIVER（交付）四個部分的過程。DISCOVER 和 DEVELOP 階段目標在於**擴大**考慮範圍以探索替代方案，DEFINE 和 DELIVER 階段的目的在於**縮小**選項列表以找到最佳可用解決方案。

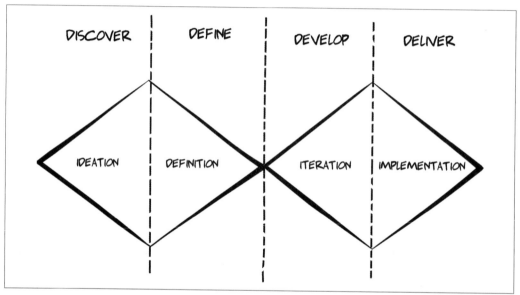

圖 5-1　英國設計委員會的雙鑽石設計模型

所以，準備好深入探索問題很重要。但是該如何做呢？

封閉式解法與開放式解法

除了為每個問題編寫一個定制的應用程式之外，可以重新思考如何設計客戶端本身。大多數網路客戶端應用程式都是精心量身訂制的解決單個問題或一小組緊密相關的問題。這些應用程式稱為**封閉式解法**應用程式。設計解決的問題（和解決方案）是在應用程式構建之前提前知道的。在這些情況下，程式設計者將預定的解決方法轉換為程式碼並布署程式碼以供系統使用。

但是有一類應用程式能夠讓用戶自己解決問題。這些應用程式稱為開放式解法的應用程式。沒有提前定義解決方案。相反，該應用程式是為了讓用戶自己能夠定義和解決應用程式的問題而這些問題，可能工程師從來沒想到過。這類應用程式的簡單範例是電子表格、文字處理程式、繪圖工具等。這是第二類應用程式——開放式解法應用程式——這可能是最有價值最具挑戰性的實作。

如何從典型的一次性客戶端應用程式改變成開放解決方案應用程式？一種方法是，封閉式解決方案應用程式通常設計為透過領域空間提供單一的、靜態路徑——從問題開始到完成解決方案的路徑。思考一種嚮導式介面能夠引導用戶通過一系列步驟將工作完成。這是一個路徑式的應用程式。

例如，路徑式應用程式的程式碼如下所示：

```
START
  COLLECT userProfile THEN
  COLLECT productToBuy THEN
  COLLECT shoppingCart THEN
  COLLECT shippingInfo THEN
  COLLECT paymentInfo THEN
  FINALIZE checkOut
END
```

使用「封閉式解法」的應用程式優勢在於用戶通常很容易被引導，並且程式容易實作和布署。它們透過問題（例如在線零售銷售）利用固定的步驟或工作流程解決一個狹隘的問題。缺點是，工作流程的任何更改意味著當前的應用程序「已損壞」，所以程式需要重新編碼並重新布署。例如，如果需要更改系統流程讓用戶不用在購物（COLLECT productToBuy）之前表明自己的身分（COLLECT userProfile），則此系統的應用程式將需要重寫。如果更改系統服務跳過 COLLECT shippingInfo 步驟直接使用預設的送貨服務，則系統會發生同樣的問題。而這樣的例子不勝枚舉…

然而，在開放式解決方案的應用程式中，從頭到尾沒有直接的路徑。相反，會有一些可能需要的動作（或可能不）。根據任何時間點上的內容和「事物狀態」，用戶（或有時是另一個服務）來幫助決定採取哪些行動。

以下是利用開放式解法的應用程式將購物客戶端重新編碼：

```
WHILE NOT EXIT
  IF-NEEDED COLLECT userProfile OR
  IF-NEEDED COLLECT productToBuy OR
  IF-NEEDED COLLECT shoppingCart OR
  IF-NEEDED COLLECT shippingInfo OR
```

```
    IF-NEEDED COLLECT paymentInfo OR
    IF-ALLOWED FINALIZE checkOut OR
    IF-REQUESTED EXIT
  WHILE-END
```

從第二個範例可以看出，應用程式被設計為連續迴圈的模式，在這個迴圈中，可以通過檢查「事物狀態」來觸發一些事情（IF-NEEDED，IF-ALLOWED）。此迴圈將持續到工作完成（FINALIZE checkout 和 IF-REQUESTED EXIT）。這種實作方式不像通過問題領域的路徑。相反的，它看起來更像是問題領域（地圖）中有趣的可能性（位置）的列表或**地圖**。只要看這個虛構的程式碼，就可以發現該應用程式現在可以解決線上零售銷售領域的各種問題，如：

- 創建／更新用戶個人檔案

- 選擇要購買的產品

- 加載和管理購物車

- 管理運輸細節

- 管理付款信息

- 授權和完成購買

而且，最重要的是，這些完成的**順序**不是很重要。用戶完成 checkOut 動作前需要確認（IF-ALLOWED）所有的物品都是正常供應的。在一個非常重要的應用程式中這種「如果允許」的模式會經常發生，並覆蓋一些狀態像是登錄用戶的狀態（IF-ALLOWED delete user）、伺服器上的內容狀態（IF-INSTOCK selectForPurchase）、或是用戶帳戶的狀態（IF-AUTHORIZED purchaseOnConsignment）。

事實證明，這種重複的迴圈風格的應用程式是很常見的。大多數電腦遊戲使用迴圈來管理跟使用者的互動。所有視窗軟體都使用迴圈和事件觸發來處理與用戶的互動，且先進的機器人使用迴圈來感測環境，並根據外部的輸入資訊持續調整進行動作。

所以，避免陷入使每個客戶端應用程式成為自定應用程式陷阱的一種方法，是開始思考將客戶端視為可讓用戶**開發**領域空間的應用程式。然後有個重要的方法是仔細考慮是否希望應用程式從頭到尾只提供一個固定的**路徑**，或是利用通用領域空間的詳細**地圖**。路徑風格實作方式能夠讓我們快速地到達到預定的目標。地圖風格實作方式則提供許多可能的方法來獲得類似的結果。

無論是路徑尋找器或是地圖製造器，都需要一些模型來支持開發應用程式。這就意味著在做出最終決定之前需要學習一些有關建模互動的知識。

建模（Modeling）互動設計

建模互動的過程可以提供設計者和開發者一些方向。**互動設計**這個名詞在 1980 年首次出現，但是以思考機器和人類在電子時代如何相互作用這一點來看，是可以追朔到 1960 年代德國 Ulm 設計學院的老師。在此之前，工業設計領域（從十八世紀英格蘭）制定了許多當今互動設計中使用的原則。

互動建模的多重觀點

2009 年有一篇偉大的 ACM 文章，「什麼是互動？互動有不同類型嗎？」（*http://g.mamund.com/eawdy*），它比這本書有做更深入的內容。它還介紹了像是設計理論、HCI 和系統理論等不同互動建模的**觀點**。如果想進一步探討這個話題，那篇文章是一個很好的開始。

在考慮一般使用超媒體客戶端的功能時，重要的是要感受到互動設計領域以及在過去半個世紀中佔據主導地位的模型。為此，筆者選擇了兩個人的書（和他們的模型）來討論：

- 托馬斯・馬爾多那多的「Ulm 模型」
- 比爾・維普蘭克的「DO — FEEL — KNOW」

馬爾多那多的機制

早期思考人類和機器如何互動的一個例子來自德國 Ulm 設計學院（Hochschule fur Gestaltung，或稱 HfG）。1964 年，在學校的刊物上發表了一篇論文（馬爾多那多和朋西皮的**科學與設計**）。它的內容包括人機界面的概念。該模型假設**人類**與**機制**之間的關係是由**控制**和**顯示**所組成。

在最前衛的 Ulm 設計學院中同時是阿根廷畫家、設計師和哲學家的托馬斯・馬爾多那多是 1950 年代和 1960 年代的主力，他在 1964 年的論文中描述的 Ulm 模型（見圖 5-2）在他的成果中是保留最久的遺產。

馬爾多那多和他的德國同事古易・朋西皮的成果到現在還是被認為是設計理論的標準。

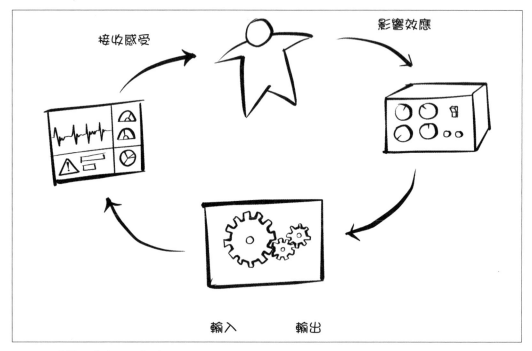

圖 5-2　人機互動的 Ulm 模型

從圖中可以看出：

- **人類**可以操縱…

- **控制**，為…產生輸入

- **機制**，產生的結果可能出現在…

- **顯示**，由**人類**查看（並且繼續循環）。

這基本上是 web 瀏覽器運行的方式。**人類**操縱介面（例如，他們提供 URL 並按 Enter 鍵）。然後瀏覽器使用自己的內部**機制**（程式碼）來執行請求、解析和響應，並在螢幕上**顯示**它。螢幕通常包含某些級別的資訊（資料和內文）而且通常包括其他**控制**元件（連結和表單）。**人類**審閱**顯示**內容並確定需要操縱哪些**控制**元件（如果有的話）來繼續該流程。

好消息是這些工作在現今軟體中都是透過 web 瀏覽器完成的，並且不需要其外的編碼。唯一必須的元素是伺服器提供的 HTML 響應。當然，缺點是這個重要的互動模型是隱藏在我們身上並且難被察覺的。利用瀏覽器的客戶端腳本改變這個缺點，不需要很長的時間。

注意隱藏在幕後的人

很像電影綠野仙蹤中的桃樂絲，web 開發者不滿足於隱藏網頁瀏覽器的**機制**。在網路瀏覽器發布不久之後，客戶端腳本的增加允許開發者使用程式碼來改善用互動體驗。很快的（2000 年左右）程式開發者可以利用 XMLHttpRequest 物件存取到 HTTP 的請求／響應互動狀態。到 2010 年，透過可擴展 web 宣言運動（ *https://extensiblewebmanifesto.org/* ）可以取得更多 web 瀏覽器的內部機制。

以下是一個簡單的 Ulm 模型例子：

```
WHILE
  WAIT-FOR CONTROLS("user-action")
  THEN EXECUTE MECHANISM(input:"user-action", output:"service-response")
  THEN DISPLAY("service-response")
END-WHILE
```

請注意，上述範例沒有任何領域特定的資訊。沒有關於用戶存取管理或會計學等的資料。在這個層次上，重點是在於一般的互動上，而不是一些需要解決的具體問題上。編寫通用應用程式通常意味著首**先**關注互動式模型。

這個 1964 年的簡單的互動模式不是唯一的選擇。事實上，當馬爾多那多和朋西皮出版 Ulm 模型時，並不知道任何互動式設計的概念。

維普蘭克的人類理論

比爾·維普蘭克 (與威廉·莫格里奇) 是在 1980 年代創造了**互動式設計**這個術語。很像馬爾多那多和朋西皮在 Ulm 學校的工作，維普蘭克和莫格里奇編寫了關於如何描述和設計人機互動的重要理論（見圖 5-3）。從維普蘭克的角度來看，互動式設計者應該提出三個關鍵問題：

- 你該怎麼**做（DO）**？
- 你**覺得（Feel）**怎麼樣？
- 你怎麼**知道（Know）**的？

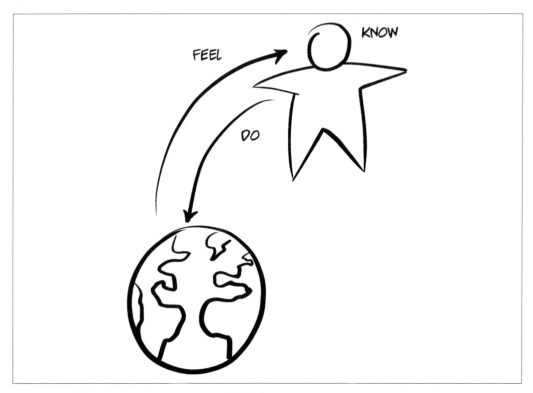

圖 5-3 維普蘭克的 Do — Feel — Know 互動模型

在《*Interaction Design Sketchbook*》中，他提供了一個關於操縱房間中的燈開關動作的簡單範例：

> 即使是最簡單的設備也需要 Do、Feel 和 Know 三個動作。我 **Do（做）**的是開關電燈然後看（**Feel（感覺）**如何？）到光亮起來；我需要 **Know（知道）**的是如何開電燈使得燈光亮起來。

關於維普蘭克的模型令人佩服的是直接考慮到人類的 **Feel**（感知世界變化的能力）和 **Know**（需要採取相應行動的資訊）。這是創建客戶端應用程式需要考慮到的重要方面但卻在 API 世界很少被討論——人類的理解。雖然可以將令人有趣的或是強大的程式編寫到客戶端應用程式中，但這些應用程式仍然人類的**代理人**。是人類知道最終目標（例如，「我不知道這個單車是否還在銷售」）而且也是人類有能力解釋回應並且決定哪個步驟是需要去完成目標。

超媒體客戶端是笨蛋

在與人們談論超媒體的時候聽到的一個評論是這樣的：「超媒體連結和表單包含在響應中很沒有道理，因為超媒體客戶端不知道該怎麼處理這些超媒體連結和表單。」當然，這是真的。只在響應中發送連結和表單並不會使客戶端應用程式變得聰明到能夠理解目標或做出選擇。但是包含超媒體的控制元件使人類可能可以作出選擇。這是超媒體的第一個角色——讓人們有機會自己選擇下一步。超媒體不是代替人的理解和選擇；它是讓這件事能夠發生。

所以，使用維普蘭克的模型，可以在互動式迴圈中隔離人類扮演的角色（**Feel** 和 **Know**）以及機器扮演的角色 **(Do)**。類似於 Ulm 模型，人類是互動式迴圈的重要特徵。但是，與維普蘭克的模型相比，在 Ulm 模型人類所做的貢獻更為具體。這給開發者提供了一個清楚的分離關點來實作客戶端應用程式的機會。這也是計算機中一個眾所皆知的概念。

分離觀點的起源

E•W•戴克斯特拉在 1974 年的「關於科學思想的作用」的文章中被認為是分離觀點的起源。最初，他正在討論用不同觀點評估程式（正確性、效率等）的重要性。後來這個觀念被用來將工作的各個方面明確分開（例如，算法、用戶輸入、內部記憶體管理等）。

同樣的，如果遵循維普蘭克的 DO — FEEL — KNOW 模型，應用程式的互動方式將會變成如何呢？可能如下所示：

```
WHILE
  WITH-USER:
    FEEL(previously-rendered-display)
    KNOW(select-action)
  WITH-MACHINE:
    DO(RUN selected-action on TARGET website and RENDER)
END-WHILE
```

在這裡可以看出「人類」有責任查看顯示資訊（**Feel**）然後決定採取什麼行動（**Know**）。一旦發生這種情況，機器將 **Do（做）** 人類所選的動作並顯示結果之後再次啟動迴圈。

當人類和機器的角色分離時，可以看到客戶端應用程式不需要特別設計來解決特定的問題（購買自行車）。相反的，它們可以被設計成提供一整組的**功能**（查找出售自行車的商店、過濾商店內的自行車列表、訂購自行車等）。這使得機器能夠根據人類的 **Feel** 和 **Know** 來 **Do** 它們知道如何做的事情。

那麼，如何將這些知識應用於超媒體客戶端實作？需要的是創建自己的一般使用超媒體客戶端的模型──自己的互動式迴圈。

超媒體互動迴圈

本書中的客戶端應用程式主要涉及到維普蘭克的 **Do** 層級。它們專注於執行人類指定的動作，並將這些動作的結果反應給人類用戶。這使我們更接近可長時間使用的地圖式的實作方法並擁有更廣泛解決方案。

使用以前的互動式模型作為參考，將描述一個可以幫助建造超媒體客戶端應用程式的簡單模型──稱之為 **RPW** 模型。在本書中看到的所有超級媒體客戶端應用程式將以這個模型作為實作範式。

請求、解析與等待迴圈

從程式化的角度來看，一個非常簡單的互動式 web 瀏覽器包含以下動作：

1. 等待一些輸入（例如，URL 或欄位輸入等）。

2. 執行請求（使用提供的輸入）。

3. 解析並呈現響應（文字、圖像等）。

4. 回到步驟 1。

這種範式也是所有以用戶為中心的 web 應用程式的核心，如圖 5-4 所示。取得一些輸入，提出請求並呈現結果。從請求步驟開始，將其稱為**請求**（*Request*）、**解析**（*Parse*）和**等待**（*Wait*）循環（RPW）。

有時候很容易看到範式，但有時範式被隱藏起來或混淆了許多程式碼或多個互動式模組。例如，在基於事件的客戶端程式實作品中，在客戶端應用程式的整個生命週期內發生了數十個獨立的 RPW 互動。一些由客戶端啟動的 RPW 中許多是對來自服務訊息的簡單反應。在這些情況下，RPW 的「R」以訂閱的形式存在——客戶端一次性的提出「請向我發送與用戶相關的通知」或其他類似聲明。有一些編程框架採用 RPW 的這種風格，包括 React、Meteor、AngularJS 等。

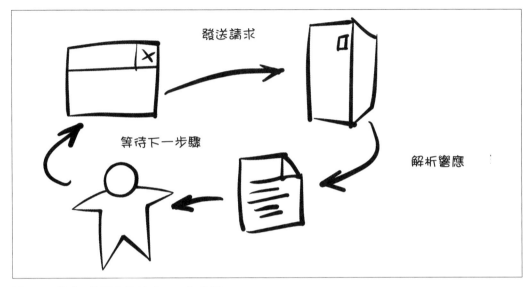

圖 5-4　請求、解析和等待（RPW）模型

非同步的實作方法中包含 RPW 循環的另一種形式。客戶端可能在發起請求之後並不期望立即解析響應。在非同步客戶端中，可能會在任何響應需要解析之前發送多個請求。RPW 迴圈隨著時間推移而有時會相互重疊。JavaScript 支援非同步操作。這實際上也是 NodeJS 的工作原理。當使用 NodeJS 編寫 API 消費者程式碼時，可以啟動一個或多個請求，為每個請求註冊回呼函數，並且一次組合所有被解析的請求結果。

無論以用戶為中心的客戶端程式是否實作客戶端—伺服器模型（例如，經典的純 HTML 應用程式）、基於事件的模型（AngularJS 等）或不同步模型（NodeJS 式回呼），**RPW** 迴圈都是客戶端和目標服務之間的互動核心原理。這種 RPW 風格的迴圈也存在於計算機編程之中。考慮打電話預約晚餐，之後前往餐廳用餐。或者告訴朋友在到家的時候打給你，然後在那通電話打來之前做自己的事。或預先使用自動調溫氣調節過熱的辦公室，然後等待空調打開冷卻房間。這些都是 RPW 型循環的例子。

那麼在程式碼中看起來如何呢？

程式實作 RPW

在第二章 *JSON 客戶端*中看到，單頁應用程式（SPA）的初始入口點是將初始 URL 傳遞給客戶端函式庫：

```
window.onload = function() {
  var pg = jsonClient();
  pg.init("http://localhost:8181/", "TPS");
}
```

驗證初始呼叫後，此 URL 用於進行第一個請求：

```
// 初始函式庫並啟動
function init(url) {
  if(!url || url==='') {
    alert('*** ERROR:\n\nMUST pass starting URL to the library');
  }
  else {
    httpRequest(url,"get");
  }
}
```

而且，當響應回來時，它將在瀏覽器中進行解析和呈現：

```
// primary loop
function parseMsg() {
  processTitle();
  processItems();
  processActions();
}
```

解析完成後，應用程式**等待**用戶使用連結或填寫表單。當發生這種情況時，會發出另一個**請求**，並且**解析**這個回應。直到應用程式被用戶關閉為止。

請求和**解析**步驟與維普蘭克模型的 **Do** 步驟緊密相關。模型中的**等待**步驟是人類步入的部分。應用程式只是等待人類進行所有其他工作——在這種情況下，就是維普蘭克的 **Feel** 步驟。

但是，事實證明 RPW 模型缺少一些東西。那維普蘭克的 **Know** 步驟又如何？一旦人類對呈現的響應做出反應，就會 **Feel** 到需要添加一個新用戶到資料庫，填寫正確的輸入並按 Enter 鍵，客戶端應用程式如何 **Know** 將這些輸入轉換為有效的 **Do**？

這個問題的答案是路徑風格和地圖風格的客戶端應用程式之間的主要區別。而這種差異使超媒體客戶端應用程式與其他應用程式不一樣。

處理維普蘭克的 KNOW 步驟

我們在第 2 章看到的 JSON 客戶端應用程式，即在第二章 *JSON 客戶端*所建造的客戶端應用程式，它依賴於一個簡單的迴圈。但所琢磨的是，JSON 客戶端應用程式中還有另一個功能層級——**Know** 如何構建和執行網路請求的功能。這改變了與維普蘭克 **Know** 層級相關的 JSON 客戶端性質。該應用程式具有預先定義所有可能行為的程式碼，以便提前知道如何處理所有操作。如此一來，（作為該應用程式的程式設計者）縮小了應用程式解決問題的能力。它只能 **Do** 事先 **Know** 的事情。

第 2 章的 JSON 客戶端其大部分的 **Know** 內容都保存在兩個位置：

global.actions 物件集合

這包含允許應用程式 **Know** 哪些行為是可行的規則，以及如何在執行期執行指定的動作（例如，addTask、assignUser 等）。

processItems() 函式

此函式 **Know** 如何解釋響應以找尋所有對象及其屬性，以及如何在螢幕上呈現此資訊。

例如，在 JSON 客戶端應用程式程式碼頂部附近，可以看到動作集合：

```
// 所有 URL 和動作細節
g.actions.task = {
    tasks:   {target:"app", func:httpGet, href:"/task/", prompt:"Tasks"},
    active:  {target:"list", func:httpGet,
                href:"/task/?completeFlag=false", prompt:"Active Tasks"
             },
    closed:  {target:"list", func:httpGet,
                href:"/task/?completeFlag=true", prompt:"Completed Tasks"
             },
    byTitle: {target:"list", func:jsonForm,
               href:"/task", prompt:"By Title", method:"GET",
               args:{
                 title: {value:"", prompt:"Title", required:true}
               }
             },
    add:     {target:"list", func:jsonForm,
               href:"/task/", prompt:"Add Task", method:"POST",
               args:{
                 title: {value:"", prompt:"Title", required:true},
                 tags: {value:"", prompt:"Tags"},
                 completeFlag: {value:"", prompt:"completeFlag"}
               }
```

```
             },
  item:   {target:"item", func:httpGet, href:"/task/{id}", prompt:"Item"},
  edit:   {target:"single", func:jsonForm,
            href:"/task/{id}", prompt:"Edit", method:"PUT",
          args:{
            id: {value:"{id}", prompt:"Id", readOnly:true},
            title: {value:"{title}", prompt:"Title", required:true},
            tags: {value:"{tags}", prompt:"Tags"},
            completeFlag: {value:"{completeFlag}", prompt:"completeFlag"}
          }
        },
  delete: {target:"single", func:httpDelete,
            href:"/task/{id}", prompt:"Delete", method:"DELETE",
          args:{}
        },
};
```

上述程式碼中的每個動作元素都包含描述可能動作內容的資訊。這些是客戶端 **Know** 的靜態路徑。它們需要在程式碼中修改行為,而且如果不重新部署客戶端應用程式就無法更新列表。

對於表現客戶端能力的程式碼來解析響應並在螢幕上呈現也是如此:

```
// 唯一要處理的欄位
global.fields = ["id","title", "tags", "dateCreated", "dateUpate", "assignedUser"];

for(var item of itemCollection) {
  li = domHelp.node("li");
  dl = domHelp.node("dl");
  dt = domHelp.node("dt");

  // 發送項目層級動作❶
  dt = processitemActions(dt, item, (itemCollection.length===1));

  // 發送資料元素
  dd = d.node("dd");
  for(var f of global.fields) { ❷
    p = domHelp.data({className:"item "+f, text:f, value:item[f]+" "});
    domHelp.push(p,dd);
  }

  domHelp.push(dt,dl,dd,li,ul);
}
```

在處理響應裡每個 item（剛剛顯示）的函式中，可以看到透過 item 屬性列表過濾的程式碼，並且只顯示客戶端的 global.fields 陣列（❷）中的程式碼。該客戶端需要事先 **Know** 要顯示和解析響應的資料元素才能夠去尋找和呈現它們。

上面的例子還有包含程式碼解析響應並發出額外的動作（❶）來揭發內容給人類用戶。該常式（processItemActions）如下所示：

```
// 處理項目層級動作
function processItemActions(dt, item, single) {
  var a, link;

  // 項目連結
  link = global.actions.item;
  a = domHelp.anchor({
    href:link.href.replace(/{id}/,item.id), ❶
    rel:"item",
    className:"item action",
    text:link.prompt
  });
  a.onclick = httpGet;
  domHelp.push(a,dt);

  // 只為單一項目呈現顯示
  if(single===true) { ❷
    // 編輯連結
    link = global.actions.edit;
    a = domHelp.anchor({
      href:link.href.replace(/{id}/,item.id),
      rel:"edit",
      className:"item action",
      text:link.prompt
    });
    a.onclick = jsonForm;
    a.setAttribute("method",link.method);
    a.setAttribute("args",JSON.stringify(link.args));
    domHelp.push(a,dt);

    // 刪除連結
    link = global.actions.remove;
    a = domHelp.anchor({
      href:link.href.replace(/{id}/,item.id),
      rel:"remove",
      className:"item action",
      text:link.prompt
    });
    a.onclick = httpDelete;
    domHelp.push(a,dt);
```

```
    }
    return dt;
}
```

請注意，JSON 客戶端不僅知道如何建構有效的 URL（❶）。它也知道何時做的動作是有效的（❷）。同樣的，這種知識（每個動作的 URL 規則和動作可執行的時間）現在被寫死在應用程式中。更改這些規則將會使得應用程式無法使用。

現在可以看到 JSON 客戶端應用程式包含的程式碼不僅涵蓋了執行（Do）動作和解析結果的功能。它還具有一系列規則來處理所有可能的動作—— **Know** 如何建構每個動作並了解響應內容的意思。

在超媒體風格的客戶端中，這些資訊**完全不在客戶端裡**。描述如何制定請求和解析響應的所有資訊都是**訊息本身的一部分**。超媒體客戶端還有其他技能可以識別這些描述資訊，使它們能夠執行程式碼中未出現的動作。這些客戶端能夠藉由訊息讀懂**地圖**，而不是遵循預定的**路徑**。

例如，在第四章中介紹的 HAL 客戶端能夠理解每個響應中的 _link 元素所以能夠組成（**Do**）簡單的請求。重要的是要注意還實作了 HAL-FORMS 的擴充來幫助客戶端應用程式 **Know** 如何處理關於製定的額外資訊請求。

這就是在建立超媒體風格客戶端時所需要注意的部分。我們正在探索如何允許客戶端應用程式根據 **Know** 響應中包含的互動信息（連結和表單），來提高 API 服務的互動能力並且利用這些資訊 **Do** 動作。

本質上，我們正在創建適應性強的地圖製造器而不是靜態路徑尋找器。

本章總結

在本章中，研究如何實作通用的 API 客戶端。了解到設計路徑風格和地圖風格應用程式的差別。還透過托馬斯•馬爾多那多（Ulm 模型）和比爾•維普蘭克（**Do — Feel — Know**）的作品了解到互動式設計的背景。從這個探索中，想出了自己的互動式模型（**RPW**）來實作客戶端應用程式。

最後，從第 2 章介紹的 JSON 客戶端應用程式中，了解該如何實作路徑風格的方法。而且注意到超媒體客戶端應用程式，如第 4 章討論的 HAL 客戶端應用程式，從它們收到的訊息中取得操作資訊而不是從程式碼獲得。此 **RPW** 模型也將作為指標，在未來章節中了解其他客戶端實作方式像是支援 Siren 格式（第六章）和 Collection ＋ JSON 格式（第八章）。

鮑伯與卡蘿

「嗨，卡蘿。你找到通用的應用程式模型了嗎？」

「是的，鮑伯，相當多——主要是從一些很棒的團隊
研究中找到的。」

「OK。我們洗耳恭聽。」

「那麼，你還記得我們之前在討論關於解決一個問題
的客戶端應用程式與那些能夠解決很多問題的應用程
式之間的差異嗎？單一問題解決方案就像路徑尋找器
應用程式——它們使用預定的步驟來指示一個問題如
何進行到解決問題的目的地。」

「嗯。因此應用程式如果要解決多個問題，不太可
能在程式碼中內建預定的解決方案（或路徑），對
嗎？」

「對，需要利用呼叫應用程式中的**地圖製作器**。它們
有一種問題空間的地圖，但沒有固定的指示計劃。在
人類使用應用程式時才會確定路徑。」

「好的，卡蘿。但是這種地圖製作器風格的應用程
式可能更難編寫甚至更難使用。我們需要一些指導
方針來設計這些地圖製作器，對嗎？」

「是的。我不會在這裡講解所有的細節，因為你可以
參考我寄給你的資料。但它歸結於思考整個人機互動
模型。」

「是的，我讀了。比爾・維普蘭克稱之為 "Feel — Know — Do"。如果我記得是沒錯的話，妳的團隊希望刪除客戶端程式碼中寫死動作的部分，並開始在 API 響應中使用超媒體控件來保存該資訊。」

「對極了，鮑伯。這樣做之後，我們有機會可以使客戶端更靈活，可以適應新的工作流程和操作而不需要額外的程式碼和布署循環。」

「這就說得通了。我知道在我們發布的那一天，妳的團隊所建立的 JSON 客戶端需要更新。」

「對。而 HAL 客戶端更適應 ADDRESS 的變化。」

「對，但這只是解決方案的一部分。那要如何適應 ACTION 和 OBJECT 的變動呢？超媒體格式也可以處理嗎？」

「嗯，讓我們來看看吧。我的團隊現在想探索 Siren 超媒體格式。你很期待它嗎，鮑伯？」

「當然，卡蘿。我們可以在幾天的時間內添加支援 Siren 並提供表示器模式。讓我們拭目以待這個新格式的行為。」

參考資源

1. 《*The Design of Everyday Things*》，修定和擴充版本（*http://g.mamund.com/irhmy*）是唐納德・諾曼經典的 1988 年經典可用性和互動設計書在 2013 年的更新。

2. 1978 年的一篇簡短的文章，標題是「The Toyota Production System」，可在線上閱讀（*http://g.mamund.com/axqkj*）。這是在 1988 年的十年前所發行的同名書。

3. 彼得・梅爾霍茲在英國設計委員會的**雙鑽石設計模型**有一篇很好的文章（http://g.mamund.com/nrmyc）。

4. 文章「什麼是互動？互動有不同類型嗎？」（*http://g.mamund.com/nrmyc*）發表於 2009 年 1 月的互動雜誌。

5. Ulm 模型和 Ulm 設計學院（*http://g.mamund.com/osbxt*）擁有豐富的歷史非常值得探索。

6. 可以訪問網站並閱讀宣言（*https://extensiblewebmanifesto.org/*）了解有關 Extensible Web movement 的更多訊息。

7. 比爾・維普蘭克具有獨特的展示風格，包括他說話時的樣子。有許多網路上的影片可以看到這一點。他還發布了一本簡短的小手冊，名為《*Interaction Design Sketchbook*》（*http://g.mamund.com/ecpud*）。

8. 莫格里奇的書《設計互動》（*http://g.mamund.com/jrldk*）是包含互動設計史上許多重要人物訪談的集合。

9. 可以在網路上看到戴克斯特拉的 1974 年的文章「關於科學思想的作用」（*http://g.mamund.com/cibtn*）。

圖片貢獻

- 迪奧戈・盧卡斯：圖 5-1、圖 5-2、圖 5-3 和圖 5-4

第六章

Siren 客戶端

「海妖賽壬（Siren）會魅惑所有接近他們的人。」

——奧德賽，喀耳刻

鮑伯與卡蘿

「嗨，鮑伯。我們來談談關於創建更多適應性 API 的客戶端。」

「哈囉，卡蘿。很高興你來了。那麼，下一步該做些什麼呢？」

「嗯，我的團隊已經決定探索使用 Siren 超媒體類型。它似乎比 HAL 擁有更多的超媒體功能。」

「是的，我聽過 Siren。它被使用在某些物聯網的運作，對吧？」

「沒錯。Zetta 是個物聯網平台。Siren 看起來在響應中有許多描述動作的支援。」

「是的，看起來像是 HTML 格式，不是嗎？一個 URL、一種方法與一組參數。真不錯。但是妳不是使用 HAL-FORMS 擴充解決這個問題了嗎？」

「HAL 格式解法的問題在於它是一種私有的慣例，而不是共有的標準。當我們想要使用其他公司的 HAL 響應時，就不能依賴 HAL 格式。」

「好的，卡蘿。妳與妳的團隊處理 Siren 客戶端的同時，我與我的團隊會開發 Siren 表示器。讓我們在本週結束前看看運作得如何。」

「謝謝，鮑伯。過幾天見。」

是時候繼續探討超媒體類型處理 API 客戶端應用程式的三個重點：**OBJECT**、**ADDRESS** 與 **ACTION**。在第二章 *JSON 客戶端*，了解到開發者依賴純 JSON 響應，必須將所有上述三種詳細訊息寫死進程式碼中。這意味著只要在服務上更改其中之一，可能會導致客戶端應用程式出現問題（最好的情況是客戶端**忽略**這些變動）。所以開發者採用「版本控制」策略來**識別** API 的變化。當然，新增一個版本的 API 並不能幫助客戶端適應變動；只是藉由不會看到它們來保護客戶端。

我們將深入研究處理隨時間變化的議題與第七章介紹的版本控制技術，*版本控制與 Web*。

第四章 *HAL 客戶端*中，探討了一種能夠處理 **ADDRESS** 方面媒體類型的 OAA 挑戰。由於 HAL 被設計成包含 `link` 物件，客戶端應用程適不僅收到 URL，還會收到包含關於連結識別字、名稱、標題和其他重要 URL 的大量元資料。這意味著可以很安全且悄悄完成對 URL 的更改（例如將服務移動到新的伺服器、更改資料夾階層或特定的資源名稱等等），而不會讓客戶端因為版本的訊息混淆。實際上，只要新的 URL 不會引入未知的變數（像是 URI 模版中的一個新變數），HAL 客戶端可以成功適應後端 URL 的更改，不需要任何額外的程式碼／測試／布署。

但是，HAL 在 OAA 挑戰的另外兩個方面並沒有做得很好：**OBJECT** 與 **ACTION**。因此，在本章中，將探討另外一種超媒體格式設計——用於表示物體的結構介面（Structured Interface for Representing Entities），又稱 Siren。如同前面的章節一樣，將會介紹 Siren 格式。對應一個伺服器端的 Siren 表示器，將創建一個通用的 Siren 客戶端。最後，介紹當後端隨時間變化導致 API 更改時，Siren 客戶端如何應對。

Siren 格式介紹

Siren 於 2012 年 11 月在 IANA 註冊。由凱文・斯威柏設計，Siren 致力在 web API 的 **ACTION** 元素上提供豐富的元資料。在網路討論（*https://github.com/kevinswiber/siren/issues/15*）中比較不同的超媒體格式，斯威柏說：

> Siren 最大的區別在於 ACTION。Siren 也有「類別（class）」的概念。類別屬性可以包含目前表示法的多個描述符。我已經避免調用這些「類型（type）描述符」。它們運作更像是「混入的（mixin）描述符」。

上述引用指出了另一個有價值的特點—— Siren 的 class 概念。這對應到 OAA 挑戰的 **OBJECT** 方面。所以，理論上來說，Siren 對於所有三個 OAA 元素都有特點。

> 重點指出，Siren 的 class 識別字不同於典型的原始碼 class 關鍵字。對於 Siren 來說，class 識別字與 HTML class 屬性大致相同。類別識別字比起以程式碼為中心更加廣泛被使用，這使得可以將 Siren 的 class 識別字當作 **OBJECT** 型態和作為屬於一個類別的「標籤」物體更一般的方式。

Siren 的設計（如圖 6-1）也有 Links（OAA 挑戰的 **ADDRESS** 方面），看起來非常類似 HAL 的 _links。Properties 有名稱／值配對的概念，而且物體（Entities）可以是 JSON 物件（稱為 SubEntities，子物體）的巢狀集合，也具有類別（Class）、連結（Links）與屬性（Properties）元素。並且可持續巢狀——它的物體（Entities）由上而下延伸。

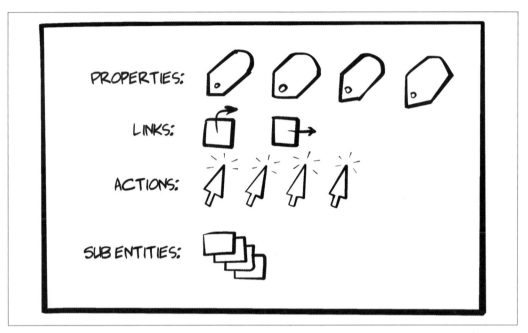

圖 6-1　Siren 的設計模型

以下為簡單的 Siren 訊息，將在本章下一節深入介紹：

```
{
  "class": ["order"],
  "properties": {
      "orderNumber": 42,
      "itemCount": 3,
      "status": "pending"
  },
  "entities": [
   {
     "class": ["items", "collection"],
     "rel": ["http://x.io/rels/order-items"],
     "href": "http://api.x.io/orders/42/items"
   },
   {
     "class": ["info", "customer"],
     "rel": ["http://x.io/rels/customer"],
     "properties": {
       "customerId": "pj123",
       "name": "Peter Joseph"
     },
```

```
      "links": [
        { "rel": ["self"], "href": "http://api.x.io/customers/pj123"}
      ]
    }
  ],
  "actions": [
    {
      "name": "add-item",
      "title": "Add Item",
      "method": "POST",
      "href": "http://api.x.io/orders/42/items",
      "type": "application/x-www-form-urlencoded",
      "fields": [
        {"name": "orderNumber", "type": "hidden", "value": "42"},
        {"name": "productCode", "type": "text"},
        {"name": "quantity", "type": "number"}
      ]
    }
  ],
  "links": [
    {"rel": ["self" ], "href": "http://api.x.io/orders/42"},
    {"rel": ["previous" ], "href": "http://api.x.io/orders/41"},
    {"rel": ["next" ], "href": "http://api.x.io/orders/43"}
  ]
}
```

 此處不會深入探討 Siren 媒體類型的設計。讀者可以透過閱讀第 194 頁
「參考資源」中提到的 Siren 文件，獲得更多、更好的知識。

Siren 訊息設計比 HAL 模型稍微複雜一些，這使它更為強大且較難理解與實作。但是努力是會有回報的。

以下介紹關鍵的設計元素。

物體

每個 Siren 響應都是可定址的物體（entity）資源。在 Siren 中，響應是一個「根源」Entity。物體通常有一個或多個 Links 和幾個 Properties。它們可能有一個或多個 Action 元素，也可能有一個巢狀物體（稱為子物體，SubEntities）。最後，Entity 可能具有一個或多個相關的 Class 元素。

以下是 Siren Entity 的基本結構：

```
{
  "class" : [...],
  "properties" : {...}.
  "entities" : [...],
  "actions" : [...],
  "links" : [...]
}
```

Entity 是當 API 呼叫有效 URL 時回傳的物體。

類別

Siren 的 Class 元素用於識別物體的種類。Siren 文件提及 class 陣列不是類型描述符（例如原始碼類別），並強調它用於「描述物體的性質」。由於它是一個陣列，所以 class 元素通常包含描述符列表。例如，如下所示，如何使用 Siren class 元素來代表目前物體表示個人與客戶：

```
"class": ["person", "customer"]
```

使用客戶端應用程式可以採用此訊息來決定何時以及何處呈現物體。同樣重要的是，Siren 文件說 class 元素的有效值是「依賴方式實作並且應被記錄下來」。換句話說，客戶端應該提前知道什麼 class 值將會出現在響應中。在本章後面的 Siren 客戶端實現將會看到此點介紹。

 Siren 文件解釋了 Class 屬性辨識「元素的性質」，而 rel 屬性定義了「兩個資源的關係」。Siren 是本書中唯一區分了 **ADDRESS**（和 rel）與註釋 **OBJECT**（和 class）的超媒體型態。

屬性

Siren 的 Properties 物件是一個簡單的 JSON 集合，由名稱／值配對組成。例如，以下展示一組 Siren Entity 的 properties：

```
"properties": {
  "id": "8f06d3ef-4c67-4a2c-ae8e-1e7d23ab793f",
  "hubId": "001788fffe10857f",
  "ipAddress": "10.1.10.12",
  "auth": "3dac9ce5182f73e727d2b0b11c280b13",
  "colorValue": [255, 255, 255],
  "other" : {
```

```
      "type": "huehub",
      "name": "Hue Hub",
      "state": "on"
    }
  }
```

請注意，屬性的值可能是陣列或甚至是另一組名稱／值配對。基本上，properties 元素
是一個 JSON 圖表。

連結

Siren 文件中的 Links 陣列包含一個或多個 link 元素。單一 link 元素具有以下 JSON 屬
性：

```
"links" : [
  {
    "class" : ["customer", "person"],
    "href" : "http://api.example.org/customers/q1w23e",
    "rel" : ["item"],
    "title" : "Moab",
    "type" : "application/vnd.siren+json"
  },
  ... more links here
]
```

可以注意到它看起來非常類似 HAL 的 _links 集合（見 91 頁的「連結」）。

動作

Siren 的 Actions 陣列包含相關物體的有效操作集合。它們的外觀和行為與 HTML 的
FORM 元素大致相同。它們標明操作的內部 name、HTTP method、相關的 href、要發送內
容主體的 type 與可能的一組描述操作參數之 field 物件。

一個 Siren 的 Action 元素如下所示：

```
"actions": [
  {
    "name": "add-item",
    "title": "Add Item",
    "method": "POST",
    "href": "http://api.x.io/orders/42/items",
    "type": "application/x-www-form-urlencoded",
    "fields": [
      {"name": "orderNumber", "type": "hidden", "value": "42"},
```

```
      {"name": "productCode", "type": "text"},
      {"name": "quantity", "type": "number"}
    ]
  }
],
```

值得一提的是，Siren 有非常豐富的 field 物件。基本上，Siren 的 field 列表與完整 HTML5 的 input 類型（目前最多可以有 19 種不同的輸入型態）相匹配。它也具有 name、title、value 與 class 屬性。

 查看本章最後列出的 Siren 線上文件中所有可能的 field 類型。

以下介紹 SubEntities 集合就完成了 Siren 響應的基本元素集合。

子物體

Siren 的 SubEntities 是巢狀在 Siren 表示法中的 Siren Entity 物件。這意味著上述列出的所有屬性（Class、Properties、Actions 和 Links）都是 SubEntities 的有效元素。所有這些元素對於 SubEntities 都是可選用的。但是，還有兩個附加的必要屬性：rel 與 href。每個 SubEntity 都必須具備這兩種屬性。

 持有 Siren 響應中 SubEntities 元素的名稱為 "entities"。可能有點混亂，但這是合理的。響應是一個 Entity，它可以擁有一個或多個「子」物體的 entities 屬性。

當然，Siren 的 Entities 可以無限巢狀在 Siren Entities 中。這表示類似以下內容為有效的 Siren 響應：

```
{
  "class":["item"],
  "properties":{"name" : "value"},
  "actions":[
    {
      "name":"search-box",
      "method":"GET",
      "href":"/search-results/",
      "fields":[{"name" : "search", "value" : "", "title" : "Search"}]
```

```
      }
    ],
    "links" : [
      {"rel":["self"],"href":"."}
    ],
    "entities" : [
      {
        "rel" : ["item"],
        "href" : "/search-page1/",
        "class":["item"],
        "properties" : {"name" : "value"},
        "actions" : [
          {
            "name" : "search-box",
            "method" : "GET",
            "href" : "/search-results/",
            "fields" : [{"name" : "search", "value" : "", "title" : "Search"}]
          }
        ],
        "links" : [{"rel":["self"],"href":"."}],
        "entities" : [
          {
            "rel" : ["item"],
            "href" : "/search-page2/",
            "class":["item"],
            "properties" : {"name" : "value"},
            "actions" : [
              {
                "name" : "search-box",
                "method" : "GET",
                "href" : "/search-results/",
                "fields" : [
                  {"name" : "search", "value" : "", "title" : "Search"}
                ]
              }
            ],
            "links" : [{"rel":["self"],"href":"."}]
          }
        ]
      }
    ]
}
```

> ### 表示性與連結性的子物體
>
> 重要的是，SubEntities 基本上有兩個可以嵌入到一個 Entity 中的「風格」：連結性與表示性。連結性 SubEntities 必須具有 href 與 rel 屬性。表示性 SubEntities 只需要具有 rel 屬性來識別關係。還應該包含一個 self 關係與一個 links 陣列。
>
> 通常，表示性 SubEntities 用於顯示列表。如果服務實例關於 SubEntities 的訊息很少，則連結性的變異就很好用。
>
> 這很難分別而且一直是 Siren 社群多年來爭論的議題。

重點摘要

所以，以下為 Siren 訊息的四個基本元素：

- class
- properties
- actions
- links

有第五個元素：entities，它可以包含前四個元素。Siren 具有遞迴設計，允許使用簡潔的元素來表達非常複雜的物件樹。

基於對 Siren 超媒體類型的基本了解後，現在可以實作 TPS web API 的 Siren 表示器了。

Siren 表示器

一樣地，我們有機會為 TPS web API 創建一個新的表示器——將內部的 WeSTL 文件轉換成一個請求的有效動作和資料的集合到一個與外界共享的 Siren 文件中。而且，就像 Siren 一樣，Siren 表示器將處理 Siren 文件中的五個元素：

- class
- properties
- actions

- links

- entities

> Siren 表示器的原始碼可以在相關的 GitHub repo（*https://github.com/ RWCBook/siren-client*）中找到。本章中描述的 Siren 產生 TPS API 的運行 版本可以在線上找到（*http://rwcbook09.herokuapp.com/home/*）。

頂層迴圈

Siren 表示器的頂層迴圈創造一個有效的 Siren JSON 物件，之後透過 WeSTL 文件產生 一個有效的 Siren 文件，並透過 HTTP 伺服器輸出。以下是為常式與一些註解：

```javascript
// 發送有效的 siren 本體
function siren(wstlObject, root) {
  var siren;

  siren = {}; ❶

  for(var segment in wstlObject) {
    if(!siren.class) {
      siren.class = [];
    }
    siren.class.push(segment); ❷

    if(wstlObject[segment].data) {
      if(wstlObject[segment].data.length===1) {
        siren = getProperties(siren, wstlObject[segment].data, o); ❸
      }
      else {
        siren.entities = getSubEntities(wstlObject[segment], o); ❹
      }
    }
    if(wstlObject[segment].actions) {
      siren.actions = getActions(wstlObject[segment].actions, o); ❺
      siren.links = getLinks(wstlObject[segment].actions, o); ❻
    }
  }
  return JSON.stringify(siren, null, 2); ❼
}
```

❶ 首先創造一個空的 Siren 物件。

❷ 接著插入目前 WeSTL 物件名稱作為 Siren 的 class。

❸ 如果只有一個資料元素,將該物件當作 Siren 的 Properties 物件發送。

❹ 否則,將資料物件的集合作為 SubEntities 發送。

❺ 如果 WeSTL 文件有任何動作元素,則將需要的參數作為 Siren 的 Actions 發送。

❻ 之後發送任何其他行動作為 Siren 的 Links。

❼ 最後,將 JSON 圖轉換成一個字串並回傳給 API 呼叫者。

簡單,但有效

筆者在創造此表示器有幾個捷徑。首先,它不會在同一個響應中輸出 properties 和 entities。技術上是有效的,但是簡化了一點支援。另外,此表示器不支援巢狀 entities 集合。筆者在本書保留了簡單的程式碼,並給讀者一個小的專案來運作。

類別

除了表示器只是將內部物件名稱("task" 或 "user")作為單一項目陣列的值(見先前程式碼)之外,還沒有太多關於支援 Siren 的 class 元素的說法。此表示器中不支援多值 class 的陣列。

屬性

getProperties 常式處理內部資料集合只有一個元素的情況。正如先前提到的,這是一個可行的 Siren 表示器之簡化,而且是完全有效的。

程式碼如下所示:

```
// 處理單一物體
function getProperties(siren, data, segment) {
  var props, properties;

  props = data[0];
  properties = {}; ❶
  for(var p in props) {
    properties[p] = props[p]; ❷
  }

  siren.class = [segment]; ❸
  siren.properties = properties;
```

```
    return siren; ❹
  }
```

重點如下所示：

❶ 創建一個空的 property 物件。

❷ 使用內部資料物件的名稱／值配對填充它。

❸ 設置此集合的 class 值。

❹ 更新 siren 物件後，將其回傳給呼叫者。

這裡還可以做很多事情，但目前已經可以為 API 產生有效的 Siren 內容。

物體

此 Siren 表示器的 getSubEntities 常式處理內部 WeSTL 文件保存目前表示響應的多個資料物件的狀況。這是使用 Siren 的 entities 元素回傳物件列表的範式，而使用 Siren 的 properties 元素回傳單一物件。

程式碼如下所示：

```
// 處理子物體的集合
function getSubEntities(wstlObject, segment) {
  var items, item, i, x, data, actions;

  data = wstlObject.data;
  actions = wstlObject.actions;
  items= [];

  if(data) {
    for(i=0,x=data.length;i<x;i++) { ❶
      item = {}; ❷
      item.class = [segment];
      item.href = "#";
      item.rel = [];
      item.type = g.atype;

      for(var p in data[i]) { ❸
        item[p] = data[i][p];
      }

      if(actions) {
        link = getItemLink(actions); ❹
        if(link) {
```

```
            item.href = link.href.replace(/{key}/g,item.id); ❺
            item.rel = link.rel;
            item.type = link.contentType||g.atype;
        }
    }

    items.push(item); ❻
    }
  }

  return items; ❼
}
```

此常式的重點如下：

❶ 使用迴圈收集內部資料物件。

❷ 為每個 Siren 子物體創建一個空的 item 元素。

❸ 使用資料物件屬性填充該 item。

❹ 取得相關的 ItemAction 轉換。

❺ 更新轉換細節的 item。

❻ 將該 item 添加至子物體列表中。

❼ 將完成的列表回傳給呼叫者，包含在 Siren 響應中。

已經介紹了 Siren 的 class、properties 與 entities 元素。只剩下兩個以超媒體為中心的元素：actions 和 links。

動作

Siren 的 Actions 元素是攜帶執行 API 動作所需要的所有訊息元素——像是新增紀錄、更新現有紀錄、刪除紀錄等等。在 HAL 媒體類型中（見第四章），所有這些訊息都留在人們可讀的文件中，開發者負責將這些細節編碼到客戶端應用程式中，並且確定如何在運行時將細節與使用者點擊相關聯。

但是 Siren 在 API 服務的責任為透過響應中 Siren 的 action 集合，在運行時共享適當的 **ACTION** 細節。這樣可以減輕客戶端開發者的負擔，因為他們只需要在響應中出現時才能辨識 action 元素。Siren 模型允許客戶端專注於解析與呈現 actions 步驟。

用於處理 Siren 響應中 **ACTION** 的表示器程式碼很詳盡，但是並不複雜。基本上，表示器需要確定目前響應是否有需要任何表單，如果有，將它們作為有效的 Siren action 元素發送。

getActions 函式如下所示：

```
// 處理動作
function getActions(actions,segment) {
  var coll, form, action, input, i, x;

  coll = [];
  for(i=0, x=actions.length; i<x; i++) {  ❶
    if(actions[i].inputs && actions[i].inputs.length!==0) {  ❷
      action = actions[i];
      form = {};  ❸
      form.name = action.name;
      form.title = action.prompt||action.name;
      form.href = action.href||"#";
      if(action.type!=="safe") {  ❹
        form.type = action.contentType||g.ctype;
        form.method = utils.actionMethod(action.action);
      }
      else {
        form.method = "GET";
      }
      form.fields = [];
      for(j=0,y=action.inputs.length; j<y; j++) {  ❺
        input = action.inputs[j];
        field = {};
        if(input.name) {  ❻
          field.name = input.name;
          field.type = input.type||"text";
          field.value = input.value||"";
          field.title = input.prompt||input.name;
          field.class = [segment];
          form.fields.push(field);
        }
      }
      coll.push(form);  ❼
    }
  }
  return coll;  ❽
}
```

此常式有許多運作。由於 Siren 對超媒體的 **ACTION** 方面的支援是非常豐富的，所以此 Siren 表示器較為複雜。分項如下所示：

❶ 使用迴圈掃過對此資源響應中所有 WeSTL 文件的 action 元素。

❷ 如果 WeSTL action 具有一個或多個 input 物件，將其轉換為 Siren action。

❸ 開啟一個空的 form 物件。

❹ 在進行一些基本的設置後，從 WeSTL 元資料中確定要使用的 HTTP method。

❺ 對此 action 的 WeSTL input 物件使用迴圈。

❻ 使用 WeSTL input 資料填充 Siren 的 field 元素。

❼ 加載所有 fields 後，將完成的 form 添加到 Siren 的 action 集合中。

❽ 最後，將產生的 action 集合回傳給呼叫者以添加到 siren 物件。

值得注意的是程式碼在❹是第一次使用 HTTP method 值來填充 API 響應。Siren 超媒體類型恰好是在本書中唯一允許服務直接指示 HTTP 方法的媒體類型。

好的，只剩下一個 Siren 元素：Links 集合。

連結

像是 HAL 超媒體類型的 _links 元素一樣，Siren 的 links 集合攜帶與目前響應相關的所有**不可變連結**（不可更改的連結且不帶查詢參數）。而且，像 HAL 一樣，Siren 的 rel、title 等，為每個連結支援一些元資料屬性。

Siren 表示器中的 getLinks 常式程式碼很簡單，如下所示：

```
// 處理連結
function getLinks(actions, segment) {
  var coll, link, action, i, x;

  coll = [];
  for(i=0, x=actions.length; i<x; i++) { ❶
    if(actions[i].type==="safe" &&
      (actions[i].inputs===undefined || actions[i].inputs.length===0) ❷
    ) {
      action = actions[i];
      link = {}; ❸
```

```
      link.rel = action.rel;
      link.href = action.href||"#";
      link.class = [segment];
      link.title = action.prompt||"";
      link.type = action.contentType||g.atype;
      coll.push(link); ❹
    }
  }
  return coll; ❺
}
```

在 getLinks 常式中有一行有趣的程式碼，在❷——確保 WeSTL 的 action 物件為「安全」操作（例如 HTTP GET），並且沒有與 action 相關的 input 物件。其他都是很基本的：

❶ 迴圈掃描可用的 WeSTL action 物件。

❷ 確保 WeSTL action 是「安全」且沒有相關的參數。

❸ 開啟一個空的 link 元素，並用 WeSTL action 資料填充它。

❹ 將生成的 link 添加到 Siren 集合。

❺ 最後，將完成的集合回傳給呼叫者插入至 Siren 響應中。

這就是此 Siren 表示器的高階審視。表示器中有幾個支援常式，但在這裡不會介紹。讀者可以閱讀原始碼來了解詳細資訊。

來自 Siren 表示器的 TPS 輸出範例

隨著 Siren 表示器的運行，TPS web API 現在發出適合的 Siren 表示法。以下為從 TPS 伺服器首頁資源的輸出：

```
{
  "class": [
    "home"
  ],
  "properties": {
    "content": "<div class=\"ui segment\"><h3>Welcome to TPS at BigCo!</h3>
    <p><b>Select one of the links above.</b></p></div>"
  },
  "entities": [],
  "actions": [],
  "links": [
    {
```

```
        "rel": ["self","home","collection"],
        "href": "http://rwcbook09.herokuapp.com/home/",
        "class": ["home"],
        "title": "Home",
        "type": "application/vnd.siren+json"
      },
      {
        "rel": ["task","collection"],
        "href": "http://rwcbook09.herokuapp.com/task/",
        "class": ["home"],
        "title": "Tasks",
        "type": "application/vnd.siren+json"
      },
      {
        "rel": ["user","collection"],
        "href": "http://rwcbook09.herokuapp.com/user/",
        "class": ["home"],
        "title": "Users",
        "type": "application/vnd.siren+json"
      }
    ]
  }
```

此處為單一 Task 物件的 Siren 輸出：

```
  {
    "class": ["task"],
    "properties": {
      "content": "<div class=\"ui segment\">...</div>",
      "id": "1l9fz7bhaho",
      "title": "extension",
      "tags": "forms testing",
      "completeFlag": "false",
      "assignedUser": "fred",
      "dateCreated": "2016-02-01T01:08:15.205Z",
      "dateUpdated": "2016-02-06T20:02:24.929Z"
    },
    "actions": [
      {
        "name": "taskFormEdit","title": "Edit Task",
        "href": "http://rwcbook09.herokuapp.com/task/1l9fz7bhaho",
        "type": "application/x-www-form-urlencoded",
        "method": "PUT",
        "fields": [
          {"name": "id","type": "text","value": "",
           "title": "ID","class": ["task"]},
          {"name": "title","type": "text","value": "",
```

```
        "title": "Title","class": ["task"]},
      {"name": "tags","type": "text","value": "",
        "title": "Tags","class": ["task"]},
      {"name": "completeFlag","type": "select","value": "false",
        "title": "Complete","class": ["task"]}
    ]
  },
  {
    "name": "taskFormRemove","title": "Remove Task",
    "href": "http://rwcbook09.herokuapp.com/task/1l9fz7bhaho",
    "type": "application/x-www-form-urlencoded",
    "method": "DELETE",
    "fields": [
      {"name": "id","type": "text","value": "",
        "title": "ID","class": ["task"]}
    ]
  },
  {
    "name": "taskCompletedForm","title": "Mark Completed",
    "href": "http://rwcbook09.herokuapp.com/task/completed/1l9fz7bhaho",
    "type": "application/x-www-form-urlencoded",
    "method": "POST",
    "fields": [
      {"name": "id","type": "text","value": "",
        "title": "ID","class": ["task"]}
    ]
  },
  {
    "name": "taskAssignForm","title": "Assign User",
    "href": "http://rwcbook09.herokuapp.com/task/assign/1l9fz7bhaho",
    "type": "application/x-www-form-urlencoded",
    "method": "POST",
    "fields": [
      {"name": "id","type": "text","value": "",
        "title": "ID","class": ["task"]},
      {"name": "assignedUser","type": "select","value": "",
        "title": "User Nickname","class": ["task"]}
    ]
  },
  {
    "name": "taskActiveForm","title": "Mark Active",
    "href": "http://rwcbook09.herokuapp.com/task/active/1l9fz7bhaho",
    "type": "application/x-www-form-urlencoded",
    "method": "POST",
    "fields": [
      {"name": "id","type": "text","value": "",
        "title": "ID","class": ["task"]}
```

```
        ]
      }
    ],
    "links": [
      {"rel": ["home","collection"],
       "href": "http://rwcbook09.herokuapp.com/home/",
       "class": ["task"],"title": "Home"},
      {"rel": ["self","task","collection"],
       "href": "http://rwcbook09.herokuapp.com/task/",
       "class": ["task"],"title": "Tasks"},
      {"rel": ["user","collection"],
       "href": "http://rwcbook09.herokuapp.com/user/",
       "class": ["task"],"title": "Users"},
      {"rel": ["item"],
       "href": "http://rwcbook09.herokuapp.com/task/1l9fz7bhaho",
       "class": ["task"],"title": "Detail"}
    ]
  }
```

可以將此輸出與 HAL 表示器的輸出進行比較（見第四章的範例 4-4），並且發現有個很大的區別為 Siren 響應中 actions 區段的存在。正如本章開頭提到的，Siren 格式的一個關鍵優點就是它能夠描述目前 API 響應的可用 **ACTION**。

接下來將利用此特點來建造 Siren SPA 客戶端。

Siren SPA 客戶端

好的，就像在第二章 *JSON 客戶端* 與第四章 *HAL 客戶端* 一樣，先來看看 Siren SPA 客戶端的程式碼。重點包括 HTML 容器、頂層解析迴圈與關鍵的 Siren 元素（`Class`、`Properties`、`SubEntities`、`Actions` 與 `Links`）。還將介紹 Siren 如何處理錯誤顯示 —— HAL 客戶端中忽略的東西。

> Siren 客戶端原始碼可以在相關的 GitHub repo（*https://github.com/RWCBook/siren-client*）中找到。應用程式運行版本可以在線上找到（*http://rwcbook09.herokuapp.com/files/siren-client.html*）。

HTML 容器

再一次，像本書中的所有範例應用程式一樣，使用簡單的單頁應用程式（SPA）範式較簡單明瞭。以下是 Siren SPA 的靜態 HTML：

```
<!DOCTYPE html>
<html>
  <head>
    <title>Siren</title>
    <link href="siren-client.css" rel="stylesheet" />
  </head>
  <body>
    <h1 id="title"></h1> ❶
    <div id="links"></div>
    <div id="error"></div>
    <div id="content"></div>
    <div id="properties"></div>
    <div id="entities"></div>
    <div id="actions"></div>
    <div>
      <pre id="dump"></pre>
    </div>
  </body>
  <script src="dom-help.js">//na</script>
  <script src="siren-client.js">//na </script> ❷
  <script>
    window.onload = function() {
      var pg = siren();
      pg.init("/home/", "TPS - Task Processing System");
    }
  </script>
</html>
```

這是第三個 SPA，所以應該看起來很熟悉。Siren 配置從❶開始，可以看到 DIV 持有每
個主要的 Siren 元素（links、properties、entities 與 actions）以及其他的 DIV，用來
幫助 SPA 管理 title、errors、content 與除錯 dump。

只有一個主要的腳本文件去處理（siren-client.js 在❷），使用相關 URL 呼叫 TPS web
API 的 /home/ 資源來啟動客戶端。

頂層解析迴圈

siren-client.js 函式庫的初始程式碼觸發第一個 HTTP 請求，然後在響應進來時，呼叫
頂層常式（parseSiren）來呈現頁面。程式碼如下所示：

```
// 初始函式庫並啟動
function init(url, title) {

  global.title = title||"Siren Client";
```

```
  if(!url || url==='') {
    alert('*** ERROR:\n\nMUST pass starting URL to the library');
  }
  else {
    global.url = url;
    req(global.url,"get");
  }
}

// 主要迴圈
function parseSiren() { ❶
  sirenClear();
  title();
  getContent();
  links(); ❷
  entities(); ❸
  properties(); ❹
  actions(); ❺
  dump();
}
```

這裡不用多解釋。可以看到 parseSiren 常式處理傳入的響應（❶），並且在區域的清理和狀態處理之後，呈現 Siren 訊息（❷、❸、❹與❺）。請注意，此頂層解析不會顯示 Siren 的 class 元素──因為該 class 元素可以出現在 Siren 響應中的多個位置，所以在各別常式中進行處理。

連結

處理在 Siren 響應中出現的 link 元素非常簡單。只需迴圈掃過它們並將其作為 HTML 的錨標籤（<a>…</a>）與所有相關的屬性進行呈現：

```
// 連結
function links() {
  var elm, coll;

  elm = domHelp.find("links");
  domHelp.clear(elm);

  if(global.msg.links) { ❶
    ul = domHelp.node("ul");
    ul.onclick = httpGet; ❹
    coll = global.msg.links;
    for(var link of coll) { ❷
      li = domHelp.node("li");
```

```
    a = domHelp.anchor({
      rel:link.rel.join(" "),
      href:link.href,
      text:link.title||link.href,
      className:link.class.join(" "),
      type:link.type||""
    });
    domHelp.push(a, li, ul);
  }
  domHelp.push(ul, elm); ❸
 }
}
```

重點如下：

❶ 確認在 Siren 響應中有連結。

❷ 如果有，迴圈掃過集合來創造 <a> 標籤。

❸ 並將產生的集合添加到 HTML DOM。

請注意（在❹）<ul> 被註冊以透過 httpGet 常式來捕捉使用者的點擊。這是一種捷徑，允許所有點擊都包覆至 <ul> 標籤。

圖 6-2 為展示運行中的客戶端應用程式顯示連結畫面。

圖 6-2　在 Siren SPA 中呈現連結

物體

正如本章前面所提及的，TPS web API 使用 Siren 的 entities 元素來保有類似的 TPS 物件（Task 和 User）。因此，此處解析 Siren 文件意味著產生要顯示的物件列表。程式碼也很有趣，如下所示：

```
// 物體
function entities() {
  var elm, coll, cls;
  var ul, li, dl, dt, dd, a, p;

  elm = domHelp.find("entities");
  domHelp.clear(elm);

  if(global.msg.entities) { ❶
    ul = domHelp.node("ul");

    coll = global.msg.entities;
    for(var item of coll) { ❷
      cls = item.class[0]; ❸
      if(g.fields[cls]) {
        li = domHelp.node("li");
        dl = domHelp.node("dl");
        dt = domHelp.node("dt");

        a = domHelp.anchor({ ❹
          href:item.href,
          rel:item.rel.join(" "),
          className:item.class.join(" "),
          text:item.title||item.href});
        a.onclick = httpGet;
        domHelp.push(a, dt, dl);

        dd = domHelp.node("dd");
        for(var prop in item) {
          if(global.fields[cls].indexOf(prop)!==-1) { ❺
            p = domHelp.data({
              className:"item "+item.class.join(" "),
              text:prop+" ",
              value:item[prop]+" "
            });
            domHelp.push(p,dd);
          }
        }
        domHelp.push(dd, dl, li, ul);
      }
    }
    domHelp.push(ul, elm); ❻
  }
}
```

過程如下：

❶ 確認有物體需要處理。

❷ 如果有，使用迴圈掃過它們。

❸ 立即取得每個呈現物件的 class 值（將在❺中使用）。

❹ 為每個呈現物件產生一個「Item」連結。

❺ 迴圈掃過物件屬性，並僅呈現客戶端所「了解」的（見後面說明）。

❻ 最後，呈現每個物件及其屬性後，將結果添加到 HTML DOM 並退出。

程式碼在步驟❺比較從伺服器回傳的屬性到客戶端「了解」的內部屬性列表（基於人類可讀的文件）。這個「知識」在 siren-client.js 文件開頭的一些初始程式碼中取得，如下所示：

```
global.fields = {};
global.fields.home = [];
global.fields.task = ["id","title","tags","completeFlag","assignedUser"];
global.fields.user = ["nick","password","name"];
global.fields.error = ["code","message","title","url"];
```

可以看到此客戶端被告知要注意四個可能的物件（home、task、user 和 error），並且其中三個物件具有值得在螢幕上呈現的欄位。這些物件值將作為 class 值出現在 Siren 響應中──這就是客戶端如何知道每個物件是什麼及如何呈現它們（見圖 6-3）。範例 TPS web API 使用簡單的名稱／值配對當作類別物件。如果有更多涉及陣列的物件組和其他巢狀元素，則需要教會客戶端如何識別所有這些元素。

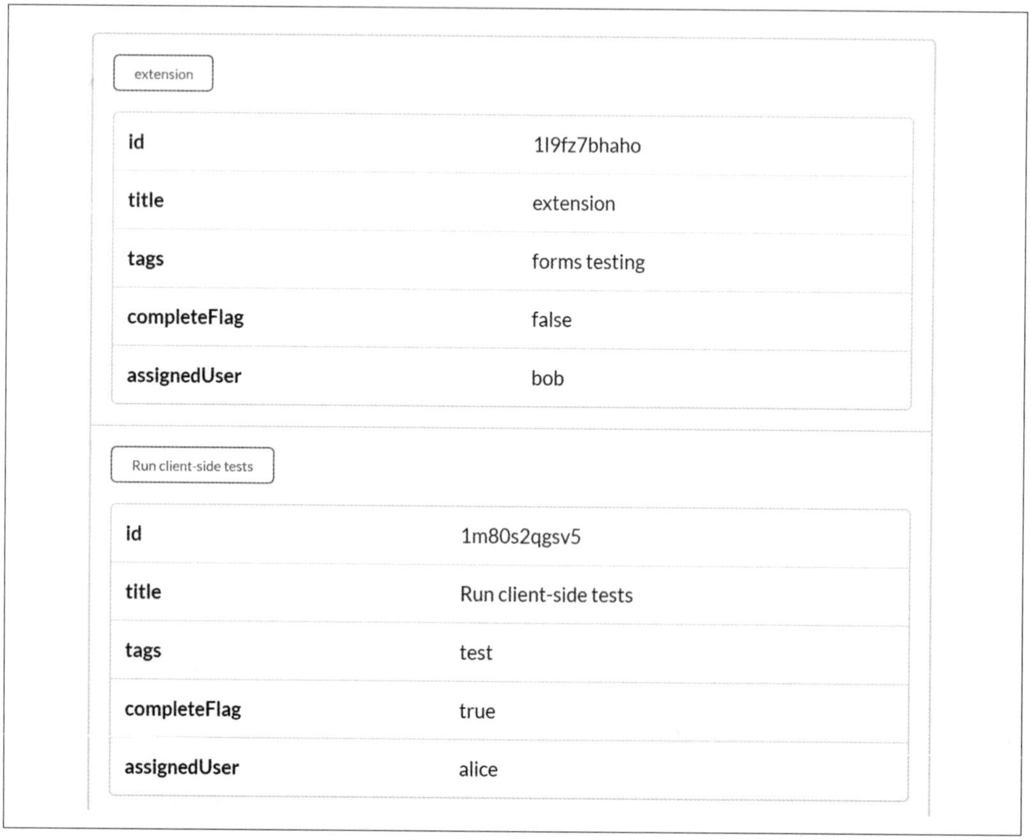

圖 6-3　在 Siren 客戶端呈現物件

屬性

客戶端處理 Siren 的 properties 幾乎與處理 entities 的方式相同，但有個轉折。對於 TPS API 而言，Siren 響應通常具有 content 屬性（此 TPS 特定物件屬性在 TPS 文件中有描述）。程式碼如下所示：

```
// 取得響應內容
function getContent() {
  var elm, coll;

  if(global.msg.properties) {
    coll = global.msg.properties;
    for(var prop in coll) { ❶
      if(prop==="content") {
```

```
        elm = domHelp.find("content");
        elm.innerHTML = coll[prop];
        break;
      }
    }
  }
}
```

基本上，getContent 常式使用迴圈掃過響應中的所有屬性，如果有名稱為 content，則該屬性值將在 HTML 頁面的用戶內容區域中呈現（見圖 6-4）。

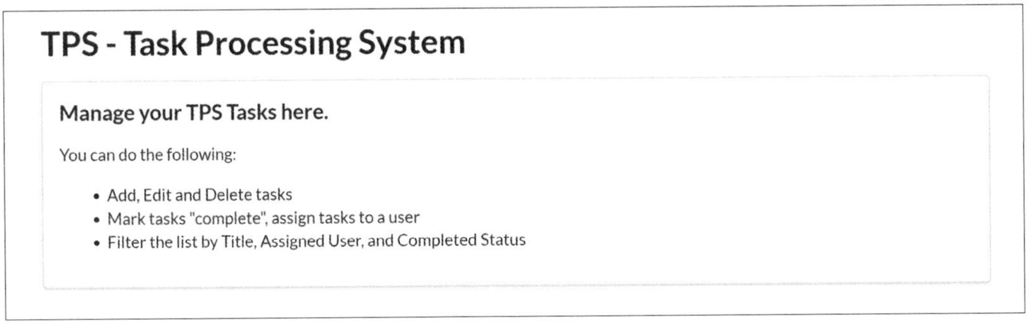

TPS - Task Processing System

Manage your TPS Tasks here.

You can do the following:

- Add, Edit and Delete tasks
- Mark tasks "complete", assign tasks to a user
- Filter the list by Title, Assigned User, and Completed Status

圖 6-4　呈現 content 屬性

有了這個屬性，Siren 客戶端可以繼續使用 Siren 的 properties 元素（見下列程式碼）。可以注意到此常式也有一些特別處理：

```
// 屬性
function properties() {
  var elm, coll, cls;
  var table, a, tr_data;

  elm = domHelp.find("properties");
  domHelp.clear(elm);

  if(global.msg.class) { ❶
    cls = g.msg.class[0];
  }

  if(global.msg.properties) {
    table = domHelp.node("table");
    table.className = "ui table";

    if(cls==="error") { ❷
      a = domHelp.anchor({
```

```
            href:g.url,
            rel:"error",
            className:"error",
            text:"Reload"});
            a.onclick = httpGet;
        domHelp.push(a, elm);
    }

    coll = g.msg.properties;
    for(var prop in coll) { ❸
        if(global.fields[cls].indexOf(prop)!==-1) {
            tr_data = domHelp.data_row({
                className:"item "+global.msg.class.join(" ")||"",
                text:prop+" ",
                value:coll[prop]+" "
            });
            domHelp.push(tr_data,table);
        }
    }
    if (table.hasChildNodes()) {
        domHelp.push(table, elm); ❹
    }

    if (elm.hasChildNodes()) {
        elm.style.display = "block";
    } else {
        elm.style.display = "none";
    }
    }
}
```

❶ 抓取與 properties 相關的任何 class 元素。

❷ 如果 class 值被設置為 "error"，則為使用者發送 Reload 連結。

❸ 使用迴圈掃過所有名稱／值配對，只要物件是「知道」的物件，就將其呈現在螢幕上。

❹ 最後，處理完所有屬性後，將結果添加到 HTML DOM 以進行顯示。

可以從本章先前的一些討論（請參閱「簡單，但有效」）提及 TPS web API 透過 Siren 的 **properties** 元素發出單一項目響應（例如對單一 **Task** 或 **User** 發出請求），並使用 Siren 的 **entities** 元素發送項目列表。原因之一為它是處理錯誤響應相對容易的一種範式。以下是其中一個錯誤響應在 Siren 中顯示的內容：

```
{
    "class": [
        "error"
```

```
    ],
    "properties": {
      "code": 404,
      "message": "File Not Found",
      "url": "http://rwcbook09.herokuapp.com/task/pc-load-letter"
    }
  }
```

圖 6-5 展示出在 Siren 客戶端呈現錯誤訊息。

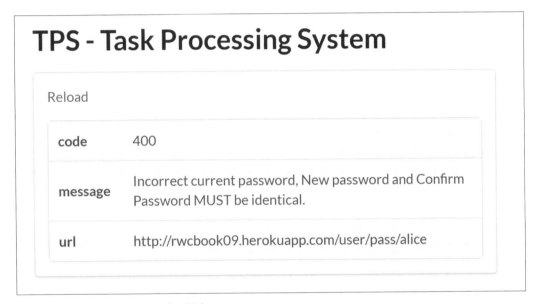

圖 6-5　在 Siren 客戶端呈現錯誤訊息

還有一個主要的 Siren 元素要解決：actions 元素。

動作

解析 Siren action 元素的程式碼是具有最多移動部分的程式碼。不僅處理表單的呈現，如果是可用的，還要填充表單中的值：

```
// 動作
function actions() {
  var elm, coll;
  var segment, frm, header, field, submit;

  elm = d.find("actions");
```

```
  d.clear(elm);

if(g.msg.actions) {
  coll = g.msg.actions;

  for(var act of coll) { ❶
    segment = d.node("div");
    segment.className = "ui green segment";
    frm = d.node("form");
    frm.className = "ui form";
    frm.id = act.name;
    frm.setAttribute("smethod",act.method); ❷
    frm.method = act.method;
    frm.action = act.href;
    frm.onsubmit = httpForm;
    header = d.node("div");
    header.className = "ui dividing header";
    header.innerHTML = act.title;
    d.push(header, frm);
    for (var fld of act.fields) { ❸
      field = d.node("p");
      field.className = "inline field";
      input = d.input({
        "prompt" : fld.title||fld.name,
        "name" : fld.name,
        "className" : fld.class.join(" "),
        "value" : g.msg.properties[fld.name]||fld.value,
        "type" : fld.type||"text",
        "required" : fld.required||false,
        "readOnly" : fld.readOnly||false,
        "pattern" : fld.pattern||""
      });
      d.push(input, field);
      d.push(field, frm);
    }

    submit = d.node("input"); ❹
    submit.className = "ui positive mini submit button";
    submit.type = "submit";
    d.push(submit, frm);

    d.push(frm, segment); ❺
    d.push(segment, elm); ❻
  }
 }
}
```

好的，再全部看一次：

❶ 假設發現有 action 元素要處理，開始使用迴圈掃過它們。

❷ 將 HTTP 方法儲存在 HTML FORM 元素的自定義屬性中（如果嘗試將其保存到預設的 FORM.method 屬性，HTML 將忽略 GET 和 POST 之外的值）。

❸ 使用迴圈掃過此 Siren action 定義的輸入參數（欄位），並確保包含任何可用的物件值。

❹ 確認在呈現每個 HTML FORM 中包含 "submit" 按鈕。

❺ 將完整的 FORM 添加到集合中。

❻ 將結果推送到 HTML DOM 中進行呈現。

圖 6-6 展示客戶端呈現一組表單。

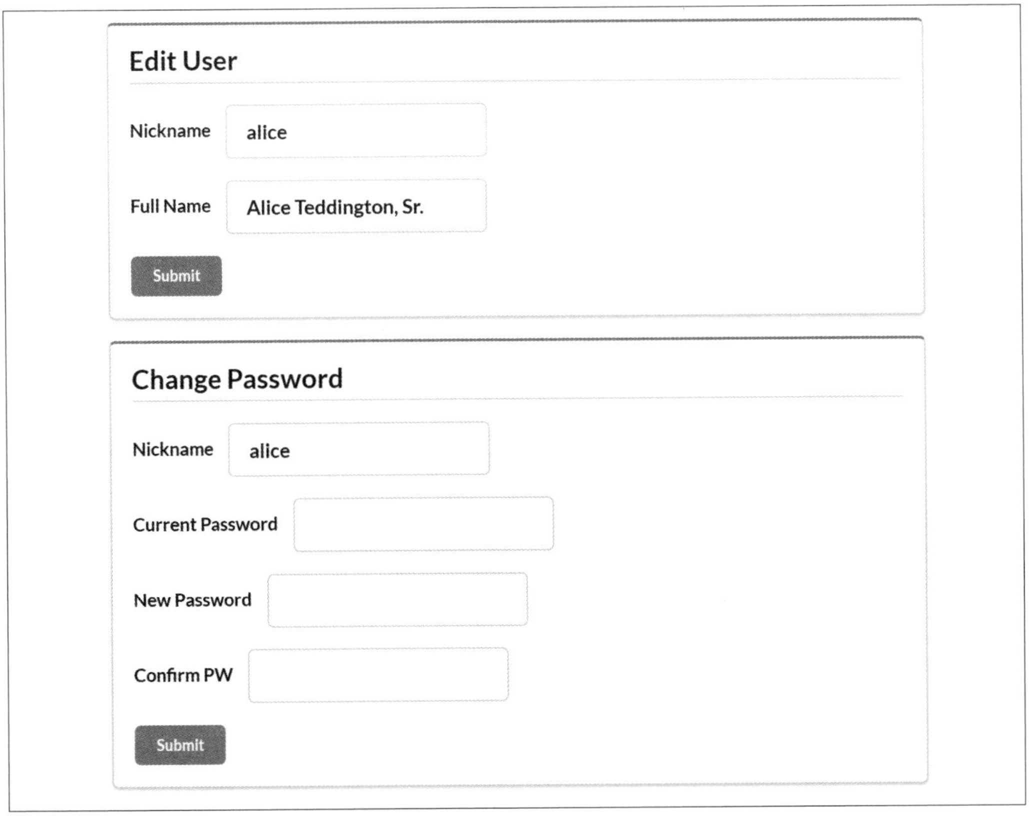

圖 6-6　在 Siren 客戶端呈現用戶表單

還有一些其他客戶端常式可以填充所有 Siren 客戶端的功能，但是在此處不會介紹。如果讀者有興趣可以查看原始碼。

重點摘要

所以，建造一個 Siren SPA 並不是太複雜。必須解析並將關鍵的 Siren 文件元素呈現至 HTML DOM 中。

關鍵元素如下：

Links

　　任何出現在 Siren link 區段的任何靜態連結都將被呈現為簡單的 <a>…</a> 標籤。

Entities

　　TPS web API 使用 Siren entities 區段保存一個或多個物件列表。這些標記有 Siren class 屬性，並且客戶端提前知道預期的物件（home、task、user 和 error）。

Properties

　　Siren 的 properties 包含與響應相關的一組名稱／值配對。TPS API 使用它來回傳響應中的單一物件（例如單一 Task 或 User）以及回傳頁面的 content 元素。範例客戶端被教導專門尋找 content 元素——這是特定的領域訊息。

Actions

　　此 Siren 區段包含處理 API 的參數化讀取與寫入的詳細訊息。Siren 格式對於描述表單有許多支援，範例客戶端也有利用此特點。

如此一來就有個功能齊全的 Siren 客戶端了，現在來看看它如何處理機制間的變動。

處理機制間的變動

根據先前建構客戶端的經驗，了解到可以安全的為 API 響應添加新的 **ACTION**（表單）與 **ADDRESS**（連結），只要向後相容，客戶端在處理變換應該沒有問題。要做的步驟如下。這次，將更新新的介面讓使用者輸入用戶電子郵件並根據電子郵件地址過濾用戶列表。

> 更新的 TPS API 與 Siren 客戶端原始碼可以在相關的 Github repo
> (*https://github.com/RWCBook/siren-client-email*)中找到。此段落描述的應
> 用程式運行版本可以在線上找到(*http://rwcbook10.herokuapp.com/files/*
> *siren-client.html*)。

讀者可能會覺得很容易,但是有個阻礙。能猜到是什麼嗎?

新增郵件欄位與過濾器

所以,只需要更新伺服器的 WeSTL 文件,將 email 欄位添加到 userFormAdd 和
userFormEdit,並創建一個新的 WeSTL 入口來描述 userFormListByEmail 操作。一旦完成
了,可以看到 Siren 客戶端如何處理後端 API 的這個變動。

以下是對 User 添加新的 email 欄位操作之 WeSTL 文件的兩項更新:

```
trans.push({
  name : "userFormAdd",
  type : "unsafe",
  action : "append",
  kind : "user",
  target : "list add hal siren",
  prompt : "Add User",
  inputs : [
    {name : "nick", prompt : "Nickname", required: true,
      pattern: "[a-zA-Z0-9]+"},
    {name : "email", prompt : "Email", value: "", type: "email"}, ❶
    {name : "name", prompt : "Full Name", value: "", required: true},
    {name : "password", prompt : "Password", value: "", required: true,
    pattern: "[a-zA-Z0-9!@#$%^&*-]+"}
  ]
});

trans.push({
  name : "userFormEdit",
  type : "unsafe",
  action : "replace",
  kind : "user",
  prompt : "Edit User",
  target : "item edit form hal siren",
  inputs : [
    {name : "nick", prompt : "Nickname", value : "", readOnly: true},
    {name : "email", prompt : "Email", value: "", type: "email"}, ❷
    {name : "name", prompt : "Full Name", value : ""}
```

```
    ]
  });
```

掃描 WeSTL 文件,可以看到 email 欄位(❶和❷)。請注意 input 元素有一個新的屬性:type 屬性。Siren 自動支援擴充的 HTML 輸入類型(大約 20 種),可以透過設置 email 欄位描述來強制使用 Siren 客戶端驗證輸入。

另一件需要添加到 WeSTL 文件的事是新增 userFormListByEmail 轉換。如下所示:

```
trans.push({
  name : "userFormListByEmail",
  type : "safe",
  action : "read",
  kind : "task",
  target : "list query hal siren",
  prompt : "Search By Email",
  inputs : [
    {name : "email", prompt : "Email", value : ""}
  ]
});
```

讀者可能會注意到,這一次,**沒有**包含此類型:**"email"** 屬性。這將允許使用部分的電子郵件地址進行搜尋——這是想要的目的。

幾乎完成了更新 API。只需要再一步驟修改後端 User 組件程式碼來識別(並驗證)新的 **email** 欄位。對於此簡單的服務,意味著需要將欄位名稱(見以下程式碼)添加到讀/寫的有效欄位列表中:

```
props = [
  "id",
  "nick",
  "email", ❶
  "password",
  "name",
  "dateCreated",
  "dateUpdated"
];
```

需要更新組件的驗證碼(見❶)以確保儲存並回傳新的 email 欄位:

```
item = {}
item.nick = (body.nick||"");
item.name = (body.name||"");
item.email = (body.email||""); ❶
item.password = (body.password||"");
```

修改過後，來看看客戶端如何處理這些新的欄位。

測試郵件欄位

首先，如果直接呼叫 TPS 伺服器，可以看到新的 email 欄位*確實*顯示在 Siren 的 actions 區段中（見❶）：

```
{
  "class": [
    "user"
  ],
  ...
  "actions": [
    {
      "name": "userFormAdd",
      "title": "Add User",
      "href": "http://localhost:8181/user/",
      "type": "application/x-www-form-urlencoded",
      "method": "POST",
      "fields": [
        {
          "name": "nick",
          "type": "text",
          "value": "",
          "title": "Nickname",
          "class": ["user"],
          "readOnly": false,
          "required": true,
          "pattern": "[a-zA-Z0-9]+"
        },
        {
          "name": "email",        ❶
          "type": "email",
          "value": "",
          "title": "Email",
          "class": ["user"],
          "readOnly": false,
          "required": false
        },
        {
          "name": "name",
          "type": "text",
          "value": "",
          "title": "Full Name",
          "class": ["user"],
          "readOnly": false,
```

```
      "required": true
    },
    {
      "name": "password",
      "type": "text",
      "value": "",
      "title": "Password",
      "class": ["user"],
      "readOnly": false,
      "required": true,
      "pattern": "[a-zA-Z0-9!@#$%^&*-]+"
    }
  ]
 }
]
}
```

另外，加載 UI 時，userFormByEmail（見圖 6-7）和 userFormAdd（圖 6-8）都會顯示螢幕上的 email 欄位。當填寫新增用戶頁面時，甚至可以看到「驗證用戶」操作的新功能。

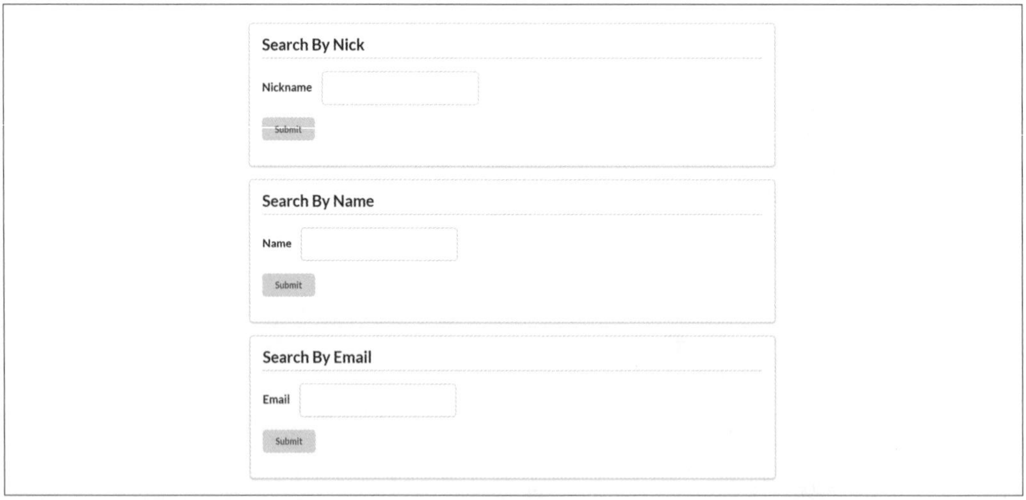

圖 6-7　在搜尋電子郵件頁面可以看到新的電子郵件欄位

圖 6-8　在新增用戶頁面可以看到新的電子郵件欄位

然而，一旦儲存了電子郵件資料，會發現客戶端並沒有在 UI 上顯示電子郵件欄位（見圖 6-9）。

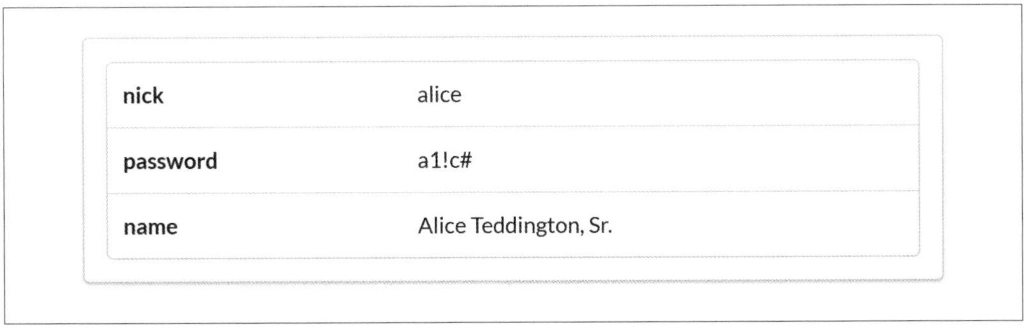

圖 6-9　Siren 顯示用戶資料沒有電子郵件欄位

所以 Siren 客戶端成功的支援添加和搜尋 email 欄位的操作，因為 TPS API 服務會在每個響應中發送添加和搜尋表單的完整描述（例如 URL、方法和欄位詳細訊息）。但是 Siren 格式並沒有包含 entities 與 properties 元素的元資料詳細訊息。這就是麻煩的開始。

Siren 客戶端的這個「臭蟲」是由於客戶端和伺服器之間 User 物件的定義不匹配。即使伺服器發送了先前已經發送的相同 class 值（"user"），伺服器對 User 的定義已經更改（有個新個 email 欄位）。然而，Siren 客戶端的定義（客戶端程式碼中的定義）不再與 TPS API 同步（客戶端程式碼沒有 email 欄位）。所以，當客戶端顯示 User 的屬性時，客戶端將忽略新的欄位。

這種混淆是因為 Siren 格式不是為了在響應中發送 **OBJECT** 元資料而設計，它是為僅發送 **ACTION** 與 **ADDRESS** 元素的元資料而設計。所以，對於範例 Siren 客戶端應用程式而言，仍然需要將物件的定義「編寫」到客戶端源始碼中。

還記得這些客戶端程式碼嗎？

```
global.fields = {};
global.fields.home = [];
global.fields.task = ["id","title","tags","completeFlag","assignedUser"];
global.fields.user = ["nick","password","name"];
global.fields.error = ["code","message","title","url"];
```

這是客戶端需要顯示的物件描述資訊。筆者在編寫這個 Siren 客戶端時做了一個實作決定。將欄位名稱編死到應用程式中，以確保只處理客戶端已經知道的欄位。會這樣處裡主要是為了安全。因為希望能夠選擇某些欄位，使其即使在響應中出現時卻不會呈現（例如 dateCreated 和 dateUpdated）。同樣，Siren 並不能讓伺服器輕易的將這種呈現提示直接發送到 API 響應中，所以將這個「技巧」添加到客戶端程式碼中。

那麼，現在，TPS API 發出 Siren 響應沒有辦法發送客戶端應用程式的物件和屬性元資料。為了解決此問題，在 Siren 設計架構上將透過創建一個允許 TPS API 發送 User 和 Task 物件元資料的自定義擴充。

配置物件描述（POD）擴充

由於 Siren（被設計為）不會在響應中傳遞 **OBJECT** 元資料，如果想要對服務**物件**進行向後相容的變動，需要找出一種在執行期時將此訊息傳遞給客戶端的方法。好消息是 Siren 在基礎設計中已經有了這項特色。可以使用 class 值來指向 API 物件的描述。

以標準化方式共享物件元資料意味著可以教導 Siren 客戶端在執行期時使用共享元資料，而不是依賴儲存在客戶端程式碼中的元資料。需要將客戶端內部的知識轉換為**外部**的知識。

支援 POD 擴充的 Siren 客戶端原始碼可以在相關的 GitHub repo（*https://github.com/RWCBook/siren-client-pod*）中找到。本節所描述的客戶端應用程式運行版本可以在線上找到（*http://rwcbook11.herokuapp.com/files/siren-client.html*）。

POD 規格介紹

此處需要的是在客戶端和伺服器之間共享物件訊息的可靠方法——客戶端可以在執行期時使用這種方法來調整 Siren 響應中的 `entities` 和 `properties` 的顯示。對於本書，筆者將描述一個非常簡單的解決方法。在產品應用程式上，可能需要更強大的設計。更好的方法是，讀者可以在 Siren 社群中尋找想要的設計方法。

 Siren 的創始人，凱文・斯威柏，在許多實作中使用了一個與筆者在本書使用的 POD 規範非常相似的規約。基本上，客戶端可以尋找（與取消引用）顯示有用的元資料作為響應的連結。

筆者將花時間擴展物件元資料，不僅包括物件的屬性名稱、包含一個建議人們可讀的提示與該欄位是否應該顯示或隱藏的旗標。

Siren 的 POD 文件

範例 POD 文件設計有三個元素：

- 欄位辨識符（例如 nick）
- prompt 字串（例如 "Nickname"）
- render 旗標（例如 "text"、"embedded"、"link" 或 "none"）

所有都包含在 JSON 元素中，該元素的名稱可以與 Siren 的 `class` 值（即物件名稱）相匹配。TPS User 物件的完整 POD 文件如下所示：

```
{
  "user" : {
    "id" : {"prompt" : "ID", "render" : "none"},
    "nick" : {"prompt" : "Nickname", "render" : "text"},
    "email" : {"prompt" : "Email", "render" : "text"},
    "name" : {"prompt" : "Full Name", "render" : "text"},
    "password" : {"prompt" : "Password", "render" : "text"},
    "dateCreated" :  {"prompt" : "Created", "render" : "none"},
    "dateUpdated" :  {"prompt" : "Updated", "render" : "none"}
  }
}
```

POD 規範可以在相關的 GitHub repo（*https://github.com/RWCBook/pod-spec*）中找到並在此網頁中（*http://rwcbook.github.io/pod-spec/*）。

現在需要一種方法來從伺服器提取 POD 文件。

提取 POD 文件

為了能夠提取文件，將添加一個新的 `link` 元素，它為帶有 `rel` 值的 `"profile"`，將教導 Siren 客戶端尋找此連結並使用它為目前加載的 `class` 來提取 POD。例如，如果 Siren 響應包含以下 profile 連結：

```
{
  "rel": ["profile"],
  "href": "/files/user.pod",
  "class": ["user"]
  "type": "application/prs.profile-object-desc+json"
}
```

接下來 Siren 客戶端將知道它可以嘗試提取一個 SOP 文件，如下所示：

```
GET /files/user.pod HTTP/1.1
accept: application/prs.profile-object-desc+json
...
```

如果文件存在，則伺服器會使用 POD 文件進行響應如下：

```
HTTP/1.1 200 OK
content-type: application/prs.profile-object-desc+json
....
{
  ... 此處為 POD 文件
}
```

 媒體類型字串中的 prs 是 RFC6838 中涵蓋的媒體類型 IANA 註冊標準的一部分。它表示個人的註冊。正如本書所言，筆者已經申請註冊但尚未完成。

一旦完成文件加載，可以對文件進行解析並使用內容來控制 Siren 響應中的物件顯示。

接下來看看運行版本的外觀。

實作介紹

添加對 POD Siren 擴充的支援需要對伺服器進行作業，並在 Siren 客戶端應用程式上進行一些修改。類似於實現 HAL-FORMS 擴充的方式（見 118 頁的「擴充 HAL-FORMS」），實現一個不需要更改 Siren 規範的自定義擴充。

只需要修改客戶端應用程式的低階 HTTP 呼叫，以便「知道」新的 application/prs. profile-object-desc+json 媒體類型呼叫**並且**將物件配置文件整合到其餘解析／呈現的程序。

以下為處理配置響應的片段程式碼（❶）。

```
function rsp(ajax) {
  if(ajax.readyState===4) {
    if(ajax.getResponseHeader("content-type").toLowerCase()===global.podType) {
      global.profile = JSON.parse(ajax.responseText); ❶
      parseSiren();
    }
    else {
      global.msg = JSON.parse(ajax.responseText);
      parseMsg();
    }
  }
}
```

客戶端新的頂層程式碼如下所示。現在，在 Siren 響應的初始加載之後，將檢查是否有一個配置文件連結（❶），在完成配置文件呼叫後（或沒有完成，這取決於響應），繼續完成 Siren 的解析和呈現工作（見❷）：

```
// 主要迴圈
function parseMsg() {
  var profile;

  sirenClear();
  title();
  dump();

  profile = getProfileLink(); ❶
  if(profile) {
    req(profile.href, "get", null, null, global.podType);
  }
  else {
    parseSiren();
  }
}
```

```
// 完成解析 Siren 響應
function parseSiren() { ❷
  getContent();
  links();
  entities();
  properties();
  actions();
}
```

同樣的，客戶端還有其他細微的變化使其與記憶體中的 profile 物件之 class 值相匹配，並且對服務進行了一些更新以確保再請求時回傳 POD 文件。讀者可以查看 Siren-POD 客戶端原始碼來深入了解此自定義的擴充。

在 Siren 中使用 POD 顯示物件

現在已經更新 Siren 客戶端以便選用支援 POD 擴充，服務可以發送元資料像是 Task 和 User 物件。這意味著，隨著服務修改物件定義（例如新增欄位、更改欄位提示字串等等），Siren 客戶端應用程式將能夠透過 POD 文件的請求找到此訊息，不再需要儲存客戶端原始碼的物件元資料。

例如，目前的 TPS API 陳列了 Siren 客戶端需要處理的四個物件：

- 首頁
- 任務
- 用戶
- 錯誤

這意味著 TPS API 服務現在可以提供以下四個 POD 文件：

- home.pod
- task.pod
- user.pod
- error.pod

現在，當 TPS API 服務將 email 欄位添加到 user.pod 文件中（見第 187 頁「Siren 的 POD 文件」），更新後的 Siren 客戶端能夠按照預期顯示（見圖 6-10）。

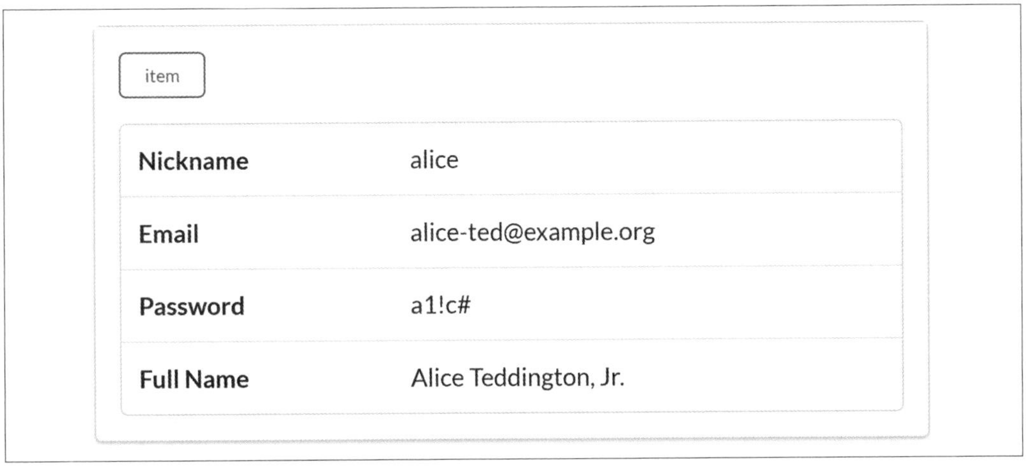

圖 6-10　Siren 用戶顯示頁面目前有顯示電子郵件欄位

請注意，新的 POD 規範允許 TPS API 伺服器提供更新的欄位提示（"Full Name" 而不是 "name"）。此外，可以擴充 POD 規範支援類似於 HTML5 支援的客戶端輸入驗證器，例如：

- 資料類型（"email"、"url"、"number" 等）
- 存在（"required"）
- 固定表達式匹配（例如 HTML5 的 pattern 屬性）

筆者將這些好用的支援添加到 POD 規範和 Siren 客戶端，作為讀者探索的一個專案。

重點摘要

在本節關於擴充 Siren 的部分中，學習到即使 Siren 在響應中發送有關 **ADDRESS** 和 **ACTION** 的元資料，也沒有發送許多關於 **OBJECT** 的訊息（只有 class 元素的辨識符）。因此，透過 POD 文件並在 Siren 客戶端中建立*私有的規約*來擴充 Siren，要求伺服器發送 **OBJECT** 定義的表示法（透過「配置」URL）並使用外部資料作為依據來處理 Siren 響應中出現的識別物件。

這是一個好用的擴充，但是像所有自定義擴充和私有的規約一樣，它不是一個解決方案，因為不可預期所有 Siren 服務和客戶端了解與支援。它的覆蓋範圍有限，因為它只是為了解決目前的問題而出現的。

本章總結

好的，來總結一下對 Siren 與創建 Siren 客戶端學到了什麼：

變動 ADDRESS 是安全的

Siren 在支援 OAA 挑戰中的 **ADDRESS** 方面表現得很好。在執行期更改任何操作的 URL 值都不會對 Siren 客戶端造成問題。需要保持不變的唯一 URL 為一開始的 URL，這是用於啟動應用程式的 URL。

變動 ACTION 是安全的

我們學習到 Siren 對描述一個 API 的 **ACTION** 提供出色的支援。新增或修改 ACTION 元素（像是參數或甚至全新的操作）只要以向後相容的方式就不會破壞 Siren 客戶端。

不支援變動 OBJECT

Siren 在響應中包含物件識別字（class 元素）表現得不錯，但是並不（因設計）支援物件元資料。因此，當服務變動一個物件（例如添加欄位）時，Siren 客戶端可能不會在執行期時發現，除非它被具體編碼來發送*所有*未知的物件和屬性（不總是安全的方法）。如果客戶端被編碼為只解析它已經知道的物件和屬性，響應中的任何新欄位將會被忽略直到客戶端應用程式被重新編碼與重新布署。能夠為 Siren 創建一個自定義的擴充來解決此問題（POD 擴充），但這是一個私有規約，並不是所有 Siren 客戶端和服務共享的標準。

> *Siren 與 OAA 挑戰*
>
> 評論超媒體類型讓 API 客戶端在執行期進行調整，Siren 表現得很好。它支援 **ADDRESS** 方面及其 links 集合。而 actions 集合用於處理 **ACTION**。但是 Siren 的 class 元素支援 **OBJECT** 未達到要求標準。範例 Siren 客戶端無法處理添加到後端 API 中的新 **OBJECT**，如 Siren 文件指出，「可能的值被獨立實現並且被記錄下來」。範例 Siren 擴充支援 POD 文件，但這是一般自定義的擴充，一般的 Siren 客戶端不能支援。

Siren 讓我們往前了一大步，透過獨立的 API 客戶端可以支援三個方面（**OBJECT**、**ADDRESS** 和 **ACTION**）。但是還沒結束。還要探索一個超媒體標準（Collection + JSON）。現在就來看看它在 OAA 挑戰的表現如何。

鮑伯與卡蘿

「嗯，卡蘿。這次很接近我們的目標了，不是嗎？」

「是的，鮑伯。但是還不夠。Siren 非常適合處理 **ADDRESS** 和 **ACTION**，但仍沒有支援我們所需要的 **OBJECT**。」

「嗯，我感覺即使修改後端 API，Siren 客戶端有些可以處理，但有些不行。」

「對。當你發布新的電子郵件欄位與過濾器選項時，客戶端團隊也能猜到結果。Siren 客戶端沒有獲得有關共享物件的足夠訊息。」

「所以，妳的 POD 文件包括客戶端與伺服器需要以安全的方式共享物件的所有重要訊息，對嗎？」

「沒錯，鮑伯。但是，你知道，當我們團隊處理 POD 格式時發現了一些有趣的事情。我們不需要在客戶端和伺服器之間共享*所有的*物件訊息——只需要其中一部分。」

「我不太了解，卡蘿。」

「好的，我們可以透過分享欄位識別字、提示和一些顯示訊息來解決我們的問題。不需要共享相關訊息、資料類型，或伺服器在處理的其他內容。」

「我懂了。不需要共享整個物件模型，只是其中一部分。我想知道是否有超媒體設計利用這個想法實現？」

「這也是我團隊提出的問題，鮑伯。我們來看看他們想出了什麼。」

參考資源

1. Siren 在 IANA 的註冊可在線上找到（*http://g.mamund.com/ekaqu*）。

2. 從 2013 開始，GitHub 議論「與其他 JSON 超媒體的媒體類型有什麼不同／較好／較差？」（*http://g.mamund.com/vokzt*）中包含一些關鍵的超媒體 API 播放器的許多有趣觀察。

3. 當筆者撰寫本書時，最新的 Siren 官方文件（*http://g.mamund.com/rrkzz*）由凱文・斯威柏的 GitHub 帳號管理。

4. 目前的 HTML5 input 元素集被記載在 HTML5 文件中（*http://g.mamund.com/pwhnv*）。

圖片貢獻

- 迪奧戈・盧卡斯：圖 6-1

第七章

版本控制與 Web

「世事皆變，無有靜止」

——赫拉克利

鮑伯與卡蘿

「卡蘿，我開始擔心我們錯過了 API 設計中非常重要的一些事情。」

「哦？是什麼，鮑伯？」

「版本控制。」

「你是指隨著時間來處理 API 的更改，對吧？」

「對。我想我們需要在設計中說明這一點。」

「嗯。是的，現在我想起來了，我們已經更新了幾次 API，卻從沒討論過版本控制。為什麼會這樣呢？」

「我覺得我們過於倉促發布一個運作的 API，並且沒有考慮到長期的影響。」

「或許吧。嗯,我可能沒有真的錯過版本控制。我的
意思是,一切都運作的很順利,對吧?」

「嗯,目前為止是的。我們做的大部分工作變動很
小,而且沒有太多獨立的客戶端針對 API 運作。但
是再過幾個月、甚至幾年後又會發生什麼事呢?」

「我也是這樣懷疑。我們只是做小部分的修改,而一
切也運作得很好。」

「嗯,我想我們會在某個時間點遇到此問題,除非
我們現在解決它。」

「好的,我們來看看。到目前為止我們使用 HTTP,對
吧?HTTP 在過去的 20 年中已經更新過幾個版本。」

「沒錯,卡蘿。一切看起來很好。嗯。HTML 是另
一個例子,對吧?它也有許多版本。」

「對。這讓我想知道 HTTP 和 HTML 是什麼樣的設
計,可以在不破壞現有實作的情況下隨著時間而支援
變動。」

「嗯。我們先不要對我們的 API 設計作任何改變。
我想對此做更多的研究。」

「聽起來不錯,鮑伯。花個幾天研究並在下週來討論
一下。」

無論是負責設計、實作或是維護一個 API,某些時候將開始思考如何處理時間帶來的變
動。API 世界中常用的詞稱為**版本控制**。版本控制這個想法在 API 設計思維中是很深植

人心的，它被認為是 API 常見做法的一部分（在第 12 頁的「Web API 常見做法」中討論過）。

許多 API 設計者會包含版本訊息（例如 URL、HTTP 標頭或響應本體的數目）而沒有想太多這做法背後的假設。

API 版本控制的常見做法背後有許多假設。其中主要是假設在 API 本身（通常在 URL 中）應明確註明對 API 所做的**任何變動**。另一個常見的假設是**所有的變動**都是破壞的變動——沒有明確的註明變動表示有人在某處將遇到一個必然的錯誤。還有個值得一提的假設是，**除非做出破壞的變動**否則不可能對 Web API 的功能進行有意義的變動。

最後，API 的生命週期有很大的不確定性，許多 API 開發者決定透過在 API 設計中添加版本訊息以簡單的**預防**在未來有天需要用到。這是一種帕斯卡的賭注之 API 設計。

帕斯卡的賭注

布萊茲 • 帕斯卡，17 世紀的哲學家、數學家和物理學家，創造了帕斯卡的賭注。此論點的簡化版本為當面對不能單獨使用邏輯決定的事情，「正在玩一個遊戲…依結果選擇賭注」。在他的例子中說明了，因為不知道神是否存在，應該要打賭存在，因為這個賭注的結果更好。

雖然他的論點很微妙——其他人對於不確定性的性質也提出了類似的觀察——帕斯卡的賭注已經成為一種模因，基本來說就是「當有疑問時，賭結局較好的」。

好的，以此為背景，來研究一下版本控制參數背後的假設以及 web 相關技術如何處裡隨時間變化的一些佐證。

網際網路版本控制

在 web 上處理隨時間變化的想法意味著採用**明確的版本控制**技術，在過去幾十年中面對一些非常重要的佐證表明在如何運作在網際網路（不僅是 web）上。將在這裡花點時間來看看幾個例子。

此處討論的例子有（1）基礎傳輸層協定（TCP／IP）、（2）最常見的應用層協定（HTTP）與（3）WWW 最常見的標記語言（HTML）。它們多年來都歷經多次的修改並且對現有的實作都沒有造成任何重大的破壞。

每個例子都是獨一無二的，但它們都有一個通用的設計元素可以幫助了解如何隨時間變化來處理自己 web 應用程式中的變動。

TCP ／ IP 的強固性原則

TCP ／ IP 協定是網際網路現今運作的重要組成部分。實際上，TCP ／ IP 是兩個相關的協定：傳輸控制協定（TCP）與網路通訊協定（IP）。它們合在一起通常稱為網際網路協定套組。計算機科學家艾倫·凱稱 TCP ／ IP 為「網際網路」的 DNA。艾倫·凱也指出網際網路「從 1969 年 9 月首次運行以後就一直沒有停止」。這意味著這套協定每天 24 小時、每週 7 天、40 多年不停的工作，沒有「重啟」過。這是非常驚人的。

凱的觀點是 TCP ／ IP 的原始碼在這些年已經改變與改進，而不需要關閉網際網路。這是有原因的，其中一個關鍵的因素為它就是為了這種情況而設計的——能夠隨時間順應變動而不需要關閉。關於網際網路協定套組的這項功能，凱說設計 TCP（鮑勃·卡恩）和 IP（文特·瑟夫）的這兩個人「知道他們在做什麼」。

TCP 規範的一個段落有證據顯示他們知道該做什麼：第 2.10 節，標題為**強固性原則**。本節全文如下：

> 「TCP 實作將遵循強固性的通用原則：嚴以律己，寬以待人。」
>
> —— RFC793

此規範的作者了解到設計一個系統其中很重要的是成功完成消息傳遞。為了做到這一點，實作者被告知要小心製作有效的訊息發送。還鼓舞實作者盡最大的努力接收傳入的訊息——即使它們的格式與傳遞方式不完整。當這兩件事情發生在同一個系統中，則接收和處理訊息的機率就會提升。在某種程度上，TCP ／ IP 能運作，是因為這個原則被寫入規範中。

帕斯托定律
強固性原則通常被稱為帕斯托定律，因為喬·帕斯托是描述 TCP 協定的編輯者。

在建造超媒體風格的客戶端應用程式時，實作帕斯托定律的一種方法是透過將傳入訊息**轉換**為內部表示法的（通常是物件圖）常式來傳遞服務響應。

這種轉換過程應該以允許成功的處理方式實作，即使響應中存在缺陷，例如缺少轉換器可填充的值、簡單的結構錯誤像是缺少封閉標籤等。另外，當表單超出請求——尤其是發送 HTTP 本體（例如 POST、PUT 和 PATCH）的請求——透過一個嚴格的驗證常式來運行組合本體是個好主意，它會修改任何訊息中的錯誤格式。

以下的虛擬碼說明如何在客戶端應用程式中實現帕斯托定律：

```
// 處裡傳入的訊息
httpResponse = getResponse(url);
internalObjectModel = permissiveConverter(httpResponse.body);

...

// 處裡傳出的訊息
httpRequest.body = strictValidator(internalObjectModel);
sendRequest(httpRequest);
```

所以 TCP 教會我們將強固性原則應用在 API 實作上。當這樣做時，可以更順利的接受和處理各方之間發送的訊息。

HTTP 的必須忽略原則

HTTP 協定已經存在很長的時間了。它最早運行於 1990 年的 CERN 實驗室並在過去的 25 年中歷經了幾次重大的變化。HTTP 規範一些最早的版本特別提到對稱為「客戶端容錯」的需求，以確保客戶端應用程式即使在來自 web 伺服器響應不是嚴格有效的情況下也能繼續運行。這在 1992 年的 HTTP 規範草稿中有特別說明，稱之為「偏差伺服器」。

早期的 HTTP 規範中使用的一個關鍵原則是「必須忽略」指示。在其基本表單中，它聲明接收者不了解的任何響應元素就必須被忽略而不會停止對該響應的處理。

最終的 HTTP 1.0 文件（RFC1945）有幾處記錄了此原則。例如，在 HTTP 標頭區段，顯示如下：

> 接收者無法辨識的標頭欄位應該被忽略並由代理伺服器轉發。

請注意在此引用中，「必須忽略」原則被擴展為包括代理伺服器將標頭轉發給下一方的指示。

不僅接收方不應拒絕具有未知標頭的訊息，而且在代理伺服器的狀況下，這些未知的標頭將被包括在任何轉發的消息中。HTTP 1.0 規範（RFC1945）中包含了八個獨立的「必須忽略」原則的例子。HTTP 1.0 規範（RFC2616）中有超過 30 種例子。

必須忽略或可以忽略？

在本章這部分中，當引用 HTTP 規範文件中的原理時，筆者會使用「必須忽略」此詞語。大衛・歐喬在他的部落格文章「XML 版本控制詞彙」也使用了這個詞語。雖然 HTTP 使用*忽略*這個單詞很多次，但並不是所有的使用都以*必須*為前提。實際上，有些對忽略指示的引用是*可以*或是*應該*。然而「必須忽略」，通常用於忽略不了解而且不停止處理的一般原則。

支援 web 客戶端的「必須忽略」原則意味著傳入包含客戶端應用程式不了解的元素消息時不被拒絕。實現這一個目標最簡單的方法是對客戶端進行編碼，以便簡單的尋找和處理它們知道的訊息元素。

例如，可以對客戶端進行編碼來知道每個傳入的訊息包含三個根源元素：`links`、`data` 和 `actions`。在基於 JSON 的媒體類型中，此類訊息的響應本體大約如下所示：

```
{
 "links" : [...],
 "data" : [...],
 "actions" : [...]
}
```

處理這些訊息的虛擬碼大約如下所示：

```
WITH message DO
  PROCESS message.links
  PROCESS message.data
  PROCESS message.actions
END
```

然而，同一個客戶端應用程式可能會收到一個響應本體，其中包含一個名為 extensions 的額外根源元素：

```
{
 "links" : [...],
 "data" : [...],
 "actions" : [...],
 "extensions" : [...]
}
```

在遵守「必須忽略」原則（如前面實作的範例）的客戶端，這不會是個問題，因為客戶端會忽略未知的元素並繼續處理訊息，就像擴充元素不存在一樣。這是在運作中「必須忽略」的一個例子。

所以 HTTP 的「必須忽略」原則展示出即使包含不了解的部分也必須安全的處理訊息。這與 TCP 規範的帕斯托定律相似。這兩個規範都是基於一種假設：一定機率的傳入訊息包含接收方上未被編程為可理解的元素。這種情況發生時，處理程序不應該停止。相反的，程序應該繼續就好像未識別的元素從未出現過一樣。

HTML 的向後相容

HTML 是另一個例子，其設計與實作方法可以適應時間的變化。像 HTTP 一樣，從 1990 年初 HTML 媒體類型就一直存在。而且，像 HTTP 一樣，HTML 在這段時間歷經了不少變化——從 1990 年提姆・伯納・李最初知道的「HTML 標籤」文件，後來被稱為 HTML 1.0，直到目前的 HTML5。這些變動是以**向後相容**為原則。每次嘗試只能對媒體類型進行變動，這些設計在嘗試處理 HTML 文件時不會導致 HTML 瀏覽器停止或當機。

早期已知的 *HTML* 文件

最早已知的 HTML 文件是從 1990 年 11 月開始的，現在仍在線上可以取得（*http://g.mamund.com/xublv*）。在提姆・伯納・李和他的同事羅伯特・卡利奧在巴黎參加了 ECHT'90——歐洲超文本規約——前兩週製作了這個版本。整個 HTML 文件如下所示：

```
<title>Hypertext Links</title>
<h1>Links and Anchors</h1>
A link is the connection between one piece of
<a href=WhatIs.html>hypertext</a> and another.
```

25 年後此頁仍在瀏覽器中可以呈現——這是個很棒的例子，說明訊息設計（HTML）和客戶端實作原理（web 瀏覽器）可以結合起來支撐數十年成功的 web 交互作用。

從最一開始，HTML 被設計為帕斯托定律和 HTTP 的「必須忽略」原則。伯納・李在 HTML 早期的文件中明確指出這點：

> 「HTML 解析器將忽略它不明白的標籤，並且忽略它不了解的屬性…」

有趣的是這種指導方式表明了訊息設計者（定義 HTML 的人）也為客戶端實作者（編碼 HTML 解析器的人）提供了具體的引導。為實作者提供如何使用與處裡傳入訊息的原則是網際網路標準的一個重要特徵——重要的是有一個 IEFT 文件（RF2119），它創建了規範如何傳遞建議給實作者。此文件定義了一組用於給出指導建議的特殊用詞。它們為

「必須」、「不能」、「需要」、「將會」、「將不會」、「應該」、「不應該」、「推薦」、「可以」和「可選」。其他標準本體也採用類似的做法傳遞指導給實作者。

所以，在看了 TCP、HTTP 與 HTML 的例子之後，可以提出一些一般性的指導，用於設計與維護需要支援適應時間變動的 API。

版本控制、分支與不相容的副本

版本控制的另一種方法是創建一個新的應用程式或服務分支。當創建新版本時，將創建一個相關但可能不相容的應用程式副本——此副本有自己的命脈。當每次這樣做時，會得到另一個不相容的副本。如果不小心仔細，將會擁有許多類似應用程式，並且需要幫助開發者追蹤他們正在使用的副本並確保他們不會犯下嘗試讓不相容的副本交錯的錯誤。

致力於向後相容的策略來添加功能和修復錯誤可以擺脫整個命名（版本控制）和追蹤應用程式或服務的不相容副本工作。

面對不斷變動的指南

處理時間的變化最好用的一套原則——一種變動的**美學**。不採取單一動作或不包含（或排除）設計功能。要牢記另一個關鍵在於變動將**永遠**發生。當然可以努力避免變動（例如，「我知道你想要 API 中的這個功能，但是我們今年不可能做出此改變」）。甚至可以使用互相配合的方式避開變動（例如，「此處我們不支援，但是如果你先寫一個暫時記錄並根據暫存檔的更改日期進行過濾，也可以獲得同樣的效果」）。還有其他方法可以避免面臨變動，但是幾乎所有長期使用的 API 都會面臨變動的壓力，處理選擇類型變動的設計能力可以減少壓力、成本和 API 隨時間變動的危險。

因此，對於那些不再試圖避免 API 發生變動的人來說，這裡有給 web API 設計者、服務提供者與客戶端消費者一些通用的指南。

API 設計者

對於負責設計 API 和訊息格式的人員來說，重要的是了解一般問題區域已了解隨時間而變動可能需要哪些類型的修改。同樣重要的是設計介面，它將引導實作者創建 API 服務與 API 客戶端的「快樂路徑」，能夠隨時間而處理常見的變動。

考慮因時間而產生變動的問題是很棘手但是卻很重要。我們在閱讀 HTML 文件和設計方式時看到了這種想法（見 201 頁「HTML 的向後相容」）。保羅‧克萊門茲，《軟體架構實作》（由愛迪生─威斯利出版社出版）的作者之一聲稱，致力於軟體架構中的人有責任將變動作為設計的基礎：

> 最好的軟體架構「知道」較常發生哪些變動而這會讓事情變得很簡單。

考慮到這點，以下是設計 web API 任務的三個有價值原則。

承諾媒體類型，而非物件

隨時間過去，物件模型必將變動──這些模型可能會經常為新的服務而改變。試圖讓所有服務的消費者學習和追蹤所有物件模型的變動並不是一個好主意。而且，即使想要所有 API 消費者能夠追蹤模型變動，這表示其功能速度被受限於系統中最慢的 API 消費者。當 API 消費者是客戶而非同一間公司的同事時，就會產生問題。

不要在 API 中暴露物件模型，而是要承諾標準的訊息格式（例如 HTML、Atom、HAL、Cj、Siren 等）。這些格式不要求消費者了解服務內部的物件模型。這表示可以自由修改內部模型而不破壞對 API 消費者的承諾。也意味著提供者需要處理將內部領域資料轉換為外部訊息格式的任務，不過這點已經在第三章**表示器範式**中介紹過了。

良好設計的格式應該允許 API 設計者安全的引入**語意**變化（例如，訊息模型中攜帶的資料），而且實作良好的 API 消費者將能夠在不需要程式碼更新的情況下解析／呈現這些變動的內容。這些相同的格式可能支援訊息的**結構性**變動（例如，格式擴充），以便安全的引入客戶端不了解而忽略的變動。

記錄連結識別字，而非 URL

API 不應該將靜態的 URL 編寫進設計中。特別是當初始服務在測試機台或小型的在線社群上運行的情況下，URL 可能會隨時間變動。如果 API 消費者將明確的 URL 編寫進原始碼，多半會增加其程式碼過時的可能，而且如果 URL 變動時會迫使消費者進行不必要的重新編碼與重新布署週期。

反之，API 設計應該承諾支援命名操作（`shopping CartCheckOut`、`computeTax` 和 `findCustomer`），而不是為這些操作提供確切的位址（例如，*http://api.example.org/findCustomer*）。記錄（依命名承諾的操作）是一個更加穩定和可維護的設計功能。

如果希望現有客戶端忽略新的操作，請將其作為訊息**結構**的一部分（例如，`<findCustomer … />`）。然而，當希望自動解析和／或呈現操作時，偏好的格式可以允許將操作識別字作為訊息語意內容的一部分（例如，`<operation name="findCustomer" … />`）。良好的語意識別字候選者像是 `id`、`name`、`class` 和 `rel`。

發布詞彙，而非模型

「正向模型」（*Canonical Model*）的概念已經有很長的一段時間——特別是在大型企業的 IT 商。希望透過足夠的努力，公司商業領域的一個大模型將被完全的定義和正確的描述，以便所有人（從商業分析師道前端工程師）都能完整的了解整個公司的領域資料。但這從來沒有實現過。

違反正向模型的兩件事（1）範圍和（2）時間。隨著問題的範圍擴大（例如，公司擴張、產品增加等），該模型變得笨重。隨著時間過去，即使是簡單的模型也會經歷修改，而使單一模型視圖複雜化。好消息是有另一種解決此問題的方法：詞彙。

一旦轉向承諾格式而不是物件模型（見 203 頁「承諾媒體類型，而非物件」），提供對 API 領域資料和動作的共享理解工作需要保留在其他地方。此地方是一個**共享的詞彙**。艾瑞克•埃文斯使用名稱普及的語言——領域專家與系統實作者之間共享的常見嚴謹語言。透過專注於共享詞彙，設計者可以不斷的探索領域專家來釐清設計，開發者可以高度信任實作功能並共享資料。

 艾瑞克•埃文斯的書《領域驅動設計》（由愛迪生—威斯利出版社出版）提供了一系列有關範圍界定問題領域的寶貴經驗。雖然本書主要針對透過區域網路支援 OOP 程式碼與基於 XML 訊息的人，但他的 DDD 方法在構建領域的共享語言和標記組件（服務）的邊界方面仍有很大的價值，他稱之為**邊界內文**。

依賴詞彙的另一個重要的原因是可以在詞彙術語和 API 中使用的輸出格式之間，定義一致的綁定規則。例如，可能會記錄詞彙表中的資料元素名稱將永遠出現在 HTML 響應的 class 屬性中和 Collection ＋ JSON 響應的 name 屬性等等。這也有助於 API 提供者和消費者編寫出不受時間影響添加新的詞彙術語時也能正常運作的通用程式碼。

因此，當設計 API 時應該要：

- 承諾媒體類型，而非物件
- 記錄連結識別字，而非 URL
- 發布詞彙，而非模型

伺服器實作者

如同 API 設計者一樣，服務實作者有責任建立一個不受時間變化影響的軟體實作品。這表示必須確保區域服務的變動可以做到沒有任何不必要的複雜性或不穩定性。這也意味著需要確保隨時間過去，服務進行的變動不會破壞現有的客戶端實作品——即使該服務對此實作品一無所知！

維護向後相容來支援隨時間變化的服務實作者的主要原則。基本上，限制變動的型態不會使現有實作品的服務無效。之前已經有看過此原則，例如，在介紹 HTTP 的設計原則（見 199 頁的「HTTP 必須忽略原則」）。

基於此原則，這裡有三個原則用於幫助支援隨時間產生的變動，同時減少破壞現有實作品的可能性。

不要把東西拿掉

維護向後相容服務實作品最重要的方面就是**不要把東西拿掉**，像是操作或資料元件。在 API 專案中，筆者做出了明確的承諾。一旦 API 消費者知道不會拿掉東西時，API 的價值就會提升。這是因為 API 消費者會很放心，即使在 API 中添加新的資料元素和動作，現有的 API 消費者程式碼仍然有效。

實現此承諾的一個重要的原因是因為它允許 API 消費者團隊依照他們的速度來更新。他們不需要停止目前的工作分配或功能來處理在應用程式中使用的某些服務 API 的潛在破壞性變動。這表示在 API 中引入新的元素和動作之前，這些服務不需要等待最慢的 API 消費者團隊。API 更新過程中的鬆散偶合可以促使整體的開發過程更快，因為它可以減少潛在的阻礙情況。

那麼，這種向後相容承諾長什麼樣呢？這是幾年前從 GitHub 上的傑森·魯道夫所學到的一個例子。這就是他們所說的 API 革命性設計的一個例子。他說：

> 當人們建立在我們的 API 之上時，我們確實要求他們在投資建立應用程式的時候可以信任我們。為了獲得這種信任，我們不能「對 API」造成變動而導致他們的程式碼被破壞。

以下是一個革命性設計的例子。它們支援 API 響應並回傳帳戶請求的目前流量限制狀態。如下所示：

```
*** 請求 ***
GET rate_limit
Accept: application/vnd.github+json
```

```
...

*** 響應 ***
200 OK HTTP/1.1
Content-Type: application/vnd.github+json
...

{
  "rate" {
    "limit" : 5000,
    "remaining : 4992,
    "reset" : 1379363338
  }
}
```

隨時間過去，GitHub 團隊了解到這種響應比所需要的更粗糙。原來他們希望將搜尋相關流量限制與典型的核心 API 呼叫分開。所以新的設計如下所示：

```
*** 請求 ***
GET rate_limit
Accept: application/vnd.github+json
...

*** 響應 ***
200 OK HTTP/1.1
Content-Type: application/vnd.github+json
...

{
  "resources" : {
    "core" : {
      "limit" : 5000,
      "remaining : 4992,
      "reset" : 1379363338
    },
    "search" : {
      "limit" : 20,
      "remaining : 19,
      "reset" : 1379361617
    }
  }
}
```

現在，他們遇到了一個困境。他們該如何在不破壞現有實作的狀況下對介面做出重要的變動？他們的解決辦法，非常聰明。不是**改變**響應本體，而是**擴充它**。rate_limit 請求的新響應如下所示：

```
*** 請求 ***
GET rate_limit
Accept: application/vnd.github+json
...

*** 響應 ***
200 OK HTTP/1.1
Content-Type: application/vnd.github+json
...

{
  "rate" : { ❶
    "limit" : 5000,
    "remaining : 4992,
    "reset" : 1379363338
  },
  "resources" : { ❷
    "core" : {
      "limit" : 5000,
      "remaining : 4992,
      "reset" : 1379363338
    },
    "search" : {
      "limit" : 20,
      "remaining : 19,
      "reset" : 1379361617
    }
  }
}
```

請注意 GitHub 對響應所應用的**結構性**變動。原始結構（❶）與新的結構（❷）都出現在響應的訊息中。這導致客戶端不能理解新的、詳細的結構元素（ "resources" ），所以可以安全的忽略此變動。這只是透過不把東西拿掉來實現向後相容的一個例子。響應中的連結與表單也可以採用相同的方法來實作。

不要改變東西的意義

服務提供者的另一個重要的向後相容原則是**不要改變東西的意義**。這意味著，一旦發布一個識別字的連結或表單，該識別字告訴 API 消費者回傳的內容（例如，<a href="…" rel="users" /> 回傳用戶列表），則不應該在使用相同的識別字回傳完全不同的內容（例如，<a href="…" rel="users" />）。連結識別字和／或資料元素一致性地表示對於保持隨時間上的向後相容是非常重要的。

當想要向 API 表示某些新功能的情況下，透過進行**語意的**變動來添加新功能會較好。而且不需要刪除任何現有功能就可以執行。使用上述範例，如果要添加回傳無效用戶列表的功能，最好在維護現有用戶的同時引入額外的連結（和識別字）：

```
*** 請求 ***
GET /user-actions HTTP/1.1
Accept: application/vnd.hal+json
...

**** 響應 ***
200 OK HTTP/1.1
Content-Type: application/vnd.hal+json
...

{
  "_links" : {
    "users" : {"href" : "/user-list"},
    "inactive" : {"href" : "/user-list?status=inactive"}
  }
}
...
```

在使用上述響應來創造一個由人類驅動的 UI 狀況下，兩個連結都將顯示在螢幕上並且運行此應用程式的人可以決定要選擇哪個連結。在只有服務介面的情況下（例如，一些中介層被指派收集用戶列表並以某種獨特的方式處理），所添加的語意訊息（例如，無效的連結）不會被現有的應用程式「知道」而將被安全的忽略。

所有的新東西都是可選的

服務實作者的另一個隨時間變動的重要原則是——**確保所有的新東西都是可選的**。這特別適用於新的參數（例如，過濾器或更新的值）——不被視為必須的元素。此外，為了完成此行程，不需要引入任何新的功能或流程步驟（例如，在登入和登出之間引入新的流程步驟）。

其中一個例子與剛剛描述的 GitHub 例子類似（見第 205 頁「不要把東西拿掉」）。有可能，隨時間過去，將發現在提供大量的資料列表時會需要一些新的過濾器。甚至可能需要引入預設的頁面大小來限制資源的加載時間，並加快 API 的響應速度。在介紹 **page-size** 參數之前先來看看過濾器表單的長相：

```
*** 請求 ***
GET /search-form HTTP/1.1
Accept: application/vnd.collection+json
...
```

```
*** 響應 ***
200 OK HTTP/1.1
Content-Type: application/vnd.collection+json
...

{
  "collection" : {
    "queries" : [
      {
        "rel" : "search"
        "href" : "/search-results",
        "prompt" : Search Form",
        "data" : [
          {
            "name" : "filter",
            "value" : "",
            "prompt" : "Filter",
            "required" : true
          }
        ]
      }
    ]
  }
}
```

引用 **page-size** 參數後一樣的響應如下所示：

```
*** 請求 ***
GET /search-form HTTP/1.1
Accept: application/vnd.collection+json
...

*** 響應 ***
200 OK HTTP/1.1
Content-Type: application/vnd.collection+json
...

{
  "collection" : {
    "queries" : [
      {
        "rel" : "search"
        "href" : "/search-results",
        "prompt" : Search Form",
        "data" : [
          {
```

```
        "name" : "filter",
        "value" : "",
        "prompt" : "Filter",
        "required" : true
      },
      {
        "name" : page-size",
        "value" : "all",
        "prompt" : "Page Size",
        "required" : false
      }
    ]
  }
 ]
 }
}
```

在更新的轉換中，可以看到新的參數（`page-size`）被明確的標記為可選（`"required"` : `false`）。還可以看到被提供的預設值（`"value"` : `"all"`）。這似乎有點不合理。引入更新以限制響應中發送紀錄的數量。那麼為什麼要將預設的值設置為 `"all"` 呢？它被設置為 `"all"` 是因為這是 API 首次被轉換的初始承諾。現在不能更改此請求的結果來包含一些紀錄。這也遵循**不要改變東西的意義**的原則。

因此，作為服務的實作者，透過以下三個原則就可以長期維持向後相容：

- 不要把東西拿掉
- 不要改變東西的意義
- 所有的新東西都是可選的

客戶端實作者

API 的消費者也有責任支援隨時間產生變動的責任，其需要確保為 API 設計者和服務實作者所採用的向後相容功能做好準備。但是在創建穩定的 API 消費者應用程式之前，不需要等待設計者和提供者對他們的工作進行更改。我們可以採用自己的一些原則來創建強大且有彈性的 API 客戶端。最後，還需要幫助 API 設計者和服務提供者了解創建適應性 API 消費者的挑戰，鼓勵他們在創建 API 時採用此處描述的各種原則。

防禦性編碼

API 消費者可以做的第一件事是採用編碼策略，來保護應用免受響應中缺少預期資料元素和／或動作的狀況。使用**防禦性編碼**可以做到這一點。讀者可以想成是遵守**帕斯托定律**（見 198 頁「TCP ／ IP 的強固性原則」）「寬以待人」的原則。有幾個非常簡單的方法可做到這點。

例如，當編寫客戶端程式碼來處理響應時，幾乎總是包含首次檢查元素是否存在的程式碼，之後再嘗試解析它。以下為與本書相關的範例中可能找到的客戶端程式碼：

```
// 處理標題
function title() {
  var elm;

  if(hasTitle(global.cj.collection)===true) { ❶
    elm = domHelper.find("title");
    elm.innerText = global.cj.collection.title;
    elm = domHelper.tags("title");
    elm[0].innerText = global.cj.collection.title;
  }
}
```

可以看到首先檢查 collection 物件是否具有 title 屬性（❶）。如果有，就繼續處理它。

以下是另一個範例，服務響應缺少了預期的元素（❶、❷、❸、❹、❺）時提供預設值並且檢查屬性是否存在（❻）：

```
function input(args) {
  var p, lbl, inp;

  p = domHelper.node("p");
  p.className = "inline field";
  lbl = domHelper.node("label");
  inp = domHelper.node("input");
  lbl.className = "data";
  lbl.innerHTML = args.prompt||""; ❶
  inp.name = args.name||""; ❷
  inp.className = "value "+ args.className;
  inp.value = args.value.toString()||""; ❸
  inp.required = (args.required||false); ❹
  inp.readOnly = (args.readOnly||false); ❺
  if(args.pattern) { ❻
    inp.pattern = args.pattern;
  }
  domHelper.push(lbl,p);
```

```
    domHelper.push(inp,p);

    return p;
  }
```

還有其他防禦性編碼的例子但在此處沒有列出。主要的想法是即使任何給定的響應有缺少預期的元素，也能確保客戶端應用程式可以繼續運行。當這樣做的時候，即使大多數意外的變動也不會導致 API 消費者的程式崩壞。

對媒體類型進行編碼

建造彈性的 API 消費者應用程式的另一個重要的原則是**對媒體類型進行編碼**。基本上，與第三章**表示器範式**中討論的方法相同。不過這次，不是專注於創建一種將內部領域資料轉換為標準訊息格式（透過**訊息翻譯器**），而是以 API 消費者為目標：將標準化的訊息格式轉換為有用的內部領域模型。這樣做，可以在很大的程度上保護客戶端應用程式免受服務響應中的語意與結構性變動。

對於本書中實作的客戶端範例，將媒體類行訊息（HTML、HAL、Cj 和 Siren）轉換為相同的內部領域模型：HTML「文件物件模型」（DOM，Document Object Model）。DOM 是一個一致的模型，編寫客戶端的 JavaScript 是大多數基於瀏覽器 API 客戶端的運作方式。

以下是簡短的程式碼片段，展示如何將 Siren entities 轉換為 HTML DOM 物件以便在瀏覽器中呈現：

```
// 物體
function entities() {
  var elm, coll;
  var ul, li, dl, dt, dd, a, p;

  elm = domHelper.find("entities");
  domHelper.clear(elm);

  if(global.siren.entities) {
    coll = global.siren.entities;
    for(var item of coll) {
      segment = domHelper.node("div");  ❶
      segment.className = "ui segment";

      a = domHelper.anchor({  ❷
        href:item.href,
        rel:item.rel.join(" "),
        className:item.class.join(" "),
```

```
        text:item.title||item.href});
      a.onclick = httpGet;
      domHelper.push(a, segment);

      table = domHelper.node("table"); ❸
      table.className = "ui very basic collapsing celled table";
      for(var prop in item) {
        if(prop!=="href" &&
          prop!=="class" &&
          prop!=="type" &&
          prop!=="rel") {
          tr = domHelper.data_row({ ❹
            className:"item "+item.class.join(" "),
            text:prop+" ",
            value:item[prop]+" "
          });
          domHelper.push(tr,table);
        }
      }
      domHelper.push(table, segment, elm); ❺
    }
  }
}
```

在此範例中使用 HTML DOM 可能會有點困難，因為使用一個幫助的類別（domHelper 物件）來存取大多數的 DOM 函數。但是可以看到對於每個 Siren entity 筆者創建了一個 HTML div 標籤（❶）。然後為每個項目創建一個 HTML 錨標籤（❷）。設置一個 HTML <table> 來保存 Siren entity 的屬性（❸），並為每個 <table> 添加一個新的表行（<tr>）（❹）。最後，完成表中所有行後，將結果添加到 HTML 頁面以進行顯示（❺）。

這能夠運作是因為本書中所有實作範例都適用於常見的 HTML 瀏覽器。對於目標是移動設備或是本機電腦應用程式的情況時，需要制定另一種策略。有一種處理這種情況的方法是為每個平台創造反向表示器。換句話說，也就是為 iOS、Android 和 Windows 等移動裝置創建自定義的 Format-to-Domain 處理程序。那麼對於 Linux、Mac 和 Windows 等電腦來說也是如此。這可能會變的乏味。這就是為麼使用瀏覽器 DOM 仍然很吸引人，以及為什麼一些移動應用程式依賴於 Apache Cordova、Mono、Appcelerator 和其他跨平台開發環境等工具。

客戶端表示器

在撰寫本文時，花了很多努力在建造客戶端表示器函式庫——這為第三章表示器範式中概述範例的反向。Apiary 團隊正在開發 Hyperdrive 專案（*http://g.mamund.com/hhdno*）。超媒體專案（*http://g.mamund.com/zfxno*）是 Microsoft.NET 特定的工作。喬希 • 卡利斯（作為筆者的貢獻者）已經開始一個名為 Rosetta（*https://github.com/ubiquitary*）的專案。最後，Yaks（*https://github.com/plexus/yaks*）專案是一個獨立的 OSS，旨在創建一個框架包含支援新格式插件的表示器範式。當閱讀此書時可能還會有更多的專案。

利用 API 詞彙

一旦開始建造**對媒體類型進行編碼**的客戶端時，會發現仍然需要知道響應中出現的特定領域的詳細訊息。像是：

- 此響應是否包含要求的用戶列表？

- 如何找到所有無效的客戶？

- 哪些發票紀錄過期了？

- 有沒有辦法找到倉庫中不再有存貨的所有商品？

所有這些問題都是**領域特定**的，並不與任何單一響應格式（如 HAL、Cj 或 Siren）有關。HTML 瀏覽器如此強大的原因之一是，瀏覽器原始碼不需要知道關於會計的內容以便託管一個會計應用程式。這是因為使用瀏覽器的**使用者**知道這些東西。瀏覽器只是人類使用者的**代理人**。對於許多 API 客戶端案例而言，有個人類**使用者**可以解釋並對 API 響應中的領域特定訊息採取行動。但是，有些情況下 API 客戶端不是直接的**使用者**代理人。相反的，它只是一個中介層組件或工具應用程式自己負責某些工作（例如，找到所有過期的發票）。在這種情況下，客戶端應用程式需要有足夠的領域訊息才能完成任務。而這就引入了 API 詞彙。

有些專案專注於 WWW 上記錄和分享領域特定的詞彙。其中最著名的一個例子之一就是 Schema.org 專案（發音為 *schema dot org*）。Schema.org 包含各種領域的常用術語列表。Google 和 Microsoft 等大型的 web 公司使用 Schema.org 詞彙來驅動部分系統。

豐富的詞彙

除了 Schema.org（*http://schem.org*），還有其他詞彙，例如 IANA 連結關係註冊表（*http://g.mamund.com/poysh*）、微格式（*http://microformats.org*）組織和都柏林核心詮釋資料組織或稱 DCMI（*http://dublincore.org*）。幾位同事和筆者一直在研究應用層級配置語意或簡稱 ALPS（*http://alps.io*）的網路草案。

筆者在本書中沒有使用詞彙表並鼓勵讀者自行查看和其他類似的詞彙，以便進一步了解如何在客戶端應用程式中使用它們。

那麼這會長什麼樣子呢？如何使用詞彙表讓 API 客戶端能夠安全的執行？基本上，需要「教會」API 消費者根據一些編寫進領域的知識來執行任務。例如，可能想要創建一個 API 消費者，它使用一個服務來尋找過期的發票，然後將該訊息傳遞給另一個服務以進一步處理。這表示 API 消費者必須「知道」發票以及「過期」的意思。如果使用的 API 已經發布一個詞彙表，就可以看看需要執行工作的資料和動作元素識別字是什麼。

給個例子，這裡發布的詞彙看起來可能像簡化的 ALPS XML 文件：

```xml
<alps>
  <doc>Invoice Management Vocabluary</doc>
  <link rel="invoice-mgmt" href="api.example.org/profile/invoice-mgmt" />

  <!-- data elements -->
  <descriptor id="invoice-href" />
  <descriptor id="invoice-number" />
  <descriptor id="invoice-status">
    <doc>Valid values are: "active", "closed", "overdue"</doc>
  </descriptor>

  <!-- actions -->
  <descriptor id="invoice-list" type="safe" />
  <descriptor id="invoice-detail" type="safe" />
  <descriptor id="invoice-search" type="safe">
    <descriptor href="#invoice-status" />
  </descriptor>
  <descriptor id="write-invoice" type="unsafe">
  <descriptor href="#invoice-href" />
  <descriptor href="#invoice-number" />
  <descriptor href="#invoice-status">
  </dscriptor>
</alps>
```

ALPS 規範只是用於捕捉或表達詞彙的一種配置樣式,可以訪問 alps.io 了解有關 ALPS 規範的更多訊息。另外兩個值得探索的是 XMDP(XHTML 元資料配置文件)和都柏林核心應用配置文件(DCAP)。

現在當建立客戶端應用程式時,筆者知道可以「教會」該應用程式了解如何處理發票紀錄(invoice-number 和 invoice-status),並知道如何搜尋過期的發票(使用 search-invoice 並將 invoice-status 值設成 "overdue")。整體所需要的是服務的起始位址以及識別和執行搜尋過期發票的能力。範例虛擬碼可能看起來如下所示:

```
:: DECLARE ::
search-link = "invoice-search" ❶
search-status = "overdue"
write-invoice = "write-invoice"
invoice-mgmt = "api.example.org/profile/invoice-mgmt"

search-href = "http://api.example.org/invoice-mgmt"
search-accept = "application/vnd.siren+json"

write-href = "http://third-party.example.org/write-invoices"
write-accept = "application/vnd.hal+json"

:: EXECUTE ::
response = REQUEST(search-href AS search-accept)
IF(response.vocabulary IS invoivce-mgmt) THEN ❷
  FOR-EACH(link IN response)
    IF(link IS search-link) THEN
      invoices = REQUEST(search-link AS search-accept WITH search-status) ❸
      FOR-EACH(link IN invoices)
        REQUEST(write-href AS write-accept
          FOR write-invoice WITH EACH invoice) ❹
      END-FOR
    END-IF
  END-FOR
END-IF

:: EXIT ::
```

雖然這只是虛擬碼,不過可以看到應用程式已經加載了領域特定的訊息(❶)。然後,在進行初始請求後,檢查響應以查看是否允許使用 invoice-mgmt 詞彙(❷)。如果允許,應用程式將在響應中搜索所有連結來找到 search-link;如果找到,則執行搜索所有狀態為 overdue 的發票(❸)。最後,如果在該搜索中回傳任何發票,則使用 write-invoice 動作將其發送到新服務(❹)。

這裡要注意的是防禦性編碼的顯現（if 語句），而程式碼只記錄了初始的 URL —— 剩餘的 URL 來自響應本身。

利用 API 詞彙意味著可以關注於重要的方面（資料元素或動作）而不用擔心通道的細節，例如 URL 匹配、記住文件中資料元素的確切位置等。

對流程的連結關係做出反應

將在這裡介紹的最後一個客戶端實作原則是**對流程的連結關係做出反應**。這表示在解決多步驟問題時，專注於所選擇的連結關係值而不是編寫記住固定步驟的客戶端應用程式。這是很重要的，因為記住一組固定的步驟是一種客戶端**緊密綁定**的事件，這些事件可能由於暫時的上下文問題而在執行期不會發生（例如，服務的一部分停止維護、登入的使用者不再具有其中一個步驟的權限等）。或者隨時間過去，可能會引入新的步驟或服務中事件的**順序**會改變。這些都是不要將多個細節編寫進客戶端應用程式的原因。

 可能會意識到不記住步驟的原則是第五章可重複使用的客戶端應用程式的挑戰中的路徑尋找器與地圖製造器之間的區別。

取而代之，由於使用的服務還遵循記錄連結識別字、發布詞彙和不要把東西拿掉的 API 原則，可以實作受過訓練的客戶端以尋找適當的識別字並使用字彙訊息來了解每個操作需要傳遞哪些資料元素。現在，即使連結在響應中移動（甚至轉移到不同的響應中），客戶端仍然能夠在未來完成目標。

實現對連結做出反應原則的一種方法是隔離客戶端需要採取的所有重要動作，並將其簡單的實作為獨立的無狀態操作。一旦完成，可以編寫一個常式（1）提出請求，和（2）檢查已知動作之一的請求，並在發現時，執行辨認動作。

以下是筆者為 2011 年的書《*Building Hypermedia APIs*》中創建類似 Twitter 的機器人引言的範例：

```
/* 這些是機器人可以做到的事 */
function processResponse(ajax) {
  var doc = ajax.responseXML;

  if(ajax.status===200) {
    switch(context.status) {
      case 'start':
        findUsersAllLink(doc);
        break;
```

```
        case 'get-users-all':
          findMyUserName(doc);
          break;
        case 'get-register-link':
          findRegisterLink(doc);
          break;
        case 'get-register-form':
          findRegisterForm(doc);
          break;
        case 'post-user':
          postUser(doc);
          break;
        case 'get-message-post-link':
          findMessagePostForm(doc);
          break;
        case 'post-message':
          postMessage(doc);
          break;
        case 'completed':
          handleCompleted(doc);
          break;
        default:
          alert('unknown status: ['+g.status+']');
          return;
      }
    }
    else {
      alert(ajax.status);
    }
  }
```

在上述範例中，這個常式不斷的監視應用程式的目前內部 context.status，並且當它從一個狀態轉變為另一個狀態時，應用程式知道目前響應中要尋找的內容和／或為了進入下一步努力達到最終目標。對於此機器人，目標是向可用的社交媒體發布至理名言。這個機器人還知道它可能需要進行身分認證才能存取資料來源，甚至可能需要創建一個新的用戶帳戶。請注意在這裡使用 JavaScript switch⋯case 結構。沒有將執行順序概念寫進程式碼——只是一組可能的狀態和相關的操作來嘗試執行。

以這種方式編寫客戶端可以創建中介層組件，它可以實現設定目標而不會強制客戶端記住特定的事件順序。這意味著即使事情的順序隨時間過去而變動——只要變動是以向後相容的方式進行——此客戶端仍然可以完成其分配的任務。

所以，實作支援隨時間變動的客戶端的一些有價值原則包括：

- 防禦性編碼

- 對媒體類型進行編碼

- 利用 API 詞彙

- 對流程的連結關係做出反應

本章總結

本章的重點是處理 web API 隨時間變動的挑戰。參考了三個關鍵的 web 相關領域的計畫和處理變化的例子：TCP ／ IP 和帕斯托定律、HTTP 和「必須忽略」原則，以及支援 HTML 設計的向後相容承諾。之後介紹了可以在設計 API、實作 API 服務及建造消費者 API 的客戶端應用程式時使用的一些通用原則。

本章的關鍵訊息是變動勢不可避免的，處理變動的方式是提前規劃，而所有的變動都不會破壞介面。最後，學習到成功的組織採取的**變動美學**──一個相關原則的集合有助於指引 API 設計、告知服務實作者，並鼓勵 API 消費者努力保持向後相容性。

鮑伯與卡蘿

 「嗨，鮑伯。我們來討論一下你是如何處理我們上週討論的版本控制工作。」

「嘿，卡蘿。嗯，我們發現了一些類似於上次聚會中提到的例子。TCP ／ IP 的帕斯托定律、HTTP 的必須忽略原則與提姆・伯納・李的關於 HTML 解析器應該忽略不了解的東西。」

 「所以，這是 25 或更多年來處理變動從未使現有實作失效的例子。真是振奮人心！但是這些都是傳輸層的規格。我們的挑戰是應用程式領域層級，對吧？」

「是的。這肯定會讓事情更有趣——但不是完全不可能。雖然 TCP ／ IP 和 HTTP 的實際實作細節可能不同，但其背後的原則也適用於 API 各方面的設計與實作。」

「很好，所以我們可以忽略所有的版本控制工作並且繼續往前。」

「不完全是。我們確定了一些關於如何處裡隨時間變動的重要指導原則，我們將與所有團隊分享。它專注於確保所有服務 API 變動都可以向後相容。」

「這就是關鍵，沒錯吧，鮑伯？以向後相容為關鍵原則，團隊可以添加新功能並豐富資料響應，而不會破壞現有的應用程式。」

「沒錯。我已經將原則列表寄送給妳，我們將其納入與大家分享的指導文件中。」

「聽起來不錯。對了，在上次討論中你答應要給我的新功能是什麼？」

「哦，妳沒聽說嗎？我們昨天已經發布到產品中了。我想妳沒注意到是因為我們沒有破壞任何現有的客戶端。」

「做得好，鮑伯。非常好。」

參考資源

1. 布萊茲・帕斯卡的賭注與不確定性的性質和機率理論有關。維基百科是個適合了解他的賭注理論的好管道 (*http://g.mamund.com/jfbth*)。

2. 艾倫・凱在 2011 年關於 *Programming and Scaling* 的演說中 (*http://g.mamund.com/cxmbf*) 包含了多年來 TCP ／ IP 如何更新和改進,而不必「停止」網際網路。

3. TCP ／ IP 被記錄在兩個關鍵的 IETF 文件中:RFC793 (*http://g.mamund.com/dqgcy*) (TCP)和 RFC791 (*http://g.mamund.com/bqgcy*) (IP)。

4. 客戶端對於偏差伺服器的容錯機制注意事項,可以在 W3C 的 HTTP 協定 (*http://g.mamund.com/pppyd*) 檔案頁面查看。

5. RFC1945 (*http://g.mamund.com/soofi*) 的 IETF 規範文件包含「必須忽略」原則的 8 個獨立範例。HTTP 1.1 (*http://g.mamund.com/cdzjr*) 規範(RFC2616)中有超過 30 個範例。

6. 大衛・歐喬在 2003 年的部落格文章《Versioning XML Vocabularies》 (*http://g.mamund.com/kpvcu*) 說明了一些有價值的「必須忽略」範式。

7. 提姆・伯納・李於 1992 年的標記檔案 (*http://g.mamund.com/xmwxe*) 對於那些最早期待 HTML 的人來說是個很重要的來源。

8. 2119 關鍵字可以在 IETF 的 RFC2119 (*http://g.mamund.com/qqflb*) 中找到。

9. 《*Software Architecture in Practice*》是由萊恩・貝斯、保羅・克萊門茲和里克・卡斯曼所撰寫。

10. 筆者從傑森・魯道夫的 Yandex 2013 的演講「GitHub 的 API 設計」中學習到有關 GitHub 向後相容的方法。在撰寫本文時,影片 (*http://g.mamund.com/whhgx*) 與投影片 (*http://g.mamund.com/rutmz*) 仍可在線上看到。

11. Schema.org 的內容包含於網站 (*http://schema.org*)、W3C 社群網站 (*http://g.mamund.com/stqcc*)、GitHub repo (*http://g.mamund.com/rfvbu*) 與線上討論區 (*http://g.mamund.com/xxxgn*)。

12. 《*Building Hypermedia APIs*》(由 O'Reilly 出版)與本書相搭配。那本書專注於伺服器端的 API 設計實作細節。

13. 都柏林核心應用配置文件（DCAP）規格「包含元資料創建者與元資料開發者的明確規範」。可以在此處閱讀更多訊息（*http://dublincore.org/documents/profile-guidelines/*）。

14. 2003 年，Tantek Celik 定義了 XHTML 元資料配置文件（XMDP）。它支援定義人類與機器可讀的配置文件。此規範可以在線上找到（*http://gmpg.org/xmdp*）。

Collection + JSON 客戶端

「人類與較低級靈長類的不同在於人類熱衷於列表。」

—— H・艾倫・史密斯

鮑伯與卡蘿

「嘿，卡蘿，我一直在研究 Collection + JSON 超媒體格式，想知道它是否可以幫助我們尋求更適應的 API 客戶端。」

「真有趣，你提到了 Cj，鮑伯。我的團隊也告訴我這或許是有希望的。」

「是的。我注意到 Cj 看起來很像 Siren 和 HAL，但是文件中也有一些關於 CRUD 範式的東西，類似於妳的純 JSON 客戶端。」

「沒錯！而且，連帶支援CRUD，Cj 支援類似於 Siren 中動作元素的模板。」

「我對 Cj 在項目集合中發送資料的方式保持懷疑的態度。」

「對，Cj 需要為每個領域物件添加額外的元資料，並且很難將我們的領域物件簡單的反序列化為響應，就如同我們在 Siren 和 HAL 中做的一樣。」

「嗯，這對於伺服器端的表示器來說會有更多的工作，而且客戶端的負荷更重。我想知道我們是否需要所有的描述。」

「據目前了解，Cj 有效負載不比我們典型的 HTML 的有效負載來得大，鮑伯。」

「嗯。我想知道是否元資料提供了我們看不到的重要內容？」

「沒錯，我的團隊中有些人認為額外的元資料會提高適應性。」

「好的，我們來試試看吧。我的團隊可以很快的建造一個 Cj 表示器。妳的團隊應該可以創建一個簡單的 Cj 客戶端，對吧，卡蘿？」

「是的。讓我們看看這一星期會發生什麼事。」

「好的，卡蘿。我們開始吧！」

將介紹本書中最後一個超媒體格式 Collection ＋ JSON（Cj）格式。它與 HAL（見第四章）和 Siren（見第六章）有相似之處，但也具有其獨特的方法。Cj 格式從一開始就被設計為列表樣式格式——用於回傳紀錄列表。正如我們下一節所見，不是只有這一點，而是 Cj 主要在處理列表。

Cj 還從目前大多數 web API 客戶端使用的經典 CRUD 範式中得到啟示。在第二章中學到的部份知識也適用於 Cj 客戶端。

在本章中,將簡要的介紹格式設計、Cj 表示器程式碼和 Cj 常見的客戶端。接下來,正如其他客戶端實作一樣,將介紹一些變動以查看 API 客戶端在後端 API 執行向後相容的變動時如何支援。

最後,一定要檢查 OAA 挑戰的進展狀況。雖然 HAL 擅長處理 **ADDRESS** 而 Siren 對 **ACTION** 有很大的支援,但是 Cj 旨在滿足 **OBJECT** 的挑戰——在執行期共享領域物件的元資料。而且,將會看到 Cj 透過一個新穎的解決方法來滿足 **OBJECT** 的挑戰——讓客戶端—伺服器經驗無關的方式。

Collection + JSON 格式介紹

筆者在 2011 年設計並發布 Collection + JSON 格式——同一年,麥克•凱利發布了他的 HAL 規範。Collection + JSON(又名 Cj)旨在輕鬆的管理如部落格文章、客戶紀錄、產品、使用者等等的資料列表。Cj 規範頁面顯示的描述如下:

> 〔Cj〕類似於 Atom 聯合格式(RFC4287)Atom 出版協定(RFC5023)。但是,Collection + JSON 在單一媒體類型中定義了格式和協定語意。〔Cj〕還包含支援查詢模板,並且透過寫入支援寫入模板。

可以把 Cj 想為它是添加了表單的 Atom 格式的 JSON 版本(見圖 8-1)。好消息是 Cj 遵循 Atom 的支援 CRUD 範式。這意味著大多數開發者可以很容易的理解 Cj 的讀／寫語意。Cj 的附加優點是它具有過濾資料(使用 Cj 的 queries 元素)和用於更新伺服器內容(透過 template 元素)的類似 HTML 描述表單的元素。但是,如下面內容所述,使用 template 元素的方式可能是個挑戰。

 讀者可以在線上的 Cj 文件找到更完整的 Collection + JSON 媒體類型的描述,還有一個 Cj 討論列表和 GitHub 組織分享了額外的訊息。詳細訊息請見本章文末第 276 頁的「參考資源」。

圖 8-1　Collection + JSON 文件模型

每個 Cj 訊息的基本元素如下所示：

連結

　　一組一個或多個 link 元素。這些與 HAL 和 Siren link 元素非常相似。

項目

　　一個或多個資料項目——基本上市 API 領域物件。Cj 的 items 與 HAL 和 Siren 的 properties 相似。

查詢

　　這些基本上市 HTML 的 GET 表單。Cj 的 queries 就像是 HAL 的模板連結和 Siren 的 action 元素（method 設置為 GET）。

模板

在 Cj 中，所有的寫入操作（HTTP POST 和 PUT）都是使用 template 元素完成的。它包含一個或多個 data 物件——每個物件都像是 HTML 的 input 元素。同樣的，這與 Siren 的 action 元素相似。HAL 沒有任何與 Cj 的 template 匹配的內容。

Cj 還有一個用於回傳錯誤訊息的 error 元素和用於回傳自由格式文本和標記的 content 元素。不過在此處不會介紹。讀者可以參考 Cj 文件來閱讀它們（見 276 頁「參考資源」）。

以下是一個簡單的 Collection ＋ JSON 訊息範例，展示出 Cj 文件主要包含 links（❶）、items（❷）、queries（❸）和 template（❹）：

```
{
  "collection": {
    "version": "1.0",
    "href": "http://rwcbook12.herokuapp.com", ❺
    "title": "TPS - Task Processing System",
    "links": [ ❶
      {
        "href": "http://rwcbook12.herokuapp.com/",
        "rel": "collection",
        "prompt": "All task"
      }
    ],
    "items": [ ❷
      {
        "rel": "item",
        "href": "http://rwcbook12.herokuapp.com/1sv697h2yij",
        "data": [
          {"name": "id", "value": "1sv697h2yij", "prompt": "id"},
          {"name": "title", "value": "Marina", "prompt": "title"},
          {"name": "completed", "value": "false", "prompt": "completed"}
        ]
      },
      {
        "rel": "item",
        "href": "http://rwcbook12.herokuapp.com/25ogsjhqtk7",
        "data": [
          {"name": "id", "value": "25ogsjhqtk7", "prompt": "id"},
          {"name": "title", "value": "new stuff", "prompt": "title"},
          {"name": "completed", "value": "true", "prompt": "completed"}
        ]
      }
    ],
```

```
    "queries": [ ❸
      {
        "rel": "search",
        "href": "http://rwcbook12.herokuapp.com/",
        "prompt": "Search tasks",
        "data": [
          {"name": "title", "value": "", "prompt": "Title"}
        ]
      }
    ],
    "template": { ❹
      "prompt": "Add task",
      "rel": "create-form",
      "data": [
        {"name": "title", "value": "", "prompt": "Title"},
        {"name": "completed", "value": "false", "prompt": "Complete"}
      ]
    }
  }
}
```

Cj 文件的另一個重要的屬性是根源層級的 href（見❺）。使用 href 的值將新的記錄添加到 items 集合。在介紹 template 元素時將會有更多的討論（見第 231 頁的「模板」）。

連結

Cj 文件中的 links 元素都是一個有效的 JSON 陣列，它包含一個或多個 link 物件。重要的 link 屬性包含 href、rel 和 prompt。這些工作類似於 HTML 的 `<a>…</a>` 標籤的操作——用於 HTTP 的 GET 動作的靜態 URL：

```
"links": [
  {
    "href": "http://rwcbook12.herokuapp.com/home/",
    "rel": "home collection",
    "prompt": "Home"
  },
  {
    "href": "http://rwcbook12.herokuapp.com/task/",
    "rel": "self task collection",
    "prompt": "Tasks"
  },
  {
    "href": "http://rwcbook12.herokuapp.com/user/",
    "rel": "user collection",
```

```
      "prompt": "Users"
    }
  ]
```

在 Cj 中，links 區段通常保存與目前文件相關的連結，或是以人為中心的 UI，在目前的螢幕或網頁。除了應用程式的重要導航連結（見先前的範例），links 區段可能包含頁面層級導航（first、previous、next 和 last）或是其他類似的連結。

Cj link 物件的另一個方便的屬性是 render 屬性。它告知消費者應用程式該如何對待連結。例如，如果 render 的值被設定為 "none"，客戶端應用程式就不會顯示連結。當傳遞像 CSS 樣式表、配置 URL 或其他訊息類型的 link 元素時就很方便：

```
  "links": [
    {
      "href": "http://api.example.org/profiles/task-management",
      "rel": "profile",
      "render" : "none"
    }
  ]
```

項目

Cj 文件中最獨特的元素應該就是 item 區段了。item 區段類似於 HAL 根源層的 properties 和 Siren 的 properties 物件。Cj items 包含響應中的領域物件，像是使用者、客戶、產品等。然而與 HAL 和 Siren 表達領域物件的方法不同，Cj 具有高度的結構化方法。HAL 和 Siren 將其領域物件表示為簡單的名稱／值配對，或是在 Siren 的情況時，表示為 subentities。而 HAL 和 Siren 都支援發送巢狀 JSON 物件作為屬性。但是 Cj 不會這樣做，有些失望但卻很自由。

下述範例為表示使用者物件的 Cj item：

```
  {
    "rel": "item http://api.example.org/rels/user",
    "href": "http://api.example.org/user/alice", ❶
    "data": [ ❷
      {"name": "id", "value": "alice", "prompt": "ID", "render":"none"},
      {"name": "nick", "value": "alice", "prompt": "Nickname"},
      {"name": "email", "value": "alice-ted@example.org", "prompt": "Email"},
      {"name": "name", "value": "Alice Teddington, Jr.", "prompt": "Full Name"}
    ],
    "links": [ ❸
      {
        "prompt": "Change Password",
```

```
      "rel": "edit-form http://api.example.org/rels/changePW",
      "href": "http://api.example.org/user/pass/alice"
    },
    {
      "prompt": "Assigned Tasks",
      "rel": "collection http://api.example.org/rels/filterByUser",
      "href": "http://api.example.org/task/?assignedUser=alice"
    }
  ]
}
```

如範例所示，Cj item 包含 rel 和 href（❶）、一個 data 元素列表（❷），以及可以包含與該 item 相關的唯讀動作的一個或多個 link 元素（❸）。Cj 表示項目屬性（id、nick、email 和 name）在本書涵蓋的格式中是獨一無二的。Cj 文件不僅回傳屬性識別字和值（例如，"id":"alice"），還可以回傳建議的 prompt 屬性。Cj 還支援其他屬性，包含 render 以幫助客戶端決定是否在螢幕上顯示屬性。這種高度結構化的格式讓它可以發送關於每個屬性與物件的領域資料和元資料。正如在開始 Cj 客戶端應用程式時所看到的，當創造以人為中心的介面時被添加的資料將會派上用場。

每個 Cj item 中的 link 集合包含一個或多個靜態的**安全**（唯讀）連結，像是根源層級的 links 集合。此空間可以用於傳遞 Cj 響應中的項目層級連結。例如，在上述程式碼片段中，可以看到指向用於更新用戶密碼的表單連結和指向與該 user 物件相關的過濾任務列表的連結。項目層級 link 區段是可選的並且出現在集合中的任何連結必須被視為安全的（例如，使用 HTTP GET 解引用）。

查詢

Collection ＋ JSON 中的 queries 旨在保存具有一個或多個參數的安全請求（例如，HTTP GET）。這些類似於 HTTP 表單 method 屬性設置為 GET。Cj 文件中的 queries 區段是一個包含一個或多個查詢物件的陣列。它們看起來類似於 Cj 的連結物件，但是也可以具有關聯的 data 陣列。

下述為一個範例：

```
{
  "rel": "search",
  "name" : "usersByEmai",
  "href": "http://api.example.org/user/",
  "prompt": "Search By Email",
  "data": [
    {
```

```
      "name": "email",
      "value": "",
      "prompt": "Email",
      "required": "true"
    }
  ]
}
```

在上述範例可以看到，Cj 查詢物件具有 rel、name、href 和 prompt 屬性。還可以有一個或多個 data 元素。data 元素類似於 HTML 的 input 元素。除了 name、value 和 prompt 屬性之外，data 元素可以具有 requires 和（在前面的範例沒有顯示）readOnly 與 pattern 屬性。這些屬性可以幫助服務向客戶端發送關於查詢參數的額外元資料。

請注意，Cj 查詢物件沒有一個屬性來指示執行查詢時要使用哪個 HTTP 方法。那是因為 Cj 查詢總是使用 HTTP GET 方法。

還有一個類似於 HTTP FORM 的 Cj 元素：template 元素。

模板

Cj 的 template 元素看起來類似於 Cj 的 queries 元素——但它甚至更小。它只有一組一個或多個 data 元素。這些 data 元素表示寫入動作的輸入參數（例如，HTTP POST 或 PUT）。來看一下 Cj template 的樣子：

```
"template": {
  "prompt": "Add Task",
  "data": [
    {"name": "title", "value": "", "prompt": "Title", "required": "true"},
    {"name": "tags", "value": "", "prompt": "Tags"},
    {"name": "completeFlag", "value": "false", "prompt": "Complete",
      "patttern": "true|false"}
  ]
}
```

template 元素可以有一個可選的提示，但是 template 最重要的部分是描述寫入操作可能輸入的參數 data 陣列。與 Cj queries 和 items 中顯示的 data 元素一樣，template 的 data 元素包括 name 和 value 屬性。而且，像 data 元素的 queries 版本一樣，它們可以具有額外的元資料屬性，包括 readOnly、required 和 pattern。pattern 元素的運作方式與 HTML pattern 屬性相同。

Cj template 中在寫入操作上有缺少兩個重要方面：（1）目標 URL，和（2）HTTP 方法。這是因為在 Cj 中，template 適用於 CRUD 模型的兩個不同部分：創建和更新。請求的執行方式取決於客戶端應用程式要怎麼做。

使用 Cj 模板來創造新的資源

當用於創建集合的新成員時，客戶端應用程式會填充模板，之後使用 HTTP POST 做為方法將 Cj 文件的 href 值當作目標 URL。

例如，使用本章開頭顯示的 Cj 文件（見第 225 頁「Collection + JSON 格式介紹」），客戶端應用程是可以從用戶收集輸入並發送 POST 請求以添加新的 task 紀錄。

HTTP 請求如下所示：

```
*** 請求 ***
POST / HTTP/1.1 ❶
Host: http://rwcbook12.herokuapp.com
Content-Type: application/vnd.collection+json
...

"template": {
  "data": [
    {"name": "title", "value": "adding a new record"},
    {"name": "tags", "value": "testing adding"},
    {"name": "completeFlag", "value": "false"}
  ]
}
```

 Cj 規範表示客戶端可以發送 template 區塊（如前面範例所示）或只發送 data 物件陣列，且伺服器應該都要接收。此外，伺服器應該接收包含 prompts 和其他屬性的 data 物件，並且忽略它們。

從前面的範例可以看到，Cj 文件 href 的 URL 和 HTTP POST 方法一起用於向 Cj 集合添加一個新的資源。

使用 Cj 模板來更新已經存在的資源

當客戶端應用程式想要更新現有的資源時，它們會使用 HTTP PUT 方法和 item 的 href 屬性進行更新。通常，客戶端應用程式將自動使用現有項目的值來填充 template.data 陣列，允許用戶修改資料後執行 PUT 請求將更新資訊發送到伺服器：

```
*** 請求 ***
PUT /1sv697h2yij HTTP/1.1 ❶
Host: http://rwcbook12.herokuapp.com
Content-Type: application/vnd.collection+json
...
"template": {
  "data": [
    {"name": "id", "value": "1sv697h2yij"},
    {"name": "title", "value": "Marina Del Ray"},
    {"name": "completed", "value": "true"}
  ]
}
```

請注意（在❶），項目 href 屬性的 URL 與 HTTP PUT 方法一起使用。這就是 Cj 客戶端使用 template 來更新現有 item 的方式。

所以——一個模板，兩種方法來使用它。這就是 Cj 描述寫入操作的方式。

錯誤

Collection ＋ JSON 設計還包含了一個 error 元素。這是用於將特定領域的錯誤訊息從伺服器傳遞給客戶端。例如，如果無法找到資源或嘗試更新現有紀錄卻失敗時，伺服器可以使用 error 元素回傳不僅只有 HTTP 404 或 400 訊息。它可以回傳問題的文本描述，甚至包含如何解決問題的建議。

例如，如果有人嘗試將 TPS 任務分配給不存在的用戶，則伺服器可能的回覆如下所示：

```
{
  "collection": {
    "version": "1.0",
    "href": "//rwcbook12.herokuapp.com/error/",
    "title": "TPS - Task Processing System",
    "error": {
      "code": 400,
      "title": "Error",
      "message": "Assigned user not found (filbert). Please try again.",
      "url": "http://rwcbook12.herokuapp.com/task/assign/1l9fz7bhaho"
    }
  }
}
```

如同先前所提到的，Cj 文件中還有一些其他的元素和屬性但是在這裡不會介紹。讀者可以在本章末的參考資源中所列出的線上網站來查看完整規格（見第 276 頁「參考資源」）。

重點摘要

到目前為止，可以看到三種特色的超媒體類型（HAL、Siren 和 Cj）有幾個共同點。像 HAL 和 Siren 一樣，Cj 有一個用於傳達 **ADDRESS** 的元素（links）。而且，像 Siren 一樣，Cj 的 queries 和 template 元素在響應中傳達 **ACTION** 元資料。所有這三種都有一種方法來傳達領域特定的 **OBJECT**（HAL 根源層級屬性、Siren 的 properties 物件與 Cj 的 items 集合）。Cj 的 items 集合是唯一的，因為它包含有關領域物件中每個屬性的元資料（例如，prompt、render 等）。這提高了 Cj 處理 OAA 挑戰中 **OBJECT** 方面的能力。當建構 Cj 客戶端應用程式時會再次討論這個問題。

現在，有足夠的背景知識來介紹 Cj 表示器，之後來看看 Cj 客戶端 SPA 的程式碼。

Collection ✚ JSON 表示器

與其他格式相同，編碼 Cj 表示器的過程是將內部資料表示法（以 WeSTL 物件的形式）轉換為有效的 Collection ✚ JSON 文件。而且，像其他表示器一樣，只需要大約 300 行的 NodeJS 來建立一個功能完整個模組，以產生有效的 Cj 響應。

 Cj 表 示 器 的 原 始 碼 可 以 在 相 關 的 GitHub repo（*https://github.com/ RWCBook/cj-client*）中找到。本節中描述 TPS API 的 Cj 運行版本可以在線上找到（*http://rwcbook12.herokuapp.com/task/*）。

以下是 Cj 表示器程式碼快速瀏覽的重點。

頂層處理迴圈

Cj 表示器的頂層處理迴圈非常簡單。首先初始化一個空的 collection 物件（以 JSON 來表示 Cj 文件），之後使用每個主要的 Cj 元素填充此物件：

- 連結
- 項目
- 查詢

- 模板

- 錯誤（如果需要）

```
function cj(wstlObject, root) {
  var rtn;

  rtn = {};
  rtn.collection = {}; ❶
  rtn.collection.version = "1.0";

  for(var segment in wstlObject) {
    rtn.collection.href = root+"/"+segment+"/"; ❷
    rtn.collection.title = getTitle(wstlObject[segment]); ❸
    rtn.collection.links = getLinks(wstlObject[segment].actions);
    rtn.collection.items = getItems(wstlObject[segment],root);
    rtn.collection.queries = getQueries(wstlObject[segment].actions);
    rtn.collection.template = getTemplate(wstlObject[segment].actions);

    // 處理任何的錯誤
    if(wstlObject.error) { ❹
      rtn.collection.error = getError(wstlObject.error);
    }
  }
  // 發送結果至呼叫者
  return JSON.stringify(rtn, null, 2); ❺
}
```

上述的程式碼有一些有趣的項目。在初始化 collection 文件（❶）並建立文件層級的 href（❷）之後，程式碼傳入的 WeSTL 物件樹（❸）並建構 Cj title、links、items、queries 和 template 元素。之後，如果目前物件是錯誤的，則填充 Cj 的 error 元素（❹）。最後，完成的 Cj 文件回傳給呼叫者（❺）。

現在，來看看用於構建 Cj 文件的每個重要的常式。

連結

Cj 中的 links 元素包含文件的所有頂層連結。Cj 表示器程式碼掃描傳入的 WeSTL 物件以便找出任何符合條件的 action 元素，如果需要，可以將連結加到集合之前解析任何 URI 模板。

程式碼如下所示：

```
// 取得頂層連結
function getLinks(segment, root, tvars) {
```

```
    var link, rtn, i, x, tpl, url;

    rtn = [];
    if(Array.isArray(segment)!==false) {
      for(i=0,x=segment.length;i<x;i++) { ❶
        link = segment[i];
        if(link.type==="safe" &&
          link.target.indexOf("app")!==-1 &&
          link.target.indexOf("cj")!==-1) ❷
        {
          if(!link.inputs) {
            tpl = urit.parse(link.href);
            url = tpl.expand(tvars); ❸
            rtn.push({ ❹
              href: url,
              rel: link.rel.join(" ")||"",
              prompt: link.prompt||""
            });
          }
        }
      }
    }
    return rtn; ❺
}
```

以下是 getLinks 函式的重點：

❶ 如果有動作物件，使用迴圈掃描它們。

❷ 首先，檢查目前連結是否符合 Cj 文件中頂層連結的標準。

❸ 如果是，使用傳入的 tvars 集合（模板變數）來解析任何 URI 模板。

❹ 接下來將結果添加到連結集合。

❺ 最後，將填充的集合回傳給呼叫者。

項目

下一個有趣的函式是處理 items 功能。這是 Cj 表示器最常見的常式。這是因為 Cj 提供的資料和元資料都會傳遞給客戶端應用程式。

程式碼如下所示：

```
// 取得項目列表
function getItems(segment, root) {
```

```
var coll, temp, item, data, links, rtn, i, x, j, y;

rtn = [];
coll = segment.data;
if(coll && Array.isArray(coll)!==false) {
  for(i=0,x=coll.length;i<x;i++) {
    temp = coll[i];

    // 創建項目與連結
    item = {}; ❶
    link = getItemLink(segment.actions);
    if(link) {
      item.rel = (Array.isArray(link.rel)?link.rel.join(" "):link.rel);
      item.href = link.href;
      if(link.readOnly===true) {
        item.readOnly="true";
      }
    }

    // 添加項目屬性
    tvars = {}
    data = [];
    for(var d in temp) { ❷
      data.push(
        {
          name : d,
          value : temp[d],
          prompt : (g.profile[d].prompt||d),
          render:(g.profile[d].display.toString()||"true")
        }
      );
      tvars[d] = temp[d];
    }
    item.data = data;

    // 解析 URL 模板 ❸
    tpl = urit.parse(link.href);
    url = tpl.expand(tvars);
    item.href = url;

    // 新增任何項目層級連結 ❹
    links = getItemLinks(segment.actions, tvars);
    if(Array.isArray(links) && links.length!==0) {
      item.links = links;
    }

    rtn.push(item); ❺
```

```
        }
      }
    return rtn; ❻
  }
```

getItems 常式是 Cj 表示器中最大的。它實際上處理三個關鍵的事情：項目的 URL、項目的資料屬性，以及與項目有關的任何連結。分項如下所示：

❶ 對於列表中的每個資料項目，首先設定 href 屬性。

❷ 使用迴圈掃過領域物件的屬性並構建 Cj data 元素。

❸ 收集資料值後，使用該集合來解析項目 href 中的任何 URL 模板。

❹ 接下來，收集（並解析）此單一 item 的任何 Cj link 物件。

❺ 一旦完成所有操作後，將結果添加到內部項目集合中。

❻ 最後，將完成的集合回傳給呼叫常式。

結果 item 集合如下所示：

```
"items": [
  {
    "rel": "item",
    "href": "http://rwcbook12.herokuapp.com/task/1l9fz7bhaho",
    "data": [
      {"name":"id","value":"1l9fz7bhaho","prompt":"ID","render":"true"},
      {"name":"title","value":"extensions","prompt":"Title","render":"true"},
      {"name":"tags","value":"forms testing","prompt":"Tags","render":"true"},
      {"name":"completeFlag","value":"true","prompt":"Complete Flag",
        "render":"true"},
      {"name":"assignedUser","value":"carol","prompt":"Asigned User",
        "render":"true"},
      {"name":"dateCreated","value":"2016-02-01T01:08:15.205Z",
        "prompt":"Created","render":"false"}
    ],
    "links": [
      {
        "prompt": "Assign User",
        "rel": "assignUser edit-form",
        "href": "http://rwcbook12.herokuapp.com/task/assign/1l9fz7bhaho"
      },
      {
        "prompt": "Mark Active",
        "rel": "markActive edit-form",
        "href": "http://rwcbook12.herokuapp.com/task/active/1l9fz7bhaho"
```

```
      }
    ]
  }
  ... more items here ...
]
```

查詢

getQueries 常式是產生「安全」參數化查詢的常式──基本上是 HTML GET 表單。這表示同一個 URL，有一個或多個參數描述的列表。這些將是 HTML form 的 input 元素。產生 Cj queries 的程式碼非常簡單，如下所示：

```
// 取得查詢模板
function getQueries(segment) {
  var data, d, query, q, rtn, i, x, j, y;

  rtn = [];
  if(Array.isArray(segment)!==false) {
    for(i=0,x=segment.length;i<x;i++) { ❶
      query = segment[i];
      if(query.type==="safe" && ❷
        query.target.indexOf("list")!==-1 &&
        query.target.indexOf("cj") !==-1)
      {
        q = {}; ❸
        q.rel = query.rel.join(" ");
        q.href = query.href||"#";
        q.prompt = query.prompt||"";
        data = [];
        for(j=0,y=query.inputs.length;j<y;j++) { ❹ `
          d = query.inputs[j];
          data.push(
            {
              name:d.name||"input"+j,
              value:d.value||"",
              prompt:d.prompt||d.name,
              required:d.required||false,
              readOnly:d.readOnly||false,
              patttern:d.pattern||""
            }
          );
        }
        q.data = data;
        rtn.push(q); ❺
      }
    }
```

```
    }
    return rtn; ❻
}
```

流程很簡單：

❶ 使用迴圈掃過所有 WeSTL 文件中的轉換。

❷ 找到對 Cj queries 集合有效的轉換。

❸ 啟動一個空的查詢物件並設置 href 和 rel 屬性。

❹ 使用迴圈掃過 WeSTL 的 input 元素來查詢創建 Cj data 元素。

❺ 將完成的查詢添加到集合中。

❻ 最後，將該集合回傳給呼叫常式。

同樣的，每個查詢都沒有提供 HTTP 方法，因為規範說所有的 Cj queries 都應該使用
HTTP GET 來執行。

這涵蓋了 Cj 中的讀取操作。接下來是處理寫入操作——由 Cj template 處理的操作。

模板

在 Cj 中，寫入操作被表示在 template 元素中。Cj 表示器中的 getTemplate 常式處理產生
template 元素。程式碼如下所示：

```
// 取得新增模板
function getTemplate(segment) {
  var data, temp, field, rtn, tpl, url, d, i, x, j, y;

  rtn = {};
  data = [];
  if(Array.isArray(segment)!==false) {
    for(i=0,x=segment.length;i<x;i++) {
      if(segment[i].target.indexOf("cj-template")!==-1) { ❶
        temp = segment[i];

        // 發送資料元素
        data = [];
        for(j=0,y=temp.inputs.length;j<y;j++) { ❷
          d = temp.inputs[j];
          field = { ❸
            name:d.name||"input"+j,
            value:(d.value||"",
```

```
            prompt:d.prompt||d.name,
            required:d.required||false,
            readOnly:d.readOnly||false,
            patttern:d.pattern||""
          };
          data.push(field); ❹
        }
      }
    }
  }
  rtn.data = data;
  return rtn; ❺
}
```

getTemplate 常式內容不多，所以重點有點無趣：

❶ 使用迴圈掃過 WeSTL 轉換並找到一個有效的 Cj template。

❷ 接下來使用迴圈掃過轉換的 input 集合。

❸ 使用該資訊來建立一個 Cj data 元素。

❹ 並將其添加到 template 的 data 元素集合中。

❺ 最後，將完成的 data 集合添加到 template 物件後，回傳結果給呼叫者。

提醒讀者，Cj templates 沒有 href 屬性或 HTTP 方法。使用的 URL 和方法是由客戶端在執行期根據客戶端是否嘗試創建或更新動作來決定。

只剩下一個小的物件：Cj 的 error 元素。

錯誤

不同於 HAL 和 Siren，Cj 有一個響應專用的 error 元素。這使得客戶端可以容易的識別和呈現伺服器響應中的任何領域特定的錯誤資訊。Cj 的 error 物件只有定義四個欄位：title、message、code 和 url。getError 函式很小，如下所示：

```
// 取得任何錯誤資訊
function getError(segment) {
  var rtn = {};

  rtn.title = "Error";
  rtn.message = (segment.message||"");
  rtn.code = (segment.code||"");
  rtn.url = (segment.url||"");
```

```
    return rtn;
  }
```

因為常式很簡單所以沒有太多需要說明。值得一提的是，Cj 響應可以包括 links、
items、queries 和 template 元素中的錯誤資訊和內容。這樣可以回傳一個完全填充的 Cj
文件以及錯誤資訊來幫助使用者解決任何問題。

隨著 Cj 表示器的完成，現在是來介紹 Cj 客戶端 SPA 的時候了。

Collection + JSON 的 SPA 客戶端

好的，現在來看看 Collection + JSON SPA 應用程式。此 Cj 客戶端支援 Cj 的所有主要
功能，包括 links、items、queries 和 template。它還支援其他 Cj 元素，包括 title、
content 和 error 元素。

 Cj SPA 客戶端應用程式的原始碼可以在相關的 GitHub repo（*https://
github.com/RWCBook/cj-client*）中找到。本節中描述的應用程式運行版本
可以在線上找到（*http://rwcbook12.herokuapp.com/files/cj-client.html*）。

如同第二章（JSON）、第四章（HAL）和第六章（Siren）中描述 SPA 所做的事情一
樣，首先回顧一下 HTML 容器、介紹頂層解析迴圈、解析主要 Cj 文件的主要功能，以
及建造一般 Cj 客戶端的剩餘部分。

HTML 容器

本書中的所有 SPA 應用程式都從一個 HTML 容器開始，而這次也沒有什麼不同。下面
用於承載伺服器發送的 Cj 文件的靜態 HTML：

```
<!DOCTYPE html>
<html>
  <head>
    <title>Cj</title>
    <link href="./semantic.min.css" rel="stylesheet" />
  </head>
  <body>
    <div id="links"></div> ❶
    <div style="margin: 5em 1em">
      <h1 id="title" class="ui page header"></h1> ❷
      <div id="content" style="margin-bottom: 1em"></div> ❸
      <div class="ui mobile reversed two column stackable grid">
```

```
      <div class="column">
        <div id="items" class="ui segments"></div> ❹
      </div>
      <div class="column">
        <div id="edit" class="ui green segment"></div>
        <div id="template" class="ui green segment"></div> ❺
        <div id="error"></div> ❻

        <div id="queries-wrapper">
          <h1 class="ui dividing header">
            Queries
          </h1>
          <div id="queries"></div> ❼
        </div>
      </div>
    </div>

    <div>
      <pre id="dump"></pre>
    </div>

  </div>
  </body>
  <script src="dom-help.js">//na </script>
  <script src="cj-client.js">//na </script> ❽
  <script>
    window.onload = function() {
      var pg = cj();
      pg.init("/", "TPS - Task Processing System"); ❾
    }
  </script>
</html>
```

此處顯示很多 HTML 支援 CSS 函式庫的布局需求。但是仍然可以在頁面中找到由 `<div>` 標籤表示的所有主要 Cj 文件元素。它們如下所示：

❶ links 集合

❷ title 元素

❸ content 元素

❹ items 元素

❺ template 元素

❻ error 元素

❼ queries 元素

Cj 解析腳本在❽被加載，並在一切加載之後，初始請求從❾開始。該行呼叫 Cj 函式庫的定層解析迴圈。

頂層解析迴圈

在 Cj 客戶端中，每當使用者在 UI 中做選擇時將會呼叫頂層解析迴圈，該介面遵循第五章中介紹的請求、解析、等待（RPW）範式。事實證明 Cj 的解析循環比 JSON、HAL 和 Siren 來得簡單：

```
// 初始函式庫並開始
function init(url) {
  if(!url || url==='') {
    alert('*** ERROR:\n\nMUST pass starting URL to the Cj library');
  }
  else {
    global.url = url;
    req(global.url,"get"); ❶
  }
}

// 主要迴圈
function parseCj() { ❷
  dump();
  title();
  content();
  links();
  items();
  queries();
  template();
  error();
  cjClearEdit();
}
```

這個程式碼現在看起來應該很熟悉。在做出初始請求（❶）後，呼叫 parseCj 常式（❷）來掃過所有 Collection + JSON 文件的主要元素。這個程式碼片段中唯一有趣的元素是內部常式。首先，在迴圈開始時呼叫 dump() 方法——這只是為了在螢幕上幫助除錯——其次，在嘗試結束時呼叫 cjClearEdit() 來處理清除 HTMLdiv 用於顯示 UI 的目前編輯表單。

會在這邊跳過討論 title 和 content 常式——讀者可以在原始碼中查看。現在將透過其他主要常式處理 Cj 響應。

連結

處理解析與呈現 Cj links 的常式非常簡單。但是，它有點曲折。程式碼檢查關於連結的領域特定元資料。例如，某些連結不會在螢幕上呈現（例如，HTML 樣式表、IANA 配置識別字等）。其他一些連結實際上應該以嵌入式圖像呈現，而非導航連結。Cj 設計允許伺服器在訊息本身中指示此層的連結元資料——這在 HAL 和 Siren 客戶端的目前設計中並不支援。

以下是 links() 函式的程式碼：

```
// 處理連結集合
function links() {
  var elm, coll, menu, item, a, img, head, lnk;

  elm = domHelp.find("links");
  domHelp.clear(elm);
  if(global.cj.collection.links) { ❶
    coll = g.cj.collection.links;
    menu = domHelp.node("div");
    menu.className = "ui blue fixed top menu";
    menu.onclick = httpGet;

    for(var link of coll) { ❷
      // 將 render=none Cj link 元素放入 HTML.HEAD ❸
      if(isHiddenLink(link)===true) {
        head = domHelp.tags("head")[0];
        lnk = domHelp.link({rel:link.rel,href:link.href,title:link.prompt});
        domHelp.push(lnk,head);
        continue;
      }
      // 是否呈現為嵌入式圖像 ❹
      if(isImage(link)===true) {
        item = domHelp.node("div");
        item.className = "item";
        img = domHelp.image({href:link.href,className:link.rel});
        domHelp.push(img, item, menu);
      }
      else {
        a = domHelp.anchor({rel:link.rel,href:link.href,text:link.prompt, ❺
          className: "item"});
        v.push(a, menu);
      }
```

```
      }
      domHelp.push(menu, elm); ❻
    }
  }
```

雖然此處的程式碼有點多，但是卻很簡單。重點如下：

❶ 確認有 Cj links 可以處理後，設置一些布局來保存它們。

❷ 現在開始使用迴圈掃過 links 集合。

❸ 如果現在應該呈現 link 元素，將其放在頁面的 HTML \<head> 區段。

❹ 如果 link 元素應該被呈現為圖像，就進入圖像處理。

❺ 否則，將其當成簡單的 \<a> 標籤並添加至布局。

❻ 最後，將結果推送到可視的螢幕上。

圖 8-2 展示出在執行期呈現 Cj links 的範例。

圖 8-2　在執行期呈現 Cj links

事實證明 link 元素不顯示（❸）或 link 是圖像（❹）的情況比 link 元素僅僅是導航元素（❺）時需要更多的程式碼。當解析 items 集合時將看到更多的程式碼。

項目

items() 函式是 Cj 函式庫中最常用的常式。有 125 行，也是最長的。這是因為（如同在介紹 Cj 表示器的 items 處理時所見）items 元素是 Cj 文件設計中最重要的一部分。此處不會列出此常式的所有程式碼，但是會顯示常式中的關鍵處理。讀者可以在本章相關的程式碼 repo 中找到完整的程式碼。

筆者將 items() 常式介紹分為三個部分：

- 呈現 Cj item 編輯連結

- 呈現 Cj item links

- 呈現 Cj item data 屬性

首先，處理每個 item 的讀取—更新—刪除連結的程式碼—— CRUD 範式的最後三個元素。每個 Cj item 都有一個 href 屬性，並且可以是一個 readyOnly 屬性。以此資訊做為導引，Cj 客戶端負責為讀取、更新和刪除連結提供適當的支援，可以在下面的程式碼中看到這一點。在❶，創建讀取連結。更新連結在❷被創建，刪除連結創建於❸。請注意檢查客戶端的 readOnly 狀態以及是否可以在 Cj 文件中找到 template。這些值用於決定為 item 呈現哪些連結（更新和刪除）：

```
// 項目連結
a = domHelp.anchor( ❶
  {
    href:item.href,
    rel:item.rel,
    className:"item link ui basic blue button",
    text:item.rel
  }
);
a.onclick = httpGet;
domHelp.push(a1,buttons);

// 編輯連結
if(isReadOnly(item)===false && hasTemplate(g.cj.collection)===true) {
  a = domHelp.anchor( ❷
    {
      href:item.href,
      rel:"edit",
      className:"item action ui positive button",
      text:"Edit"
    }
  );
  a.onclick = cjEdit;
  domHelp.push(a2, buttons);
}

// 刪除連結
if(isReadOnly(item)===false) {
  a = domHelp.anchor( ❸
    {
      href:item.href,
```

```
        className:"item action ui negative button",
        rel:"delete",
        text:"Delete"
      }
    );
    a.onclick = httpDelete;
    domHelp.push(a3,buttons);
  }
```

items() 常式中的下一個重要的部分是處理任何項目層級 links 的程式碼。在程式碼中可以看到（❶），如果該 item 有 links，檢查每個連結以查看它是否應該被呈現為圖像（❷），如果不是，則呈現為導航連結（❸）。最後，處理完連結後，將結果添加到項目顯示（❹）：

```
    if(item.links) { ❶
      for(var link of item.links) {
        // 是否呈現為圖像
        if(isImage(link)===true) { ❷
          p = domHelp.node("p");
          p.className = "ui basic button";
          img = domHelp.image(
            {
              className:"image "+link.rel,
              rel:link.rel,
              href:link.href
            }
          );
          domHelp.push(img, p, buttons);
        }
        else {
          a = domHelp.anchor( ❸
            {
              className:"ui basic blue button",
              href:link.href,
              rel:link.rel,
              text:link.prompt
            }
          );
          a.onclick = httpGet;
          domHelp.push(a,buttons);
        }
      }
      domHelp.push(buttons,segment); ❹
    }
```

在 items() 常式中介紹的最後一個部分是處理 item 的所有實際 data 屬性。在這個客戶端中，它們做為 UI 表格逐一顯示。可以看到，程式碼並不複雜：

```
for(var data of item.data) {
  if(data.display==="true") {
    tr = domHelp.data_row(
      {
        className:"item "+data.name,
        text:data.prompt+" ",
        value:data.value+" "
      }
    );
    domHelp.push(tr,table);
  }
}
```

這些就是 items() 常式。圖 8-3 是 Cj 項目產生 UI 的一個例子。

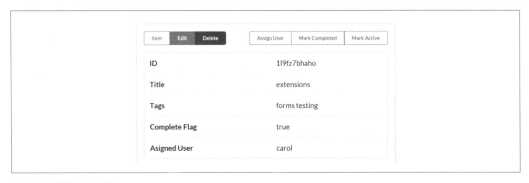

圖 8-3　產生 Cj 項目

接下來是處理 Cj 文件中 queries 元素的常式。

查詢

queries() 常式處理 Cj queries 集合中的所有元素並將其轉換為 HTML GET 表單。程式碼不會太複雜，但是有點冗長。產生 HTML 表單需要很多行數！ Cj 客戶端用於產生 Cj queries 的程式碼如下所示：

```
// 處理查詢集合
function queries() {
  var elm, coll;
  var segment;
```

```javascript
    var form, fs, header, p, lbl, inp;

    elm = domHelp.find("queries");
    domHelp.clear(elm);
    if(global.cj.collection.queries) { ❶
      coll = global.cj.collection.queries;
      for(var query of coll) { ❷
        segment = domHelp.node("div");
        segment.className = "ui segment";
        form = domHelp.node("form"); ❸
        form.action = query.href;
        form.className = query.rel;
        form.method = "get";
        form.onsubmit = httpQuery;
        fs = domHelp.node("div");
        fs.className = "ui form";
        header = domHelp.node("div");
        header.innerHTML = query.prompt + " ";
        header.className = "ui dividing header";
        domHelp.push(header,fs);
        for(var data of query.data) { ❹
          p = domHelp.input({prompt:data.prompt,name:data.name,value:data.value});
          domHelp.push(p,fs);
        }
        p = domHelp.node("p"); ❺
        inp = domHelp.node("input");
        inp.type = "submit";
        inp.className = "ui mini submit button";
        domHelp.push(inp,p,fs,form,segement,elm); ❻
      }
    }
  }
```

queries 常式有以下幾個重點：

❶ 首先，看看此響應是否有 queries 需要處理。

❷ 如果有，使用迴圈掃過它們並解建立一個查詢表單。

❸ 創建 HTML \<form\> 元素並用適當的細節填充它。

❹ 掃過每個 data 元素來創建所需的 HTML \<input\>。

❺ 接下來將提交按鈕添加至表單中。

❻ 最後，將結果標記添加到 UI 以在頁面上面呈現。

這就是 Cj 客戶端如何處理產生所有安全的查詢表單（例如，HTTP GET）。有幾個部分用於處理此處遺漏的布局，但是讀者可以看到 queries() 常式重要的部分。圖 8-4 展示出 Cj 客戶端應用程式產生的查詢表單範例。

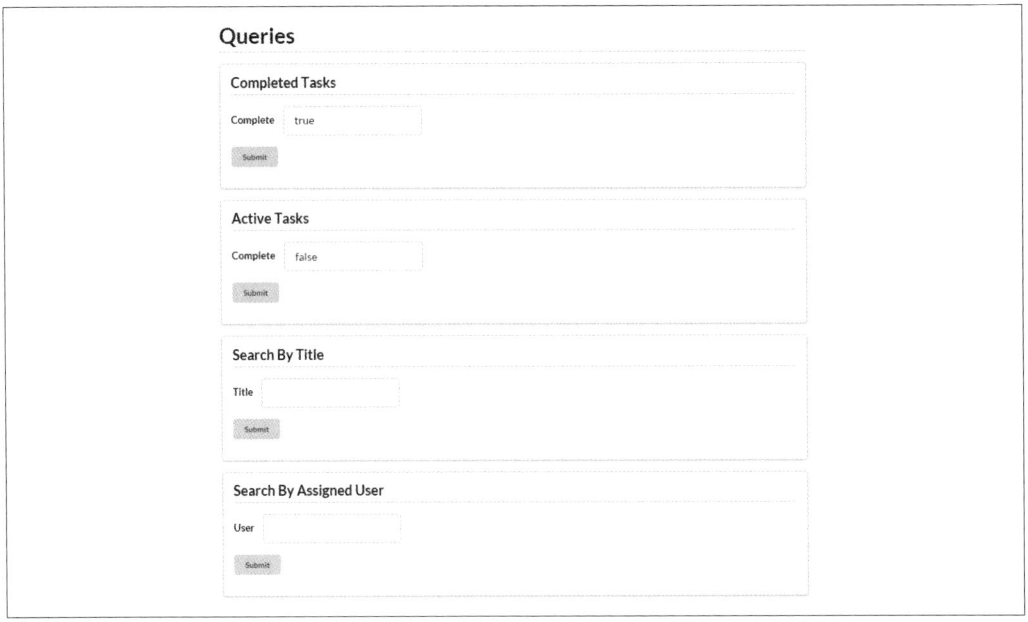

圖 8-4　產生 Cj 查詢表單

模板

正如 Cj queries 描述安全的動作（例如，HTTP GET）一樣。Cj template 描述了不安全的動作（例如，HTTP POST 和 PUT）。程式碼看起來非常類似於產生 Cj queries 的程式碼：

```
// 處理模板物件
function template() {
  var elm, coll;
  var form, fs, header, p, lbl, inp;

  elm = domHelp.find("template");
  domHelp.clear(elm);
  if(hasTemplate(global.cj.collection)===true) { ❶
    coll = global.cj.collection.template.data;
    form = domHelp.node("form"); ❷
    form.action = global.cj.collection.href;
    form.method = "post";
```

```
    form.className = "add";
    form.onsubmit = httpPost;
    fs = domHelp.node("div");
    fs.className = "ui form";
    header = domHelp.node("div");
    header.className = "ui dividing header";
    header.innerHTML = global.cj.collection.template.prompt||"Add";
    domHelp.push(header,fs);
    for(var data of coll) { ❸
      p = domHelp.input(
        {
          prompt:data.prompt+" ",
          name:data.name,
          value:data.value,
          required:data.required,
          readOnly:data.readOnly,
          pattern:data.pattern
        }
      );
      domHelp.push(p,fs);
    }
    p = domHelp.node("p"); ❹
    inp = domHelp.node("input");
    inp.className = "ui positive mini submit button";
    inp.type = "submit";
    d.push(inp,p,fs,form,elm); ❺
  }
}
```

以下是 template 常式的重點：

❶ 確認加載的 Cj 文件中有 template 元素。

❷ 如果有，開始建造和填充 HTML <form>。

❸ 使用 template 的 data 屬性，創建一個或多個 HTML <input> 元素。

❹ 創建所有輸入之後，添加一個 HTML 的提交按鈕。

❺ 最後，將完成的 HTML 表單添加到 UI。

在上述的程式碼可以注意到，HTML <form> 元素設定為使用 POST 方法。這為 Cj template 創建用例。對於更新用例，Cj 客戶端有個名為 cjEdit() 的陰影常式。當使用者按下為每個 item 產生的編輯按鈕時就會呼叫它。此處不會介紹 cjEdit() 的程式碼（讀者可以自行查看原始碼），除了與 HTTP PUT 的相關用例有些變更之外，看起來幾乎幾乎完全相同。

圖 8-5 為創建用例呈現 Cj template 的範例。

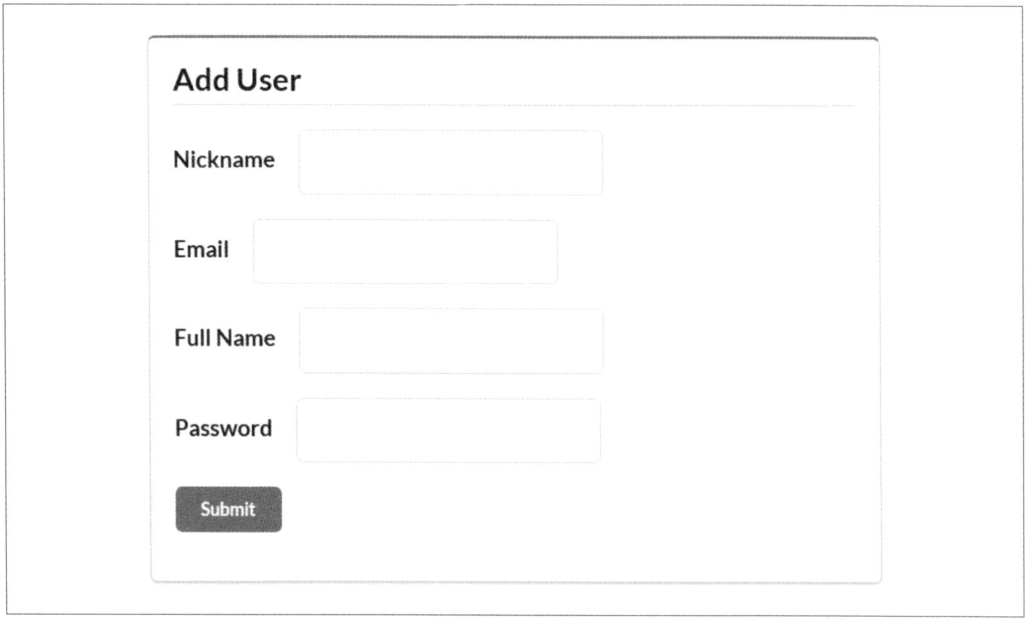

Add User

Nickname

Email

Full Name

Password

Submit

圖 8-5　產生 Cj 創建 UI

Cj 客戶端程式碼只剩下處理響應中的任何 error 元素程式碼。

錯誤

Cj 是本書特有的唯一超媒體設計，它內建支援發送領域特定的錯誤資訊。Cj 的 error 元素非常簡單。它有四個屬性：title、message、code 和 url。所以呈現錯誤的客戶端常式也很簡單。

以下程式碼展示 Cj 客戶端應用程式只是將 Cj 響應中的 error 元素直接反應在螢幕上：

```
// 處理錯誤物件
function error() {
  var elm, obj;

  elm = domHelp.find("error");
  domHelp.clear(elm);
  if(global.cj.collection.error) {
    obj = global.cj.collection.error;
```

```
    p = d.para({className:"title",text:obj.title});
    domHelp.push(p,elm);

    p = d.para({className:"message",text:obj.message});
    domHelp.push(p,elm);

    p = d.para({className:"code",text:obj.code});
    domHelp.push(p,elm);

    p = d.para({className:"url",text:obj.url});
    domHelp.push(p,elm);
  }
}
```

重點摘要

Cj 客戶端與 HAL 和 Siren 客戶端不同，本書先前介紹了 HAL 和 Siren 的許多方面，最大的不同在於 Cj 中處理領域物件的方式。不是只反應一組名稱／值配對或是巢狀的 JSON 物件圖，Collection + JSON 只支援回傳扁平的 items 列表。每個 item 不僅表示領域物件的屬性。它還包括有領域物件（prompt 和 render 資訊）的元資料和領域物件相關的一個或多個 link 元素之集合。

在 Cj 中表達安全與不安全的動作方式也是獨一無二的。不是將資訊留在原始碼中（如 HAL）或是依賴於所有動作的通用模型中（如 Siren），Cj 設計支援兩種不同的動作元素：queries 和 template 元素。Cj queries 是用於安全的動作（例如，HTML GET）且 template 用於不安全的動作（HTTP POST 和 PUT）。

Cj 文件中的另一個主要的元素是 links 集合，與 HAL 和 Siren 的連結很相似。

現在有一個功能齊全的 Cj 通用客戶端，接下來介紹對後端 TPS API 的一些更改，看看它如何處理向後相容的變動。

處理機制間的變動

在先前的章節介紹了 JSON（第二章）、HAL 和 Siren（第四章）SPA（第六章）客戶端，對 TPS API 引入了各種向後相容的變動以便探索客戶端執行期的適應性。這些變動都涉及 web API 客戶端需要處理三個關鍵方面的其中一個或多個變動：**OBJECT**、**ADDRESS** 和 **ACTION**。客戶端應用程式如何應對這些變動，能夠使用 OAA 挑戰來表明其適應性。

具有註解支援的更新 Cj 表示器原始碼可以在相關的 GitHub repo（*https://github.com/RWCBook/cj-client-note*）中找到。本節中描述的應用程式運行版本可以在線上找到（*http://rwcbook13.herokuapp.com/files/cj-client.html*）。

對於 Cj 客戶端，筆者引入一個全新的 **OBJECT**（註解，Note）以及一整套 **ACTION** 和 **ADDRESS**。這個變化代表了之前向其他 SPA 客戶端介紹的所有類型的變動。這將測試 Cj 客戶端辨識與處理在 API 和客戶端實作初始生產發布之後，長時間引入的領域物件和操作。

新增註解物件至 TPS API

假設 TPS 團隊決定在 TPS API 中添加額外的註釋或任務紀錄註解的支援。這意味著定義一個註解物件的欄位，並添加對註解物件的基本 CRUD 操作支援以及一些其他註解特定的動作，像是過濾器等。

本節中，將介紹 API 設計元素（內部註解物件與公開 API）和生成的 WeSTL 文件，並介紹一些伺服器程式碼。接下來，完成後端變動後，將啟動 Cj 客戶端來看看會發生什麼事。

註解 API 設計

註解物件有一小組的欄位、支援基本的 CRUD 操作、幾個過濾器和一個自定義的 NoteAssignTask 操作。註解物件操作如表格 8-1 所示。

表 8-1　註解物件屬性

屬性	類型	狀態	預設
id	string	required	none
title	string	required	none
text	string	optional	none
assignedTask	taskID	required	none

隨著創建—讀取—更新—刪除（CRUD）動作，需要一些過濾器（NoteListByTitle 和 NoteListByText）允許使用者輸入部分字串，並找到所有包含該字串的註解紀錄。還將添加一個特殊的操作來為一個任務（NoteAssignTask）分配一個註解，使用 id 值（一個註解 id 和一個任務 id）。表格 8-2 列出了所有的操作、參數和 HTTP 協定的詳細訊息。

表 8-2　TPS 註解物件 API

操作名稱	URL	方法	回傳物件	輸入
NoteList	/note/	GET	NoteList	none
NoteAdd	/note/	POST	NoteList	id, title, text, asssignedTask
NoteItem	/note/{id}	GET	NoteItem	none
NoteUpdate	/note/{id}	PUT	NoteList	id, title, text, assignedTask
NoteRemove	/note/{id}	DELETE	NoteList	none
NoteAssignTask	/note/assign/{id}	POST	NoteList	id, assignedTask
NoteListByTitle	/note/	GET	NoteList	title
NoteListByText	/note/	GET	NoteList	text

這就是在設計方面所需要的。來看看如何在 TPS 服務中將這個設計變成一個有用的 API。

註解的 API 服務實作品

筆者不會介紹在 TPS API 中實作支援註解物件的內部伺服器程式碼（資料和物件操作）細節。但是，這是在介面端值得一提的點，因為它們會影響如何設置發送給現有客戶端的 Cj 響應。

首先要新增的是定義表格 8-1 中描述的物件組件程式碼。此程式碼也會驗證輸入並執行關係規則（例如，確保用戶不會將註解紀錄分配給不存在的任務紀錄）。在 TPS API 服務中，註解物件定義如下所示：

```
props = ["id","title","text","assignedTask","dateCreated","dateUpdated"]; ❶
elm = 'note';

// 共享此物件的配置資料 ❷
profile = {
  "id" : {"prompt" : "ID", "display" : true},
  "title" : {"prompt" : "Title", "display" : true},
  "text" : {"prompt" : "Text", "display" : true},
  "assignedTask" : {"prompt" : "Assigned Task", "display" : true},
```

```
    "dateCreated" :  {"prompt" : "Created", "display" : false},
    "dateUpdated" :  {"prompt" : "Updated", "display" : false}
};
```

請注意 props 陣列（❶）定義了一個註解的有效欄位，而且 profile 物件（❷）包含用
於使用者顯示物件的規則（例如，prompt 和 display 旗標）。

以下是 note-component.js 伺服器端的 addTask 常式程式碼。它顯示組件如何建造一個
新的註解紀錄來儲存（❶）並驗證輸入（❷），包括檢查提供的 assignedTask ID 的存在
（❸）。接下來，只要沒有錯誤，程式碼就會發送新的註解紀錄來儲存（❹）：

```
function addNote(elm, note, props) {
  var rtn, item, error;

  error = "";

  item = {} ❶
  item.title = (note.title||"");
  item.text = (note.text||"");
  item.assignedTask = (note.assignedTask||"");

  if(item.title === "") { ❷
    error += "Missing Title ";
  }
  if(item.assignedTask==="") {
    error += "Missing Assigned Task ";
  }
  if(component.task('exists', item.assignedTask)===false) { ❸
    error += "Task ID not found. ";
  }

  if(error.length!==0) {
    rtn = utils.exception(error);
  }
  else {
    storage(elm, 'add', utils.setProps(item,props)); ❹
  }

  return rtn;
}
```

內部程式碼看完了。現在來看看介面程式碼── WeSTL 入口用於定義操作註解物件的
轉換，以及處理透過 API 公開的 HTTP 協定請求的資源程式碼。

以下是註解物件的一些轉換描述。其中已經包含填充 Cj template 的 noteFormAss 轉換（❶）以及兩個「分配任務」動作：一個提供連結表單（❷），另一個用於進行分配的模板（❸）：

```
// 新增任務❶
trans.push({
  name : "noteFormAdd",
  type : "unsafe",
  action : "append",
  kind : "note",
  target : "list add hal siren cj-template",
  prompt : "Add Note",
  inputs : [
    {name : "title", prompt : "Title", required : true},
    {name : "assignedTask", prompt : "Assigned Task", required : true},
    {name : "text", prompt : "Text"}
  ]
});

...

trans.push({ ❷
  name : "noteAssignLink",
  type : "safe",
  action : "read",
  kind : "note",
  target : "item cj read",
  prompt : "Assign Task",
});
trans.push({ ❸
  name : "noteAssignForm",
  type : "unsafe",
  action : "append",
  kind : "note",
  target : "item assign edit post form hal siren cj-template",
  prompt : "Assign Task",
  inputs : [
    {name: "id", prompt:"ID", readOnly:true, required:true},
    {name: "assignedTask", prompt:"Task ID", value:"", required : true}
  ]
});
```

因為 Cj 媒體類型設計在很大的程度上依賴於 CRUD 範式，所以不容易落入 CRUD 範式的不安全操作（在這種情況下，noteAssignForm）需要被不同的處理。在 Cj 中，這些非標準的 CRUD 動作被提供作為 templates，並使用 HTTP POST 執行——以標準的 CRUD 範式創建新物件的方式。

為了支援這一點，需要**兩種**轉換：第一是回傳「分配模板」（noteAssignLink），另一個是接收 POST 呼叫來將分配的參數提交到儲存區（noteAssignForm）。因為 WeSTL 不提供 URL，原始碼（在伺服器的 /connectors/note.js 檔案中）會在執行期執行。

以下是程式碼片段：

```
// 新增項目層級連結
wstl.append({name:"noteAssignLink",href:"/note/assign/{id}",
  rel:["edit-form","/rels/noteAssignTask"],root:root},coll);

// 新增分配頁面模板
wstl.append({name:"noteFormAdd",href:"/note/",
  rel:["create-form","/rels/noteAdd"],root:root},coll);
```

最後，需要在處理 HTTP 請求時解決這個問題。以下是「分配頁面」（例如，/note/assign/1qw2w3e）響應 HTTP GET 的程式碼：

```
case 'GET':
  if(flag===false && parts[1]==="assign" && parts[2]) {
    flag=true;
    sendAssignPage(req, res, respond, parts[2]);
  }
```

以下是提交 HTTP POST 請求的程式碼片段：

```
case 'POST':
  if(parts[1] && parts[1].indexOf('?')===-1) {
    switch(parts[1].toLowerCase()) {
      case "assign":
        assignTask(req, res, respond, parts[2]);
      break;
    }
  }
```

伺服器端程式碼中有更多的內容（例如，新增頁面層級連結至新的註解 API 等），讀者可以自行觀看。重點是 Cj 強制 API 設計者明確的說明了非 CRUD 的不安全動作（透過 POST）。這對於 API 設計者來說會有更多的工作（嗯，最終還是得做），但是它更容易在 Cj 客戶端中進行支援。事實上，這種支援**已經存在**了。

所以來看看當針對這個更新的 TPS API 啟動現有的、不變的 Cj 客戶端時會發生什麼事情。

使用現有的 Cj 客戶端測試註解 API

在現實的情境中，TPS API 會被更新為產品而不需要事先警告所有現有的 Cj 客戶端。然後在某個時間點，其中一個客戶端可能會像 TPS API 發出初始請求，就像幾天前一樣，並自動查看頁面頂部的新的註解選項（見圖 8-6）。

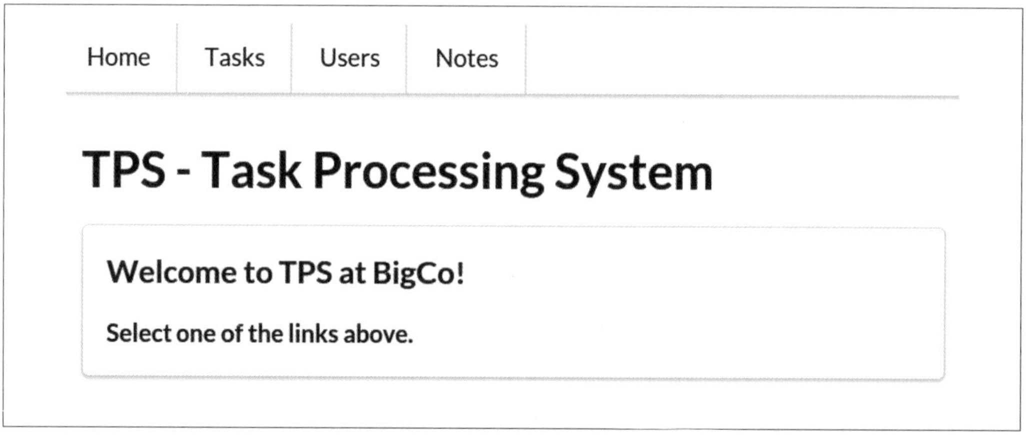

| Home | Tasks | Users | Notes |

TPS - Task Processing System

Welcome to TPS at BigCo!

Select one of the links above.

圖 8-6　Cj 客戶端中新的註解選項

當用戶點擊註解連結時，完全填充的介面會出現強制執行的所有顯示和輸入約束。除了每個項目的讀取、編輯和刪除按鈕，以及添加的註解表單之外，用戶還可以看到（見圖 8-7）列表中每個註解顯示的特殊「分配任務」連結。

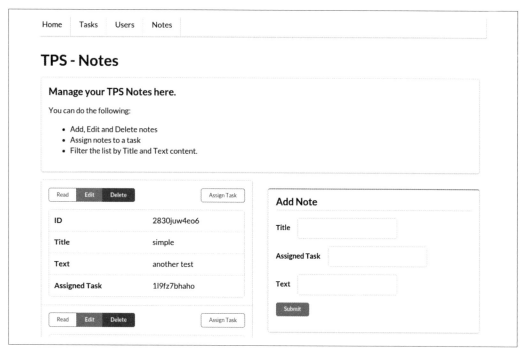

圖 8-7　Cj 客戶端中的註解頁面

最後，點擊「分配任務」按鈕將螢幕彈出提示用戶來輸入該註解任務的 id 值（見圖 8-8）。

圖 8-8　為任務分配註解

因此，現有的 Cj 客戶端可以支援所有新的 API 功能（新的 **OBJECT**、**ADDRESS** 和 **ACTION**）而不需要任何新的程式編碼或配置。藉由這點，TPS web API 團隊可以自由修改現有的產品 API。只要這些變動是向後相容的，當新的變動出現時，不僅 Cj 客戶端不會被破壞，而且在現在和未來都將全面支援（不僅僅是安全的忽略）新的變動。

Cj 與 OAA 挑戰

OAA 的挑戰用於測試該格式是否支援動態變動 API 的 **OBJECT**、**ADDRESS** 和 **ACTION**，並且使標準客戶端應用程式在執行期時自動適應這些變動而不需要任何自定義的編碼。Collection + JSON 格式是本書涵蓋唯一被設計來滿足 OAA 挑戰，而不需要私人的擴充或自定義的格式。

這意味著可以在 Cj 中輸出響應的 Web API，可以假設有一個客戶端能夠適應以下變動：

- 添加新的連結和表單
- 更改現有連結和表單的 URL
- 更改表單的輸入規則
- 添加新的資源物件
- 更改關於使用者是否可以編輯或刪除資源物件的規則

這給予 API 提供者更新現有 API 的各種選擇，而不會破壞任何使用相同 API 的客戶端應用程式。這表示客戶端應用程式開發者不必經常監控來自服務提供者的變動通知，來防止致命的崩壞或意外的功能損失。

對於這種適應性能力也是有缺點的。標準 Cj 客戶端應用程式丟失了一些在控制的部分——它們最終顯示出 API 想讓它們看見的 UI、遵循 API 提供的流程，並且顯示 API 認為重要的連結和表單。API 提供者，在某種程度上，甚至可以控制布局。對於那些花費大量時間來製作完美使用者介面的 web API，這是很難接受的。

但是，API 提供者和客戶端開發者都有控制重要事情的空間。如果客戶端開發者決定要完全掌控用使用者經驗時，Cj 客戶端應用程是可以製作程持續忽略新的功能。第 210 頁的「客戶端實作者」涵蓋了一些可用的技術。而且，只要 API 提供者遵循第 205 頁的「伺服器實作者」中概述的規則，客戶端應用程式即使忽略了提供者的新功能也不會出現意外的破壞。

重點摘要

所以，使用 Cj 是很不錯的。但是目前的 Cj 客戶端並不完美。讀者有可能注意到最後
幾個螢幕截圖，輸入註解的文字是個問題——文字框太小了。它應該呈現為 HTML
<textarea> 控件來支援更長的文字輸入，甚至是滾動條。問題更多的是「分配任務」
的資料入口。在那裡，使用者需要提供兩個相當不透明的紀錄識別字（NoteID 和
TaskID）來完成「分配任務」的動作。這對使用者來說較不友善，並且可能被任何負責
建立良好使用者經驗的團隊拒絕。

為了解決這個缺點，需要擴充 Cj 設計來更好的描述（和支援）對使用者友善的輸入體
驗。有很多改進的選擇，現在關注在其中兩個：（1）改進客戶端對輸入類型的支援，和
（2）支援下拉式列表或是輸入可能值的建議列表。

Collection ＋ JSON 的擴充

Cj 對連結（ADDRESS）、表單（ACTION）和領域物件（OBJECT）的傳遞元資料有強
大的支援。但是，對於傳遞使用者提供的輸入元資料支援卻較薄弱。指示輸入屬性的能
力，像是 required、readyOnly 和 pattern（全都直接來自 HTML5）是個開始，但還需要
更多。例如。斯威柏的 Siren（見第六章）對於輸入元資料的支援更加強大。

好消息是 Cj 有一個明確的選項來創建擴充以填補設計中的空白。這也是在此處所做
的。本節中概述了 Cj data 元素（類似 HTML5 的 type 屬性）的 type 屬性擴充，以及一
個提供類似於 HTML <select> 輸入控件元資料的 suggest 屬性。

> 具有注解支援的更新 Cj 表示器原始碼可以在相關的 GitHub repo（*https://
> github.com/RWCBook/cj-client-types*）中找到。本節中描述的應用程式運行
> 版本可以在線上找到（*http://rwcbook14.herokuapp.com/files/cj.client.
> html*）。

這些擴充將提高 Cj 客戶端應用程式以提供扎實的使用者經驗之能力。

使用 Cj-Types 改進輸入類型

添加對 HTML5 樣式輸入類型（例如，email、number、url 等）的支援是 Cj 的一個簡單
擴充。這只是將類型屬性添加到 Cj 輸出並在客戶端執行它。還有一系列關聯的屬性，
像是 min、max、size、maxlength 等也應該被支援。

Cj 媒體類型有個選項用於添加向後相容的擴充，以允許新的功能出現而不需要進階的批准和修改本身媒體類型規範。

使用 cj-types 擴充 Cj

這是個擴充的範例，呼叫 cj-types 來添加支援改進客戶端的輸入驗證。首先，來看看 Cj 表示法中的內容。請注意 pattern（❶和❸）與 "type":"email"（❷）的使用：

```
"template": {
  "prompt": "Add User",
  "rel": "create-form userAdd create-form",00
  "data": [
    {"name": "nick","value": "","prompt": "Nickname","type": "text",
      "required": "true","pattern": "[a-zA-Z0-9]+"}, ❶
    {"name": "email","value": "","prompt": "Email","type": "email"}, ❷
    {"name": "name","value": "","prompt": "Full Name","type": "text",
        "required": "true"},
    {"name": "password","value": "","prompt": "Password","type":"text",
        "required": "true","pattern": "[a-zA-Z0-9!@#$%^&*-]+"} ❸
  ]
}
```

 cj-types 擴充規範可以在相關的 GitHub repo（*https://github.com/RWCBook/cj-types-spec*）中找到。也可以在線上查看完整的規格（*http://rwcbook.github.io/cj-types-spec/*）。

另一個好用的 HTML UI 元素是 **<textarea>** 元素。在 Cj 中添加對 **textarea** 的支援也很簡單。Cj 模板看起來如下所示（見❶）：

```
"template": {
  "prompt": "Add Note",
  "rel": "create-form //localhost:8181/rels/noteAdd",
  "data": [
    {"name": "title","value": "","prompt": "Title",
      "type": "text","required": "true"},
    {"name": "assignedTask","value": "","prompt": "Assigned Task",
      "type": "text","required": "true"},
    {"name": "text","value": "","prompt": "Text",
      "type": "area","cols": 40,"rows": 5} ❶
  ]
}
```

更新表示器

更新 Cj 表示器（見第 234 頁「Collection ＋ JSON 表示器」）模組來支援新的 types 擴充發生在兩個地方：

- getQueries() 常式

- getTemplate() 常式

為了節省空間，此處只包含 Cj 表示器的 getTemplate() 實作中的程式碼片段：

```
// 發送資料元素
data = [];
for(j=0,y=temp.inputs.length;j<y;j++) {
  d = temp.inputs[j];
  field = {
    name:d.name||"input"+j,
    value:(isAdd===true?d.value:g.tvars[d.name])||"",
    prompt:d.prompt||d.name,
    type:d.type||"text" ❶
  };
  if(d.required){field.required=d.required.toString();} ❷
  if(d.readOnly){field.readOnly=d.readOnly.toString();}
  if(d.pattern){field.pattern=d.pattern;}
  if(d.min){field.min=d.min;}
  if(d.max){field.max=d.max;}
  if(d.maxlength){field.maxlength=d.maxlength;}
  if(d.size){field.size=d.size;}
  if(d.step){field.step=d.step;}
  if(d.cols){field.cols=d.cols;}
  if(d.rows){field.rows=d.rows;}
  data.push(field);
}
```

這只是一組針對內部 WeSTL 文件的附加屬性檢查（見 75 頁「WeSTL 格式」）以查看是否存在任何新的 type 值，如果是，它們將以 Cj 表示法傳遞。重點如下：

❶ 如果 type 屬性存在於 WeSTL 文件中，請將其添加到表示法中；否則，使用預設的 "text" 類型然後…

❷ 掃過所有其他可能的 cj-type 屬性列表，如果它們在 WeSTL 中，將它們添加到 Cj 表示法。

請注意，如果新的屬性不存在，它們就不會被發送。這使得表示器不會為**每個** Cj template 或 query 元素使用預設值發送混淆的屬性。

接下來看看 cj-types 擴充的客戶端實作。

更新 Cj 的客戶端函式庫

像 Cj 表示器的程式碼一樣，Cj 客戶端函式庫的更新很簡單。只需要檢查 data 元素上是否存在新的 cj-types 屬性，如果存在，則將它們作為 HTML DOM 元素發出。

以下是 cj-client.js 函式庫中 template() 函式的程式碼片段：

```
for(var data of coll) {
  p = domHelp.input(
    {
      prompt:data.prompt+" ",
      name:data.name,
      value:data.value,
      required:data.required,
      readOnly:data.readOnly,
      pattern:data.pattern,
      type:data.type,
      max:data.max,
      min:data.min,
      maxlength:data.maxlength,
      size:data.size,
      step:data.step,
      cols:data.cols,
      rows:data.rows,
      suggest:data.suggest
    }
  );
```

可以看到所有這些程式碼都是將屬性從 Cj 表示法傳遞到 domHelp 函式庫，以轉換為 HTML DOM 元素。真正神奇的是發生在 dom-help.js 函式庫中，如下所示：

```
inp.name = args.name||"";
inp.className = inp.className + "value "+ (args.className||"");
inp.required = (args.required||false);
inp.readOnly = (args.readOnly||false);
if(args.pattern) {inp.pattern = args.pattern;}
if(args.max) {inp.max = args.max;}
if(args.min) {inp.min = args.min;}
if(args.maxlength) {inp.maxlength = args.maxlength;}
if(args.size) {inp.size = args.size;}
if(args.step) {inp.step = args.step;}
if(args.cols) {inp.cols = args.cols;}
if(args.rows) {inp.rows = args.rows;}
```

在上述程式碼中，`args` 集合從呼叫 `domHelp.input()` 被傳入，而 `inp` 變數包含一個 HTML `<input … />` 控制實例。此處跳過了一些 `<area>…</area>` 的細節處理。

一旦將所有就位，圖 8-9 展示出 Cj 客戶端螢幕如何支援所添加的 `area` 輸入類型。

Add Note

Title   Testing area input

Assigned Task   1l9fz7bhaho

Text

Lorem ipsum dolor sit amet, consectetur adipiscing elit. Nunc non consectetur ligula. Nam ullamcorper vehicula risus, eget scelerisque tellus ultricies in. Aenean at erat mauris. Nullam egestas lacus eget dolor imperdiet eleifend. Pellentesque maximus lacinia mauris vitae cursus. Vivamus vulputate odio ac dui accumsan, aliquet faucibus lectus semper. Proin sit amet sapien ac neque convallis molestie ut id mi. Nulla fringilla, purus nec volutpat viverra, nunc quam laoreet mauris, porttitor elementum diam risus a sapien. Etiam eget mi vitae erat dignissim vehicula. Phasellus ipsum turpis, cursus ut nunc non, condimentum euismod leo. Nunc ac ante nec nisl consequat convallis. Cras eu sapien at libero ultrices vulputate. Mauris nec metus felis. Morbi consectetur porttitor elit, et sollicitudin magna efficitur ac. Quisque eu maximus nisi.

Submit

圖 8-9　添加 Cj 支援 textarea 輸入

因此，添加對大多數 HTML5 風格輸入的支援是相當簡單的。但是有一些 HTML5 風格的輸入需要更多的工作，其中一個是 TPS 使用者經驗—— `<select>` 或下拉式選單。

Cj-Suggest 的擴充

支援 HTML 風格的下拉式列表需要進行一些規劃。需要修改 Cj 文件設計、表示器和客戶端函式庫。此處不會介紹太多細節——只有主要的重點。

> cj-suggest 擴充規範可以在相關的 GitHub repo（*https://github.com/ RWCBook/cj-suggest-spec*）中找到，完整的規範文件可在線上查看（*http:// rwcbook.github.io/cj-suggest-spec/*）。

使用 cj-suggest 擴充 Cj

首先，需要一種方法與下拉式列表中輸入的 Cj data 元素溝通。選擇的設計允許兩種類型的實作：直接內容和相關內容。隨文會解釋兩者差異。

以下是一個使用直接內容方法的 suggest 元素範例：

```
data :
  [
    {
    "name": "completeFlag",
    "value": "false",
    "prompt": "Complete",
    "type": "select",  ❶
    "suggest": [ ❷
      {"value": "false", "text": "No"},
      {"value": "true", "text": "Yes"}
    ]
    }
  ]
```

在❶，新的 type 屬性被設定為 "select"，並在❷，suggest 元素是一個陣列，其中為 HTML <select> 元素包含 value 和 text。

想支援 suggest 實作的其他類型就是所稱的**相關**模型。它將響應中的相關資料當作下拉式列表的內容。這表示需要添加一個新的元素到 Cj 文件根源：related。這個 Cj 根元素是個帶有一個或多個名為 JSON 陣列的命名物件，它保存一個下拉式列表的內容。如下所示（見❶）：

```
{
  "collection": {
    "version": "1.0",
    "href": "//localhost:8181/task/assign/1l9fz7bhaho",
    "links": [...],
    "items": [...],
    "queries": [...],
    "template": {...},
    "related": {  ❶
      "userlist": [
        {"nick": "alice"},
        {"nick": "bob"},
        {"nick": "carol"},
        {"nick": "fred"},
        {"nick": "mamund"},
        {"nick": "mook"},
```

```
      {"nick": "ted"}
    ]
  }
 }
}
```

此處為 Cj data 元素的 suggest 屬性（❶）的匹配實作：

```
data: [
  {
    "name": "assignedUser",
    "value": "mamund",
    "prompt": "User Nickname",
    "type": "select",
    "required": "true",
    "suggest": {"related": "userlist","value": "nick","text": "nick"} ❶
  }
]
```

現在，Cj 客戶端應用程式可以在響應中找到相關資料（透過 related 值），並使用 suggest 元素中列出的屬性名稱來填充下拉式列表。

更新 Cj 表示器

需要將 related 屬性包含在 Cj 表示器的輸出中。這很簡單。只需要創建一個小函式將任何相關內容拉進響應中（❶），並將其添加到建立 Cj 響應文件的頂層常式中（❷）：

```
// 在響應中處理任何相關內容
function getRelated(obj) {
  var rtn;

  if(obj.related) {
    rtn = obj.related; ❶
  }
  else {
    rtn = {};
  }
  return rtn;
}

...

// 建立 Cj 響應文件
rtn.collection.title = getTitle(wstlObject[segment]);
rtn.collection.content = getContent(wstlObject[segment]);
rtn.collection.links = getLinks(wstlObject[segment].actions);
rtn.collection.items = getItems(wstlObject[segment],root);
```

```
rtn.collection.queries = getQueries(wstlObject[segment].actions);
rtn.collection.template = getTemplate(wstlObject[segment].actions);
rtn.collection.related = getRelated(wstlObject[segment]); ❷
```

更新 Cj 客戶端函式庫

Cj 客戶端函式庫有幾件事情要處理，其中包括：

- 辨識響應中新的 suggest 屬性
- 在響應中定位任何可能的相關 related 內容
- 將 suggest 元素解析為 UI 中有效的 <select> 元素
- 處理 <select> 元素的值並將其包含在 POST 和 PUT 動作中

大多數的這項工作將發生在 dom-help.js 常式中──這是在 UI 中創建輸入元素的請求。以下為添加到 input(args,related) 常式中的程式碼片段：

```
....
if(args.type==="select" || args.suggest) { ❶
  inp = node("select");
  inp.value = args.value.toString()||"";
  inp.className = "ui drop-down ";
  if(Array.isArray(args.suggest)) { ❷
    for(var ch of args.suggest) {
      opt = option(ch);
      push(opt,inp);
    }
  }
  if(related) { ❸
    lst = related[args.suggest.related];
    if(Array.isArray(lst)) { ❹
      val = args.suggest.value;
      txt = args.suggest.text;
      for(var ch of lst) { ❺
        opt = option({text:ch[txt],value:ch[val]});
        push(opt,inp);
      }
    }
  }
}
....
```

在上述程式碼中：

❶ 看看是否為一個 suggest 控件。

❷ 如果有值陣列，使用它來建造 HTML <select> 控件的 <option> 元素。

❸ 檢查是否通過響應中 related 內容的指標。

❹ 如果是，回傳有效的資料陣列⋯

❺ 使用該內容來建立 <option> 元素。

還有一些額外的客戶端函式庫更動來管理細節，並收集和將選定的值傳回服務。可以查看原始碼了解更多細節。

一旦一切就定位，「分配任務」的 UI 頁面就會更加吸引人（見圖 8-10）。

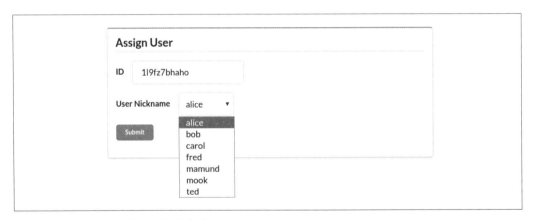

圖 8-10　向 Cj 添加下拉式列表的支援

現在，隨著 suggest 的擴充和添加對改進輸入元資料的支援，Cj 不僅為後端 API 添加新的 **OBJECT** 來提供全面功能的支援，還具有更好的使用者經驗。值得一提的是，添加到 Cj 的大部分輸入支援已經成為 Siren 設計的一部分（見第 155 頁「動作」）。

給讀者的挑戰

suggest 實作品有兩種模式：直接與相關。此處至少有一種模式筆者想要
介紹卻沒有實作的：web 模式。在 web 模式中，`suggest.related` 值是一
個有效的 URL 指向一個回傳選擇列表的 API 響應。它可以用於創建一個
簡單的下拉式選單或可以用於實作在每次按下按鈕後執行搜尋並回傳建議
結果的按鍵體驗。筆者將細節留給讀者自行挑戰——並提交更新至線上的
GitHub repo。

重點摘要

本節中，添加了兩種 Cj 擴充：

cj-types

　　豐富客戶端輸入的顯示與驗證方式

cj-suggest

　　添加對下拉式選單輸入的支援

好消息是將這些類型的擴充添加到 Cj 是非常簡單的。值得注意的是這些是向後相容
的擴充。如果不支援 **cj-types** 和 **cj-suggest** 的標準 Cj 客戶端取得包含這些值的 API
響應時，該客戶端可以安全的忽略它們並且繼續運作而不會中斷。實際上這個方法在
Collection ＋ JSON 規範中有明確的描述：

> Collection ＋ JSON 詞彙的任何擴充不「能」重新定義此文件中定義的任何物
> 件（或其屬性）、陣列、屬性、連結關係或資料型態。無法辨識 Collection ＋
> JSON 詞彙擴充的客戶端「應該」要忽略它們。

現在已經探索了 Cj 格式、實作了伺服器端的表示器與可擴充的 Cj 客戶端，是時候將它
們包裝起來並繼續最後一個挑戰。

本章總結

在之前的章節中介紹了 JSON（第二章）、HAL（第四章）和 Siren（第六章）SPA 客戶端，筆者向 TPS API 引入各種向後相容的更改以便探索客戶端在執行期的適應性。

這些更改都涉及 web API 客戶端需要處理的三個關鍵方面的一個或多個更改：**OBJECT**、**ADDRESS** 和 **ACTION**。客戶端應用程式如何處理這些變動的適應性是 OAA 挑戰的指標。

以下是到目前為止的經驗總結：

JSON 客戶端

客戶端應用程式忽略對 URL、新添加欄位或動作的變動。這使得在 OAA 挑戰方面沒有任何「獲勝點」。

HAL 客戶端

URL 的變動對客戶端沒有不利的影響。但是，領域物件和動作的變動被忽略。這是 HAL 的一個「獲勝點」：**ADDRESS**。

Siren 客戶端

URL 和動作的變動都在 Siren 客戶端中被識別與支援。但是，客戶端沒有對領域物件變動進行支援。這是 Siren 的兩個「獲勝點」：**ADDRESS** 和 **ACTION**。

Cj 客戶端

正如本章所看到的，添加一個全新的領域物件（註解物件）會被 Cj 客戶端自動拾取。所有的 URL、欄位和操作都出現在 UI 中，而不需要對客戶端程式碼進行任何更改。這使得 Cj 在 OAA 挑戰中獲得了三個「獲勝點」（**OBJECT**、**ADDRESS** 和 **ACTION**）。

當然，這一路上，每個客戶端被增強透過各種方式進行應用擴充，像是 HAL-FORMS（見第 118 頁「擴充 HAL-FORMS」）、POD 文件（見第 187 頁「POD 規格介紹」）和 cj-types 與 cj-suggest（在本章中）。並且還有其他可能的方法可以提高書中所有客戶端實作的適應性和使用者經驗。但是 Collection ＋ JSON 設計為客戶端提供 API 客戶端應用程式對於最常見的各種 API 變動最廣泛的適應性。

元資料和適應性

本書中貫穿客戶端範例的重要範式：元資料和適應性之間的關係。掃描客戶端範例使用的訊息模型時，會發現每個訊息模型，按照順序，在 API 響應中提供了更多層級的元資料。從純 JSON 響應沒有包含元資料到 Cj 響應（有時）包含比資料更多的元資料。隨著元資料的增加，客戶端函式庫獲得更多適應後端 API 變動的能力。因此，如果要提高客戶端應用程式的適應性，必須專注於響應中共享的元資料。

當然，並不是所有的產品實作都需要支援此處所提到的所有三種方面的適應性（**OBJECT**、**ADDRESS** 和 **ACTION**）。HAL、Siren、Cj（或其他媒體類型）的應用，當它們幫助解決問題時都是有意義的。同樣的，不可能只有一種格式適用於所有 API 實作，由 API 設計者和實作者（伺服器和客戶端兩者）都可以選擇預想的用例提供最佳功能匹配的格式。

雖然 Cj 格式似乎解決的大部分的問題，但是還有一個值得討論的挑戰：實作一個單一 SPA 應用程式來支援多種超媒體格式的挑戰——並且可以根據服務響應在執行期時自動化切換格式。

這是在本書下一章——也是最後一章——將面臨的挑戰。

鮑伯與卡蘿

「嗯，鮑伯，Collection + JSON 是一個非常有趣的超媒體類型。」

「是的，它是，卡蘿。我的團隊告訴我，他們將表示器放在一起時沒有遇到太多問題。即使響應中添加了元資料。」

「對，添加元資料幫助我們客戶端團隊建立了一個非常適合的一般客戶端應用程式。比起目前為止我們試過的其他應用程式，Cj 應用程式似乎更適應後端 API 的變動。」

「是的，似乎 Cj 格式被設計為滿足我們一直討論的 OAA 挑戰。」

「沒錯，Cj 允許 API 提供者提供在 **OBJECT**、**ADDRESS** 和 **ACTION** 中支援動態變化所需要的所有元資料。」

「我得承認我有聽說有些 API 設計者表示，由於 Cj 依賴於 CRUD，所以他們發現在 API 操作上更具挑戰性。」

「是的。事實證明，我們的 TPS API 中的"分配任務"操作並不容易對應到簡單的 CRUD 範式。」

「但是我們的 API 團隊能夠提供使用 POST 模板指向響應的項目層級連結來使其運作。」

「透過這樣做，我們的客戶端應用程式就能夠支援新的註解功能而不需要任何客戶端的更新。這太棒了。」

「對。API 團隊非常的高興，當他們意識到 Cj 讓他們有能力引入這層級的新功能，並且自動出現在客戶端應用程式。」

「當然。我們需要添加一些擴充來改善人類驅動的 UI。好消息是在 Cj 中添加 UI 擴充似乎很容易。」

「嗯，卡蘿。我認為這是到目前為止我們建立最成功的通用超媒體客戶端應用程式。」

「我同意，鮑伯。我想知道是否我們還有需要解決
哪些挑戰。」

「其實，我覺得還有挑戰需要解決。我的伺服器團隊
一直在考慮實作一個微服務風格的後端，這可能會給
超媒體客戶端帶來一些麻煩。」

「你這麼認為？」

「嗯，我得先去與我的團隊確認。明天再來討論一
下，好嗎？」

「好的，鮑伯。明天見。」

參考資源

1. Atom 聯合格式在 RFC4287（*http://g.mamund.com/wnqmf*）中有介紹，Atom 出版協定
   在 RFC5023（*http://g.mamund.com/jjbcj*）中有介紹。

2. Cj 中最新的規範文件可以在這裡找到（*http://g.mamund.com/aycij*）。

3. 可以在線上的 GitHub repo（*https://github.com/collection-json*）中找到各種 Cj 範例和
   擴充。

4. Cj 在 Google 的線上論壇（*http://g.mamund.com/qiqed*）。

5. HTML <input> 元素有很多選項。請查看 W3C 網站上的文件（*http://g.mamund.com/
   ddbgh*）。

6. 可以在 W3C 網站上找到 HTML <textarea> 元素的規範（*http://g.mamund.com/yctfc*）。

圖片貢獻

- 迪奧戈・盧卡斯：圖 8-1

超媒體與微服務

「騙術？天阿，女士，這不是騙術！是魔術。我創造、調換、轉變、分離又重組——但是我從來不欺騙！」

——梅林，老博士的七張臉

鮑伯與卡蘿

 「好的，我們開始吧，卡蘿。」

「沒問題，鮑伯。到目前為止，我們繼續使用客戶端應用程式的超媒體格式取得了不錯的成果。但是，我注意到你的伺服器端團隊想要可以自行選擇他們支援的媒體類型。」

 「是的。由於我們在後端採用了更多的微服務風格，每個產品團隊都開始對這些事情做出自己的決定。」

「嗯，如果每個人都能選擇他們想要的任何格式，事情就無法掌控。每次團隊改變想法時，我們無法繼續重新編寫客戶端應用程式。」

「同意。嗯⋯有什麼方式可以提供一定程度的自由，
但是限制選擇的範圍呢？」

「那麼給團隊一個核准的媒體類型列表呢？如果我
們可以限制集合選項，那麼也可以因此來設計客戶
端。」

「妳的意思是為每個核准的格式建立客戶端嗎？如
果單一客戶端需要更多服務並且每個服務使用不同
的媒體類型時，會發生什麼事呢？」

「那麼，我想我們可以建造一個可以支援多格式的單
一客戶端。」

「真的嗎？這些格式是非常獨特的，不知道如何可
以在單一客戶端的程式碼中處理它們。」

「鮑伯，即使每種格式都有獨特的優點和缺點，我們
已經找到了所有的共通點。我認為我們已經確定了所
有客戶端應用程式的共通結構，無論使用哪種訊息格
式。」

「妳覺得這些格式之間有充足的共通性來讓妳可以
建立一個單一 API 消費應用程式嗎？」

「沒錯。所有三種格式最終都需要相同的基本處理程式
碼——（1）發出請求、（2）解析響應，和（3）等待使
用者輸入——也就是我們上個月討論的 RPW 循環。」

「那麼，卡蘿，妳的意思是？」

「我們建立一個可以在執行期識別每個格式的單一客戶端，然後為每個響應執行正確的解析與呈現的程式碼。」

「好的，卡蘿。我會與我的團隊討論，只要我們都能同意格式的列表，就行得通。」

「太好了，鮑伯。我的團隊將開始製作一個可以處理多種格式的單一客戶端，你與你的後端團隊合作來建立固定支援的媒體類型。」

微服務在 2013 年底開始成為討論的話題。關於它的第一篇文章於 2014 年 3 月在馬丁・福勒的部落格上發表。當時，福勒提出了微服務的定義：

> 微服務架構風格是將單一應用程式開發為一組小型服務的方法，每個應用程式都運行在自己的程序中並與輕量級機制（通常是 HTTP 資源 API）進行溝通。

這個定義涉及了人們在 web 上想到 API 時的許多熱門按鈕：

- 「一套小型服務」描述了一個或多個單一功能組件的集合。

- 「每個都運行在自己的行程中」指出，每個功能都是一個獨立的服務。

- 「通常使用 HTTP 資源 API」直接辨識實作細節。

雖然此定義的細節有些分歧（微服務只能透過 HTTP 進行溝通嗎？什麼構成「小型」？等）在一般範式上有個廣泛的一致性：一組微服務使用普通的方式鬆散連接應用層級協定。

事實上，筆者認為微服務的另一個定義較像是筆者所描述的及阿德里安・科克羅夫特所提出的：

> 具有邊界內文的鬆散偶合服務導向之架構。

科克羅夫特的定義側重於微服務的「小型」和「HTTP API」方面，以及專注於其他地方——邊界內文。這個用語來自艾瑞克・埃文斯關於領域驅動設計（DDD，domain-driven design）的工作。埃文斯的重點概念在於問題領域以及使設計畫布非常強大。它與第五章可重複使用的客戶端應用程式的挑戰中，所涉及的內容相似。所以，可以想像，科克羅夫特的想法影響了筆者在本書中設計和實作簡單微服務範例的方法。

最後，在《*Microservice Architecture*》（由 O'Reilly 出版）書中，筆者的 API Academy 公司同事和筆者想出了一個非常方便的定義：

> 微服務是一個有界限的獨立布署組件，透過基於訊息的溝通支援互通性。微服務架構是一種由能力相匹配的微服務組成的高度自動化、可演化的軟體系統工具。

此處有兩大重點要注意：

- 每個微服務都可以獨立布署並且具備傳遞訊息的有限範圍（類似埃文斯的 DDD）。
- 能力匹配和可演化組件的集合構成了微服務架構。

從本書之前的介紹中知道超媒體 API 訊息是什麼。訊息攜帶 API 資料與元資料來描述服務的 **OBJECT**、**ADDRESS** 和 **ACTION**。在本章中，將會看到了解一個或多個訊息模行的單一客戶端應用程式能夠將一組看似無關的功能（以一個或多個布署的微服務形式）編組在一起，並創建一個獨特的應用程式超過其（微服務）部分的總和。更棒的是，這種應用程式可以隨時間不受各種微服務演化影響而繼續運作不被破壞。

Unix 哲學

2010 年的新微服務範式與 1970 年的 UNIX 作業系統是並行存在的。在 1978 年貝爾實驗室「UNIX 分時系統」文件的前言中，麥克羅伊、潘松和湯谷提供了以下四點作為「在 UNIX 系統中建造者和使用者之間獲得受益的最大值」。

1. 讓每個程式都做一件事情。要做新的工作，就重新構建而非透過添加新的功能來使舊的程式複雜化。

2. 期望每個程式的輸出成為另一個未知程式的輸入。不要雜亂無章的輸出資訊。避免使用嚴謹的柱狀或二元輸入格式。不要交互式輸入。

3. 設計和建造軟體，甚至是作業系統，可以在幾週內盡早嘗試。不要猶豫，丟棄笨重的部分並且重建它們。

4. 使用工具來幫助減輕編程任務，即使必須繞道來建造工具，並希望在完成使用工具後將其中一些丟棄。

這些格言已經在不同的程度上進入微服務的世界。第一個是（「做好一件事情」）在微服務中最常見的。這就是為什麼看到很多小組件，透過 HTTP 來鬆散偶合連接（儘管其他協議也用於微服務）。

第二個格言（「期望輸出…成為輸入…」）也是一個重要的元素──尤其是當認為超媒體 API 的輸出使用結構化格式，像是 HAL、Siren、Cj 等，可被 web 上的其他服務消費者可靠的讀取。這是這些格式在微服務環境中提供如此巨大承諾的原因之一──它們使從**未見過**的服務成功的共享輸入和輸出變得容易。

另外兩個格言是關於開發者／設計者的行為（「設計…要早點嘗試…」和「建造工具」），而不是任何特定的範式或實作細節，但是它們仍是有價值的。

所以，以這兩個觀點為背景，來看看將 TPS web API 變成一套鬆散偶合的微服務時會發生什麼事情。

BigCo 公司的 TPS 微服務

因為範例 API 很簡單，因此很容易識別一些可行的內文邊界，用於重新設計作為一組獨立的微服務。更豐富和複雜的 API 可能會在嘗試找到「邊界內文」時遇到更多的挑戰，但目前沒有──這樣正好。

以下為將在本章實作的一組微服務：

任務服務

　　提供管理任務物件的所有功能。

用戶服務

　　這將是獨立用戶物件管理器。

註解服務

　　管裡所有內容註解的地方。

除了這三項服務之外，還會再創建一個服務：**首頁服務**。首頁服務將充當為系統根源並根據需要來提供所有其他服務的連接。首頁服務將寄存於客戶端應用程式，作為其他三個服務的消費者。

為了讓事情變得有趣，會確保這三個主要的服務每個只支援一種超媒體格式。**任務服務**使用 Collection + JSON 回覆。**用戶服務**使用 Siren。**註解服務**將在 HAL 訊息中交談。這意味著**首頁服務**將需要能夠以多種語言進行交談，以便成功的與所有其他組件進行互動。這種一對一的連結在服務和格式之間是一個有爭議的例子，但是這種常見的問題（服務在執行期使用不同的語言）是在現實中會發生的。

接下來幾節中，將對每個微服務的 API 進行快速的介紹，接下來在**首頁服務**上會花費較多時間，因為它消費了其他服務。在最終的 API 消費者中，將看到如何利用到目前為止建立的所有客戶端函式庫，並將它們集成到一個多格式的 API 客戶端中。

任務服務搭配 Collection + JSON

任務服務實作具有與 TPS web API 中存在相同的功能。唯一實質的區別是已經刪除了對所有其他物件（用戶和註解）的支援。大多數的程式碼與前幾章所看到的相同，所以此處不會再多做介紹。不過，會從最初的 API 伺服器路由器（`app.js`）中展示一些程式碼片段，以突顯更改使其成為單一功能的服務。

> 獨立的任務服務客戶端程式碼可以在相關的 GitHub repo（*https://github.com/RWCBook/ms-tasks*）中找到。本節中描述的應用程式運行版本可以在線上找到（*http://rwcbook16.herokuapp.com/task/*）。

以下為 `ms-tasks` 專案中 `app.js` 檔案的程式碼片段——任務服務的根源檔案：

```
var port = (process.env.PORT || 8182); ❶
var cjType = "application/vnd.collection+json"; ❷

var reRoot = new RegExp('^\/$','i'); ❸
var reFile = new RegExp('^\/files\/.*','i');
var reTask = new RegExp('^\/task\/.*','i');

// 請求處理
function handler(req, res) {
  var segments, i, x, parts, rtn, flg, doc, url;

  // 設定區域變數
  root = '//'+req.headers.host;
  contentType = contentType;
  flg = false;
  file = false;
  doc = null;
```

```
    // 預設為 Cj ❹
    contentAccept = req.headers["accept"];
    if(!contentAccept || contentAccept.indexOf(cjType)!==-1) {
      contentType = contentType;
    }
    else {
      contentType = cjType;
    }
    ...
  }
```

此程式碼片段的重點如下所示：

❶ 設置此服務的監聽埠。使用 8184 作為區域運行的實例。

❷ 將此服務的媒體類型設置為 application/vnd.collection+json。

❸ 設置根源、任務和一般檔案請求的路由規則。

❹ 強制傳入的接收標頭為 application/vnd.collection+json。

如果客戶端進行一個無法解析為 application/vnd.collection+json 的呼叫時，處理內容協商更健全的方法可能是簡單的回傳 "415 - Unsupported media type"，但是通常（在 HTTP 規範內）服務忽略傳入的接收標頭，只是把它們知道的唯一格式弄清楚。客戶端也需要交代說明。

其他 app.js 值得一看的程式碼片段用於處理請求的路由：

```
    ...
    // 解析傳入的請求 URL ❶
    parts = [];
    segments = req.url.split('/');
    for(i=0, x=segments.length; i<x; i++) {
      if(segments[i]!=='') {
        parts.push(segments[i]);
      }
    }

    // 重新導向 / 至 /task/ ❷
    try {
      if(flg===false && reRoot.test(req.url)) {
        handleResponse(req, res,
         {code:302, doc:"", headers:{'location':'//'+req.headers.host+"/task/"}});
      }
    }
    catch (ex) {}
```

```
    // 任務處理❸
    try {
      if(flg===false && reTask.test(req.url)) {
        flg = true;
        doc = task(req, res, parts, handleResponse);
      }
    }
    catch(ex) {}

    // 檔案處理❹
    try {
      if(flg===false && reFile.test(req.url)) {
        flg = true;
        utils.file(req, res, parts, handleResponse);
      }
    }
    catch(ex) {}

    // 最終錯誤❺
    if(flg===false) {
      handleResponse(req, res, utils.errorResponse(req, res, 'Not Found', 404));
    }
  ...
```

重點如下所示：

❶ 將傳入的 URL 解析成為每個人處理的 parts 集合。

❷ 如果呼叫到根源，將客戶端重新導向到 /task/ URL。

❸ 處理任何 task/ 請求。

❹ 處理 /file/ 請求。

❺ 發出任何其他請求的 404 錯誤。

這裡沒有展示任務連接器和組件以及 Cj 表示器的程式碼。已經介紹過而且可以查看原始碼（*https://github.com/RWCBook/ms-tasks*）取得詳細訊息。

現在，透過此服務的啟動與運行，向 /task/ URL 發送直接的請求時所得到的響應如下所示：

```
{
  "collection": {
    "version": "1.0",
    "href": "//localhost:8182/task/",
    "title": "TPS - Tasks",
    "content": "<div>...</div>",
    "links": [
      {
        "href": "http://localhost:8182/task/",
        "rel": "self task collection","prompt": "Tasks"
      }
    ],
    "items": [
      {
        "rel": "item","href": "//localhost:8182/1l9fz7bhaho",
        "data": [
          {"name":"id","value":"1l9fz7bhaho","prompt":"ID","display":"true"},
          {"name":"title","value":"extensions","prompt":"Title",
            "display":"true"},
          {"name":"tags","value":"forms testing","prompt":"Tags",
            "display":"true"},
          {"name":"completeFlag","value":"true","prompt":"Complete Flag",
            "display":"true"},
          {"name":"assignedUser","value":"carol","prompt":"Asigned User",
            "display":"true"},
        ],
        "links": [
          {
            "prompt": "Assign User","rel": "assignUser edit-form",
            "href": "//localhost:8182/task/assign/1l9fz7bhaho"
          },
          {
            "prompt": "Mark Completed","rel": "markCompleted edit-form",
            "href": "/localhost:8182/task/completed/1l9fz7bhaho"
          },
          {
            "prompt": "Mark Active","rel": "markActive edit-form",
            "href": "//localhost:8182/task/active/1l9fz7bhaho"
          }
        ]
      }
      ...
    ],
    "queries": [...],
    "template": {
```

```
        "prompt": "Add Task","rel": "create-form //localhost:8182/rels/taskAdd",
        "data": [
          {"name": "title","value": "","prompt": "Title","required": true},
          {"name": "tags","value": "","prompt": "Tags"},
          {"name": "completeFlag","value": "false","prompt": "Complete"}
        ]
      }
    }
  }
```

所以，現在有一個任務服務正在運行。接下來介紹用戶服務。

用戶服務搭配 Siren

如同任務服務一樣，創建的用戶服務是一個單一功能的微服務，允許消費者透過 web API 操作 User 物件。這次，將用戶服務只發送 Siren 語言。所以所有的消費者都會得到 Siren 響應。

 獨立的用戶服務客戶端原始碼可以在相關的 GitHub repo（*https://github. com/RWCBook/ms-users*）中找到。本節中描述的應用程式運行版本可以在線上找到（*http://rwcbook17.herokuapp.com/user/*）。

app.js 檔案的開頭如下所示：

```
var port          = (process.env.PORT || 8183);  ❶
var sirenType     = "application/vnd.siren+json";  ❷

var csType        = '';
var csAccept      = '';

// 路由規則
var reRoot = new RegExp('^\/$','i');
var reFile = new RegExp('^\/files\/.*','i');
var reUser = new RegExp('^\/user\/.*','i');

// 請求處理
function handler(req, res) {
  var segments, i, x, parts, rtn, flg, doc, url;

  // 設置區域變數
  root = '//'+req.headers.host;
  contentType = sirenType;
  flg = false;
  file = false;
```

```
    doc = null;

    // 在此處處理 Siren ❸
    contentAccept = req.headers["accept"];
    if(!contentAccept || contentAccept.indexOf(sirenType)!==-1) {
      contentType = contentType;
    }
    else {
      contentType = sirenType;
    }
    ...
  }
```

請注意,使用新的區域埠(❶)8183,將預設媒體類型為 application/vnd.siren+json(❷),以及將 accept 標頭強制為 Siren 媒體類型(在❸)。

其它用戶服務片段(如下所示)是路由程式碼,包括:

❶ 解析 URL。

❷ 將根源請求重新導向至 /user/。

❸ 處理用戶呼叫。

❹ 處理對 /files/ URL 的任何呼叫。

❺ 發送 404 - Not Found 錯誤。

```
    // 解析傳入的請求 URL ❶
    parts = [];
    segments = req.url.split('/');
    for(i=0, x=segments.length; i<x; i++) {
      if(segments[i]!=='') {
        parts.push(segments[i]);
      }
    }

    // 重新導向 / 至 /user/ ❷
    try {
      if(flg===false && reRoot.test(req.url)) {
        handleResponse(req, res,
          {code:302, doc:"", headers:{'location':'//'+req.headers.host+"/user/"}});
      }
    }
    catch (ex) {}

    // 用戶處理❸
```

```
    try {
      if(flg===false && reUser.test(req.url)) {
        flg = true;
        doc = user(req, res, parts, handleResponse);
      }
    }
    catch(ex) {}

    // 檔案處理❹
    try {
      if(flg===false && reFile.test(req.url)) {
        flg = true;
        utils.file(req, res, parts, handleResponse);
      }
    }
    catch(ex) {}

    // 最終錯誤❺
    if(flg===false) {
      handleResponse(req, res, utils.errorResponse(req, res, 'Not Found', 404));
    }
  }
```

如預期的一樣，用戶服務的響應如下所示：

```
{
  "class": ["user"],
  "properties": {
    "content":
...
"
  },
  "entities": [
    {
      "class": ["user"],
      "href": "//localhost:8183/user/alice",
      "rel": ["item"],
      "type": "application/vnd.siren+json",
      "id": "alice",
      "nick": "alice",
      "email": "alice@example.org",
      "password": "a1!c#",
      "name": "Alice Teddington, Sr.",
      "dateCreated": "2016-01-18T02:12:55.747Z",
```

```
        "dateUpdated": "2016-02-07T04:43:44.500Z"
      }
      ...
    ],
    "actions": [
      {
        "name": "userFormAdd","title": "Add User",
        "href": "http://rwcbook11.herokuapp.com/user/",
        "type": "application/x-www-form-urlencoded",
        "method": "POST",
        "fields": [
          {"name": "nick","type": "text","value": "","title": "Nickname",
            "required": true, "pattern": "[a-zA-Z0-9]+"},
          {"name": "email","type": "email","value": "","title": "Email"},
          {"name": "name","type": "text","value": "","title": "Full Name",
            "required": true},
          {"name": "password","type": "text","value": "","title": "Password",
            "required": true,"pattern": "[a-zA-Z0-9!@#$%^&*-]+"
          }
        ]
      }
      ...
    ],
    "links": [
      {
        "rel": ["self","user","collection"],
        "href": "http://locahost:8183/user/",
        "class": ["user"],"title": "Users",
        "type": "application/vnd.siren+json"
      },
      {
        "rel": ["profile"],
        "href": "http://rwcbook17.herokuapp.com/user/", ❶
        "class": ["user"],"title": "Profile",
        "type": "application/vnd.siren+json"
      }
    ]
}
```

請注意響應中的 profile 連結的外觀（❶）。這是在第六章 *Siren 客戶端*中創建 POD 擴充的引用，以便更容易的將領域物件資訊傳遞給 Siren 響應。

現在需要一個更多的基本服務——註解服務。

註解服務搭配 HAL

將註解服務實作為獨立的單一能力組件並且使用 HAL 語言。像其他服務一樣,創建服務所需要做的唯一一件事就是刪除 app.js 檔案,只響應 /note/ 呼叫並且只回傳 HAL 格式的響應。

 獨立的註解服務客戶端程式碼可以在相關的 GitHub repo(*https://github. com/RWCBook/ms-notes*)中找到。本節中描述的應用程式運行版本可以在線上找到(*http://rwcbook18.herokuapp.com/note/*)。

以下為 app.js 檔案的開頭具有新的埠(8184 在❶)、預設媒體類型(❷)和 accept 處理(在❸)。

```
// 共享變數
var port         = (process.env.PORT || 8184); ❶
var halType      = "application/vnd.hal+json"; ❷

var csType       = '';
var csAccept     = '';

// 路由規則
var reRoot = new RegExp('^\/$','i');
var reFile = new RegExp('^\/files\/.*','i');
var reNote = new RegExp('^\/note\/.*','i');

// 請求處理
function handler(req, res) {
  var segments, i, x, parts, rtn, flg, doc, url;

  // 設置區域變數
  root = '//'+req.headers.host;
  contentType = halType;
  flg = false;
  file = false;
  doc = null;

  // 此處為 HAL ❸
  contentAccept = req.headers["accept"];
  if(!contentAccept || contentAccept.indexOf(htmlType)!==-1) {
    contentType = contentAccept;
  }
  else {
    contentType = halType;
  }
```

路由程式碼看起來也很熟悉：

```
...
// 解析傳入的請求 URL
parts = [];
segments = req.url.split('/');
for(i=0, x=segments.length; i<x; i++) {
  if(segments[i]!=='') {
    parts.push(segments[i]);
  }
}

// 處理選項呼叫
if(req.method==="OPTIONS") {
  sendResponse(req, res, "", 200);
  return;
}

// 處理根源呼叫 ( 路由至 /note/)
try {
  if(flg===false && reRoot.test(req.url)) {
    handleResponse(req, res,
      {code:302, doc:"", headers:{'location':'//'+req.headers.host+"/note/"}}
    );
  }
}
catch (ex) {}

try {
  if(flg===false && reNote.test(req.url)) {
    flg = true;
    doc = note(req, res, parts, handleResponse);
  }
}
catch(ex) {}

// 檔案處理
try {
  if(flg===false && reFile.test(req.url)) {
    flg = true;
    utils.file(req, res, parts, handleResponse);
  }
}
catch(ex) {}

// 最終錯誤
if(flg===false) {
```

```
    handleResponse(req, res, utils.errorResponse(req, res, 'Not Found', 404));
  }
}
```

註解服務響應回傳 HAL，如下所示（為縮略顯示）：

```
{
  "_links": {
    "collection": {
      "href": "http://localhost:8184/note/",
      "title": "Notes","templated": false},
    "note": {"href" : "http://localhost:8184/:note-note"},
    "profile": {"href": "http://localhost:8184/note.pod"},
  },
  "content": "<div>...</div>",
  "related": {"tasklist": [ ... ]},
  "id": "aao9c8ascvk",
  "title": "Sample",
  "text": "this note was created using the Note microservice for the TPS API.",
  "assignedTask": "1l9fz7bhaho",
  "dateCreated": "2016-02-13T19:26:25.686Z",
  "dateUpdated": "2016-02-13T19:26:25.686Z"
}
```

請注意響應中顯示的 profile 連結。這是引用相同的 POD 擴充，它曾被添加到 Siren 表示法中（見第 187 頁「POD 規格介紹」），以及可用於進行 HAL-FORMS 呼叫的 collection 和 note 連結（見第 118 頁「擴充 HAL-FORMS」）。現在，此服務的 HAL 響應提供 **OBJECT** 元資料（透過 POD）、**ACTION** 元資料（透過 HAL-FORMS），以及 **ADDRESS**（透過原生的 HAL _link 陣列）。

所以，這是所有基礎層級的微服務。真正的工作在下一節介紹。那就是修改首頁服務以提供能使用多種語言交談的 TPS 客戶端。

一個客戶端解決所有問題

因此，當考慮新建可以與多個微服務正確互動的單一客戶端的挑戰時，每個服務選擇自己的表示法格式，而真正的問題是：

> 「創建能夠成功 "說出" 多種格式的單一客戶端有多困難？」

事實證明並不困難。尤其是因為已經完成了創建用於解析 HAL、Siren 和 Cj 獨立函式庫的重要工作。現在所需要的是一些重新排列、一些裁剪及一直在獨立運作的客戶端函式庫可以很好的融合在一個套件裡。

首先,來看看首頁服務以了解伺服器端組件在所有方面的作用,接下來將深入新的多格式客戶端將所有內容都集中在一起。

首頁服務

新建的首頁服務有兩個重要的工作:

- 作為其他微服務(Tasks、Users、Notes)的閘道器。

- 提供能夠使用這些微服務 API 的獨立多格式客戶端。

首先,當處理鬆散偶合的微服務時,任何一個組件很難知道所有其他組件的細節。相反的,大多數微服務實作依賴於代理伺服器和閘道器在執行期解決請求並確保它們結束在正確的地方。

筆者不想建立一個獨立的 API 閘道器而且也不希望讀者為這本書選擇和安裝,反而在首頁服務中寫了一小段的「代理伺服器程式碼」。在此處選擇了這種做法。

 獨立的首頁服務客戶端原始碼相關的 GitHub repo(*https://github.com/RWCBook/ms-home*)中找到。本節中描述的客戶端應用程式運行版本可以在線上找到(*http://rwcbook15.herokuapp.com/files/home.html*)。

首先,對微服務的區域版本和遠端運行版本進行了位址的編死動作:

```
// 服務
var addr = {};
addr.local = {};
addr.remote = {};
addr.selected = {};
addr.local.taskURL = "//localhost:8182/task/";
addr.local.userURL = "//localhost:8183/user/";
addr.local.noteURL = "//localhost:8184/note/";
addr.remote.taskURL = "//rwcbook16.herokuapp.com/task/";
addr.remote.userURL = "//rwcbook17.herokuapp.com/user/";
addr.remote.noteURL = "//rwcbook18.herokuapp.com/note/";
```

下一步,在首頁服務的 app.js 檔案頂部,添加一些程式碼用於檢查傳入請求的 host 標頭查看該請求的標頭,以及使用它選擇一組位址:

```
// 處理重新導向
if(root.indexOf("localhost")!==-1) {
  addr.selected = addr.local;
}
```

```
else {
  addr.selected = addr.remote;
}
```

最後，每當首頁服務的消費者呼叫其中一個相關的服務時，將該呼叫重新導向到正確的獨立服務組件：

```
// 任務處理（發送至外部服務）
try {
  if(flg===false && reTask.test(req.url)) {
    handleResponse(req, res, {code:302, doc:"",
      headers:{'location':addr.selected.taskURL}});
  }
}
catch(ex) {}

// 用戶處理（發送至外部服務）
try {
  if(flg===false && reUser.test(req.url)) {
    handleResponse(req, res, {code:302, doc:"",
      headers:{'location':addr.selected.userURL}});
  }
}
catch(ex) {}

// 註解處理（發送至外部服務）
try {
  if(flg===false && reNote.test(req.url)) {
    flg = true;
    handleResponse(req, res, {code:302, doc:"",
      headers:{'location':addr.selected.noteURL}});
  }
}
catch(ex) {}
```

現在寄存於 Home 服務的客戶端不需要知道其他服務位於何處。它只是回叫到 Home 服務（例如 /task/）。在接收到客戶端請求後，Home 服務選擇適當的 URL 並將該 URL 傳遞回客戶端（透過一個 302 Redirect 請求）。接下來客戶端使用這個新的 URL 直接呼叫運行的微服務。

以這種方式，Home 服務不處理微服務的請求，僅適用於 Home 服務的請求。Home 服務的其餘部分致力於為客戶端提供 HTML SPA 容器和相關聯的 JavaScript 檔案，在接下來的小節中進行介紹。

多格式客戶端 SPA 容器

首先要介紹的是多格式客戶端的 HTML 容器。它看起來像以前的容器，不過除了一件事情。此容器一共有三個來自以前容器的標記。

筆者將會在幾個關鍵的片段中介紹 SPA 容器。第一個是 HTML <body> 區段的頂部。它包含一個固定的功能表區域（❶）保存了一組相對的 URL ——每個服務一個。還有一個「共享的布局」區域（❷）可以保存 title、content 和 error 元素。固定的元素對於客戶端來說是新的，但是其他部分應該看起來很熟悉。

```html
<!DOCTYPE html>
<html>
  <body>
    <!-- 固定的功能表 -->
    <div id="menu"> ❶
      <div class="ui blue fixed top menu">
        <a href="/home/" rel="home" class="item" title="Home">Home</a>
        <a href="/task/" rel="task" class="item ext" title="Tasks">Tasks</a>
        <a href="/user/" rel="user" class="item ext" title="Users">Users</a>
        <a href="/note/" rel="note" class="item ext" title="Notes">Notes</a>
      </div>

      <!-- 共享的布局 --> ❷
      <h1 id="title" class="ui page header"></h1>
      <div id="content" style="margin: 1em"></div>
      <div id="error"></div>
    </div>
    ...
```

接下來在 HTML 容器中的三個標記區塊與客戶端理解的三種媒體類型格式相匹配。例如，此處是處理 Collection + JSON 響應的標記：

```html
<!-- cj 布局 -->
<div id="cj" style="display:none;">
  <div id="c-links" style="display:none;"></div> ❶
  <div style="margin: 5em 1em">
    <div class="ui mobile reversed two column stackable grid">
      <div class="column">
        <div id="c-items" class="ui segments"></div> ❷
      </div>
      <div class="column">
        <div id="c-edit" class="ui green segment"></div> ❸
        <div id="c-template" class="ui green segment"></div> ❹
        <div id="queries-wrapper">
          <h1 class="ui dividing header">
```

```
            Queries
        </h1>
        <div id="c-queries"></div> ❺
      </div>
    </div>
  </div>
</div>
```

請注意編號展示了 Cj 特定元素的連結（❶）、項目（❷）、一個編輯區塊（❸）、模板（❹）與查詢（❺）。

客戶端的下個標記區塊用於呈現 Siren 響應，其中編號為 Siren 連結（❶）、屬性（❷）、物體（❸）與動作（❹）：

```
<!-- siren 布局 -->
<div id="siren" style="display:none;">
  <div id="s-links"></div> ❶
  <div style="margin: 5em 1em">
    <div class="ui mobile reversed two column stackable grid">
      <div class="column">
        <div id="s-properties" class="ui segment"></div> ❷
        <div id="s-entities" class="ui segments"></div> ❸
      </div>
      <div class="column">
        <div id="s-actions"></div> ❹
      </div>
    </div>
  </div>
</div>
```

接下來是標記的 HAL 區段，連結、嵌入式和屬性（分別為❶、❷和❸）。還有一個用於 HAL 互動的元素來容納所有的輸入表單（❹）：

```
<!-- hal 布局 -->
<div id="hal" style="display:none;">
  <div style="margin: 5em 1em">
    <div id="h-links" style="margin-bottom: 1em"></div> ❶
    <div class="ui mobile reversed two column stackable grid">
      <div class="column">
        <div id="h-embedded" class="ui segments"></div> ❷
        <div id="h-properties"></div> ❸
      </div>
      <div class="column">
        <div id="h-form"></div> ❹
      </div>
    </div>
```

```
            </div>
        </div>
    </div>
```

 實際上可以創建一個單一標準化 SPA 區塊的元素來讓所有三種訊息格式都可以使用。但是，對於這個例子，想要簡單的展示讓每個訊息模組對應到 HTML 區塊。在強健的產品應用程式中，可能只使用一組容器元素——甚至可以根據響應的媒體類型在執行期時動態產生。

最後，在 HTML 頁面的底部是一系列對 JacaScript 檔案的引用（❶）——每個格式（cj-lib.js、siren-lib.js 和 hal-lib.js）連同區域客戶端檔案（❷，dom-help.js 和 home.js）。在❸，可以看到首頁客戶端啟動並等待下一次與人類的互動：

```
<script src="cj-lib.js">//na </script> ❶
<script src="siren-lib.js">//na </script>
<script src="hal-lib.js"?>//na </script>
<script src="dom-help.js">//na </script>
<script src="home.js">//na </script> ❷
<script>
  window.onload = function() { ❸
    var pg = home();
    pg.init();
  }
</script>
```

格式切換客戶端 UI

可能可以從 HTML 尋找客戶端的方式猜測，該應用程式被設計來處理三種不同的媒體類型響應：HAL、Siren 和 Cj。這樣做的方式是它們的每個函式庫在執行期被加載，接下來當每個請求進入時，它被路由到適當的函式庫並在適當的 HTML 區塊中呈現。該功能包含在 home.js 腳本中。

home.js 腳本並不大，此處有兩個值得介紹的部分。第一，在 home.js 腳本的開始處，所有其他的格式函式庫都被初始化而且靜態頁面被填充。

程式碼如下所示：

```
function home() {

  var d = domHelp();
  var cj = cjLib(); ❶
  var siren = sirenLib();
```

```
var hal = halLib();

var global = {};
global.accept = "application/vnd.hal+json,"   ❷
  + "application/vnd.siren+json,"
  + "application/vnd.collection+json";

// 初始函式庫並啟動
function init() {
  cj.init(this.req, this.rsp, "TPS - Tasks");   ❸
  siren.init(this.req, this.rsp, "TPS - Users");
  hal.init(this.req, this.rsp, "TPS - Notes");

  hideAll();
  setTitle();
  setHome();
  setLinks();
  setContent();
}
```

在上述的程式碼片段中可以看到每個函式庫被加載（❶）並且初始化（在❸）。請注意指向此模組的 Ajax 物件（`this.req` 和 `this.rsp`）的指標被傳遞給每個格式函式庫。這樣可以確保所有請求都來自此模組，以便進一步檢查以及適當的路由。還可以看到（在❷）客戶端的 HTTP ACCEPT 變數被初始化來包含客戶端在與服務溝通時所理解的所有三種格式。

當運行時，客戶端程式碼呈現功能表和一些靜態的內容，接下來等待使用者點擊（見圖 9-1）。

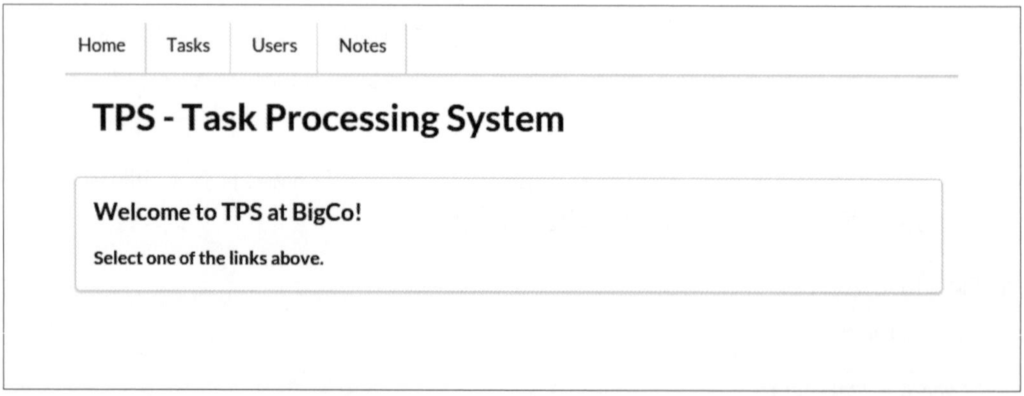

圖 9-1　在多客戶端中呈現首頁畫面

此程式碼片段中另一個重要的元素在❷。這行程式碼為多格式客戶端設定了預設的 accept 標頭，藉由加載客戶端理解的所有三種格式。現在，對於任何服務的每個初始請求將具有以下 accept 標頭值：

```
Accept: application/vnd.hal+json, application/vnd.siren+json,
   application/vnd.collection+json
```

這是客戶端告訴伺服器的 HTTP 方式：

> 嘿，服務，我理解這三種格式。請將您的回覆發送為 HAL、Siren 或 Cj 訊息。
> OK，謝謝，再見。

由伺服器來閱讀並遵守此請求。

此預設請求的另一部分是處理響應並將其路由到正確的函式庫。在 home.js 客戶端程式碼中，函式庫之間的路由發生在 HTTP 的請求處理程序中。在那裡，函式庫檢查 content-type 標頭並根據傳入的響應來路由：

```javascript
function rsp(ajax) {
  var ctype

  if(ajax.readyState===4) {
    hideAll();
    try {
      ctype = ajax.getResponseHeader("content-type").toLowerCase();
      switch(ctype) {
        case "application/vnd.collection+json":
          cj.parse(JSON.parse(ajax.responseText));
          break;
        case "application/vnd.siren+json":
          siren.parse(JSON.parse(ajax.responseText));
          break;
        case "application/vnd.hal+json":
          hal.parse(JSON.parse(ajax.responseText));
          break;
        default:
          dump(ajax.responseText);
          break;
      }
    }
    catch(ex) {
      alert(ex);
    }
  }
}
```

上述的程式碼與在整本書的伺服器端實作中（第 73 頁「實作訊息翻譯器範式」）使用的 representor.js 程式碼非常相似。此客戶端程式碼實際上是伺服器程式碼的**鏡像**。這是因為此程式碼是客戶端表示器的實作。它採用公開的表示法（HAL、Siren 或 Cj）並將其轉換為客戶端的基礎物件圖，即以人為中心的 web 瀏覽器，HTML DOM。重要的區別是伺服器端表示器使用客戶端的 accept 標頭將內部物件圖路由到適當的表示器。而客戶端表示器（前面以看過）使用伺服器的 content-type 標頭將外部的表示法路由到正確的函式庫，來將該訊息轉換為區域 HTML DOM 以進行顯示。

這是一個重要的設計範式用於實現網路中組件之間的鬆散偶合互動。它們共享一個共通的結構化訊息模型（HAL、Siren 和 Cj）並使用清楚的元資料標籤來發送它們，以幫助接收者識別訊息模型。由各方（提供者和消費者）來完成在自己內部的物件模型和基於格式的共享訊息模型之間進行翻譯的工作。

一旦決定了路由，整個響應被傳遞到該函式庫的解析常式處理所有的翻譯和呈現。所以，來看看此客戶端的媒體類型函式庫。

Cj 的呈現函式庫

在以下的 Collection + JSON 的呈現函式庫（cj-lib.js）程式碼片段中，可以看到 init() 和 parse() 常式。在❶的 init 常式中接收指向共享 ajax 處理程序的指標。一旦 home.js 中的 rsp 處理程序接收到伺服器響應並將其路由到此處（透過 parse 方法）時，則儲存傳入的 Cj 訊息（❷）並呈現響應（❸），就像在專用的 Cj 客戶端中一樣。所有的呈現完成後，展示 `<div id="cj">…</div>` 區塊來等待人類的互動（❹）。這是第五章中的經典動作，請求、解析與等待（RPW）互動範式：

```
// 初始函式庫並啟動
function init(req,rsp) { ❶
  global.req = req;
  global.rsp = rsp;
}

// 主要迴圈
function parse(collection) {
  var elm;

  // 儲存響應
  global.cj = collection; ❷
```

```
// 呈現❸
dump();
title();
content();
items();
queries();
template();
error();
cjClearEdit();

// 展示
elm = domHelp.find("cj"); ❹
if(elm) {
  elm.style.display="block";
}
}
```

圖 9-2 展示出處理任務服務中的 Cj 響應時實際的 HTML UI 外觀。

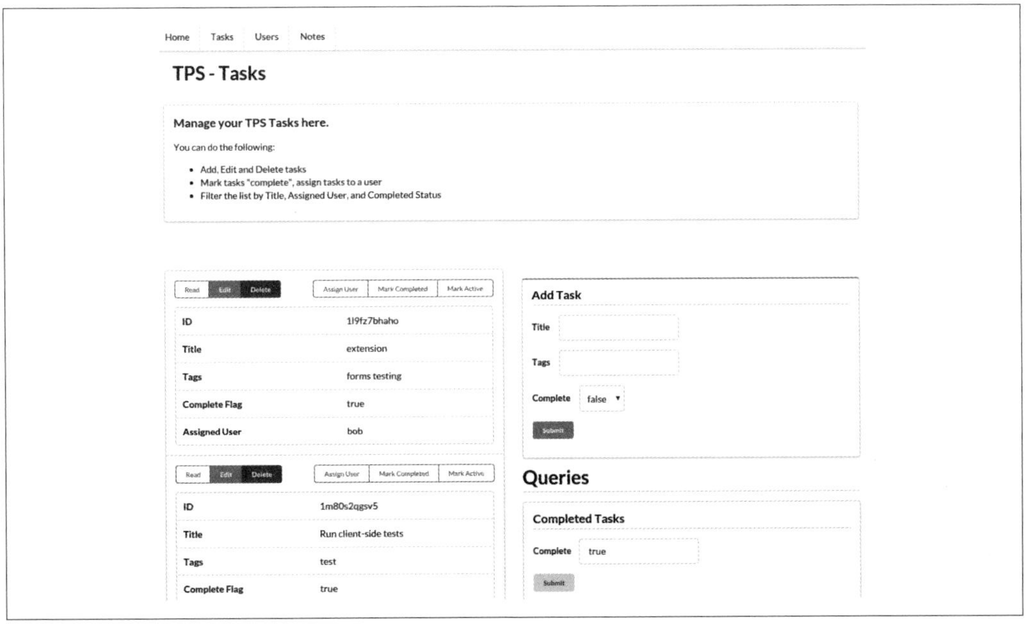

圖 9-2　在多客戶端中呈現 Cj 響應

Siren 的呈現函式庫

Siren parse 常式看起來很類似（包含在❶「展示」的程式碼）。請注意到 title 從 home. js 常式中傳入。這是個可選的項目，涵蓋 Siren 中缺少內建的 title 元素。當在同一個 UI 中使用不同的響應格式時，UI 細節自然會有一些差異，因此添加這些可選的元素會有幫助：

```
// 初始函式庫並啟動
function init(req, rsp, title) {
  global.req = req;
  global.rsp = rsp;
  global.title = title||"Siren Client";
}

// 主要迴圈
function parse(sirenMsg) {
  var elm;

  global.sirenMsg = sirenMsg;

  sirenClear();
  title();
  getContent();
  dump();
  links();
  entities();
  properties();
  actions();

  elm = domHelp.find("siren"); ❶
  if(elm) {
    elm.style.display="block";
  }
}
```

圖 9-3 展示出客戶端從用戶服務呈現的 Siren 響應。

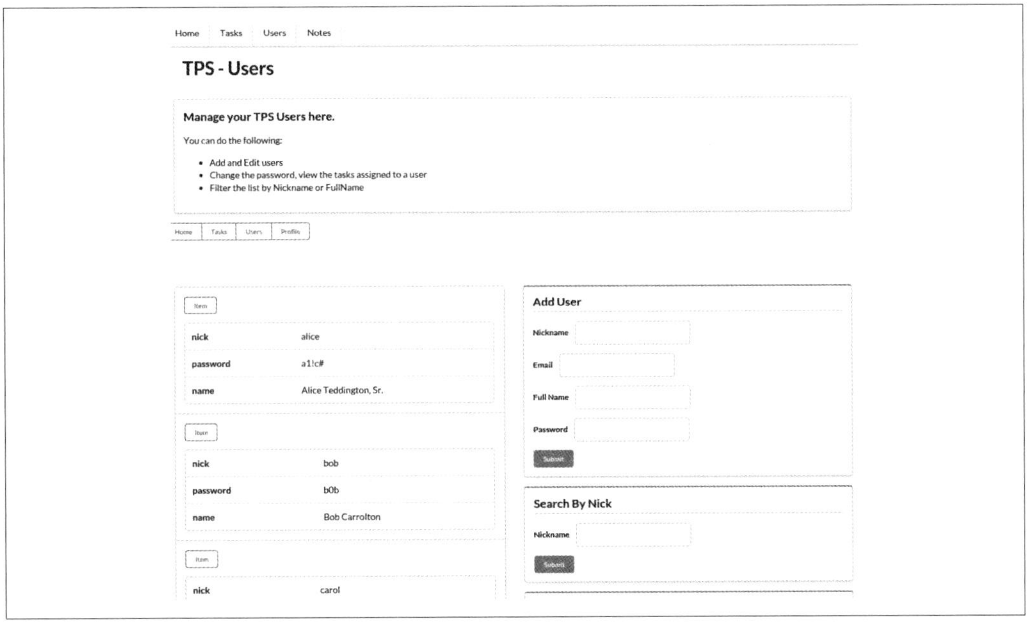

圖 9-3　在多客戶端中呈現 Siren 響應

HAL 的呈現函式庫

最後，介紹 HAL parse 常式（見下述程式碼）。到目前為止，這一切似乎很簡單。範式很簡單：使用請求和響應指標初始化函式庫；當請求被路由到函式庫中時，按照平常的方式呈現它之後顯示人類要處理的結果。

HAL 初始程式碼如下所示：

```
// HAL 初始函式庫並啟動
function init(req, rsp, title) {
  global.title = title||"HAL Client";
  global.req = req;
  global.rsp = rsp;
}

// 主要迴圈
function parse(hal) {
```

```
global.hal = hal;

halClear();
title();
setContext();
if(g.context!=="") {
  selectLinks("list", "h-links");
  content();
  embedded();
  properties();
}
else {
  alert("Unknown Context, can't continue");
}
dump();

elm = domHelp.find("hal");
if(elm) {
  elm.style.display="block";
}
}
```

圖 9-4 展示出來自註解服務的 HAL 響應呈現。

同樣的，UI 的確切細節因回傳的響應格式而異。這很自然。正如使用預設的客戶端
（web 瀏覽器）從一個網站移動到另一個網站時可以使用不同的 UI 顯示，當使用多格
式的客戶端從一個微服務移動到另一個微服務時，可能會遇到類似不同的 UI 體驗。

給讀者的試驗

筆者實作的微服務實際上能夠以多種表示法格式提供其功能。例如，任務
服務可以說 HAL、Siren 和 Cj 語言。如果只是在執行期更改微服務的響應
格式，那麼讀者覺得多格式客戶端會發生什麼事呢？如果客戶端和微服務
被編碼正確，則應用程式將正常運行（儘管會有些微的 UI 體驗差異）。

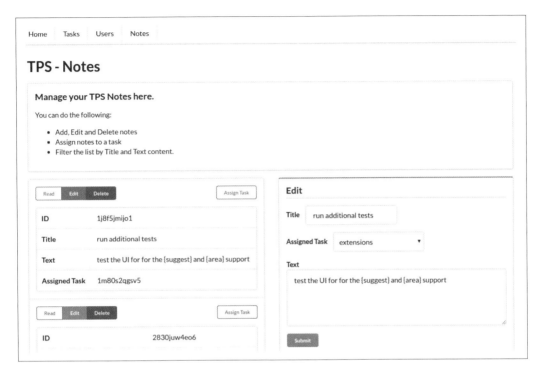

圖 9-4　在多客戶端中呈現 HAL 響應

接下來簡要介紹一下在本章中學到的內容。

本章總結

在為三種超媒體格式（第四章 *HAL 客戶端*；第六章 *Siren 客戶端*；第八章 *Collection ＋ JSON 客戶端*）中的每一種創建專用 UI 客戶端之後，本章將它們都集中在一個使用者介面經驗中。現在有一個單一 API 客戶端應用程式可以透過三種訊息格式的其中之一進行交談。為了實現這一切，將 TPS web API 分解成三個獨立的單一功能微服務，每個微服務都可以自行決定要使用的響應格式。在此看到——在獨立的媒體類型函式庫中進行的微小的變動——可使用以前的程式碼函式庫作為單一多格式客戶端應用程式的插件：

處理多種格式

應該清楚明白添加對其他媒體類型（例如，Atom、UBER、Mason 等）的支援並不是很難的。對於客戶端而言，只需要做相同的工作來建立一個有效的客戶端呈現函式庫，並將其添加為客戶端的另一個插件。對於伺服器來說，需要實作第三章**表示器範式**中涵蓋的範式。接下來，客戶端和伺服器都可以使用 HTTP 元資料（accept 和 content-type 標頭）來觸發從共享訊息到內部物件模型的轉換。

透過元資料適應變動

從這些實驗中學到的一件事是，為了使客戶端能夠成功的適應伺服器上的變動，必須存在兩件事。第一，伺服器必須承諾只引入向後相容的變動——這些變動將不會使現有的實作失效。第二，客戶端必須能夠從訊息中的元資料或取它們對 **OBJECT**、**ADDRESS** 和 **ACTION** 的知識——而不是從程式碼。在響應中識別和處理元資料的能力即為客戶端提供適應性的能力。

支援向後相容性

我們還看到服務提供者和 API 消費者都被編碼成鼓勵向後相容，並透過第七章**版本控制與 *Web* 應用**中涵蓋的規則來減少破壞性變動的發生。

利用互動設計

本書中的範例都著重於以人為中心的客戶端應用程式實作 RPW 迴圈。如第五章**可重複使用的客戶端應用程式的挑戰**中所述，超媒體客戶端主要在實作維普蘭克的 DO — FEEL — KNOW 迴圈版本。當機器（客戶端應用程式）處理 DO 步驟時，它們依賴人類處理 FEEL（感覺）和 KNOW（決定）元素。建立可以處理 FEEL 和 KNOW 步驟的客戶端需要對客戶端應用程式的實作有一定程度的額外理解——這是絕對可能的，不過超出了本書的範圍。

在某些方面，已經圓滿完成。在第一章 *HTML 起源與簡單的 Web API* 中指出，web 瀏覽器的初始能力是可以隨時隨地進行任何其他編輯或更改來連接到任何 web 伺服器。這是因為 web 瀏覽器依賴於 HTML 超媒體格式來了解 web 伺服器的互動設計。HTML 瀏覽器在 OAA 的挑戰中表現非常出色。

然而，隨著基於 web 的 API 變得普及，開發者最終創建了一種互動設計減弱了客戶端的能力以適應 **OBJECT**、**ADDRESS** 和 **ACTION** 中變動的能力，導致依賴於在本書一開始所介紹的純 JSON 客戶端。這些客戶端在 OAA 挑戰中失敗了！

不過，正如在過去幾章中看到的一樣，現在有一小部分強大的結構化訊息格式（HAL、Siren、Cj 等等）允許開發者重新取得建造適應性良好的客戶端的能力——在 OAA 挑戰中表現良好的客戶端，也可以為服務帶來更多的自由和創新。

希望最後一章為讀者提供一些想法，有關如何使用媒體類型函式庫作為插件來提高自己 API 客戶端的彈性，以及如何使用超媒體來提高適應性。最後，現在可能會有些想法有關如何創建機器對機器的客戶端，這可以創建自己的規範來解決問題並在更有意義的層面解釋響應。接下來，可以讓 API 消費者能夠進一步持續更長時間而不需要每次點擊直接進行人為互動。

但這是另一個冒險。

鮑伯與卡蘿

「嗯，鮑伯。這週很有趣。」

「是的，卡蘿，沒錯。當我們將單一 TPS web API 分解成一套獨立的微服務時，學到了許多東西。」

「我很驚訝我們可以輕鬆的將獨立客戶端函式庫轉換為單一通用客戶端的插件組件。」

「是呀，當我看到妳團隊的客戶端程式碼時，似乎在以後添加對另一種超媒體格式的支援並不是困難的，對吧？」

「沒錯。我們真的有一種新型的客戶端平台——可以隨時間而安全的擴充。」

「嗯…非常好。現在我們的服務團隊也可以自由的建立組件而不會危及現有的客戶端。」

「很有趣。我們已經學會建立更鬆散耦合的組件，
但我們使用了相對的方法得到相同的結論。」

「真的嗎？什麼意思啊？」

「嗯，當你的伺服器端團隊忙於 web API 分解成單
獨的微服務時，我的客戶端團隊正在努力將所有單
獨的客戶端實作集成到一個單一的多格式。」

「嗯，沒錯。使用超媒體格式可以讓我的團隊限制每
個服務的範圍，並允許妳的團隊擴展單一客戶端。」

「而且我們可以透過增加訊息中的元資料量來減少
整體客戶端程式碼。這是很重要的一課。」

「沒錯，卡蘿，我想知道我們是否可以將這些應用到
我們一些機器對機器的應用程式。它們現在使用很多
不可重複使用的自定義程式碼。」

「嗯，鮑伯，也許我們應該和 M2M 團隊一起討論。」

「好主意，卡蘿。我會盡快設定一些事項。在此期間，
我的伺服器團隊有一大堆他們想要開始建造的新微服
務。」

「我們也有對客戶端插件平台進行很多改進。下週
再與你討論，鮑伯？」

「卡蘿，下週見。」

參考資源

1. 福勒在他的公開部落格上的微服務主題頁面（*http://g.mamund.com/qscaj*）。

2. 阿德里安・科克羅夫特的簡報和他的「為服務中的藝術狀態」中的影片（*http://g.mamund.com/ycuob*）是值得一看的演說。

3. 閱讀更多關於艾瑞克・埃文斯和 DDD 的領域語言網站（*http://g.mamund.com/nnvgn*）。福勒還有一個關於邊界內文的頁面（*http://g.mamund.com/ysqgo*）。

4. 可以在線上閱讀 1978 年 UNIX 分時系統原始前言的 PDF 檔案（*http://g.mamund.com/zumsf*）。

5. 《*Microservice Architecture*》（由 O'Reilly 出版）此書是對組織內文中微服務一般主題的一個深入介紹。

歡迎來到未來

「預測未來最好的方式就是創造它。」

——艾倫·凱

鮑伯與卡蘿

 「不錯的聚會,對吧?我是鮑伯。」

 「嗨,鮑伯。我是卡蘿。所以,你是這次聚會的貴賓,對吧?恭喜併購 BigCo 公司。」

 「謝謝。這只是個小創業——沒有什麼大突破。我想,我們只是時機剛好。」

 「嗯,這裡的每個人都在談論關於你 API 提供者的技能,並期待看到它有所行動。」

 「我也聽到許多關於妳的偉大事情,卡蘿。妳在這裡參與了不少高影響力的客戶端專案。」

 「是的。我也是遇到好時機。」

「嗯，我很想在這裡開始新的工作。也許我們可以很快在同一個專案中工作。」

「我也很想，鮑伯。我們一直使用我們 TPS HTML 應用程式有一段時間了，我認為是時候到達下個層級。」

「嗯。聽起來不錯。也許我們在未來會有另一個高影響力的專案。」

「你永遠都不知道未來會如何，鮑伯。」

「是呀，卡蘿，永遠也不會知道。」

專案列表

此附錄包含《*RESTful Web Clients 技術手冊*》GitHub repository 中的專案列表（*https://github.com/rwcbook*）。讀者可以將此作為交叉引用的方式觀看本書中的程式碼範例。從本書發布日期開始就是準確的。

讀者也可以將其用作 repository 本身的獨立指南。然而，隨時間過去，這個列表可能已經過時了，而最好的來源將會是 repository 本身。所以請留意 repository 的任何添加與更新。

第一章，HTML 起源與簡單的 Web API

- *https://github.com/RWCBook/html-only* （TPS 網站／應用程式的簡單宣告實作）

- *http://rwcbook01.herokuapp.com* （運行純 HTML 實作實例）

- *https://github.com/RWCBook/json-crud* （初始 JSON-CRUD〔 RPC 〕TPS web API 的實作）

- *http://rwcbook02.herokuapp.com/* （運行 JSON-CRUD web API 實作的實例）

- *https://github.com/RWCBook/json-crud-docs* （用於 JSON-CRUD web API 實作人類可讀的文件）

第二章，JSON 客戶端

- *https://github.com/RWCBook/json-client* （JSON 客戶端原始碼）

- *http://rwcbook03.herokuapp.com/files/json-client.html* （運行 JSON 客戶端 web 應用程式的實例）

- *https://github.com/RWCBook/json-crud-v2* （更新帶有標籤支援的 TPS web API 之 JSON-CRUD〔 RPC 〕實作）

- *http://rwcbook04.herokuapp.com/* （運行帶有標籤支援的更新 JSON-CRUD〔 RPC 〕 web API 實作的實例）

- *https://github.com/RWCBook/json-client-v2* （更新帶有標籤支援的 JSON 客戶端原始碼 〔 V2 〕）

- *http://rwcbook05.herokuapp.com/files/json-client.html* （運行更新帶有標籤支援的 JSON 客戶端〔 V2 〕的實例）

第三章，表示器範式

- *http://github.com/RWCBook/wstl-spec* （Web 服務轉換語言〔 WeSTL 〕規範）

- *https://rwcbook.github.io/wstl-spec* （WeSTL 規範網頁）

第四章，HAL 客戶端

- *https://github.com/RWCBook/hal-client* （HAL 客戶端原始碼）

- *https://rwcbook06.herokuapp.com/files/hal-client.html* （運行 HAL 客戶端 web 應用程式 的實例）

- *https://github.com/RWCBook/hal-client-active* （具有 MarkActive 支援的 HAL 客戶端原 始碼）

- *http://rwcbook07.herokuapp.com/files/hal-client.html* （運行具有 MarkActive 支援的 HAL 客戶端實例）

- *https://github.com/RWCBook/hal-client-forms* （支援 HAL-FORMS 的 HAL 客戶端原始 碼）

- *http://rwcbook08.herokuapp.com/files/hal-client.html* （運行支援 HAL-FORMS 的 HAL 客戶端實例）

- *https://github.com/RWCBook/hal-forms* （HAL-FORMS 的規格 repo）

- *http://rwcbook.github.io/hal-forms/* （POD 規範網頁）

第五章，可重複使用的客戶端應用程式的挑戰

本章沒有 repository。

第六章，Siren 客戶端

- *https://github.com/RWCBook/siren-client* （輸出 Siren 格式響應的 TPS API；基礎的 Siren 客戶端原始碼）

- *http://rwcbook09.herokuapp.com/home/* （運行 TPS API 回傳 Siren 訊息實例）

- *http://rwcbook09.herokuapp.com/files/siren-client.html/* （運行 Siren 客戶端應用程式實例）

- *https://github.com/RWCBook/siren-client-email* （具有電子郵件功能的 Siren 客戶端原始碼）

- *http://rwcbook10.herokuapp.com/files/siren-client.html* （運行具有電子郵件功能的 Siren 客戶端實例）

- *https://github.com/RWCBook/siren-client-pod* （支援 POD 的 Siren 客戶端原始碼）

- *http://rwcbook11.herokuapp.com/files/siren-client.html* （運行支援 POD 的 Siren 客戶端實例）

- *https://github.com/RWCBook/pod-spec* （配置物件顯示〔 POD 〕規範 repo）

- *http://rwcbook.github.io/pod-spec/* （POD 規範網頁）

第七章，版本控制與 Web

本章沒有 repository。

第八章，Collection ＋ JSON 客戶端

- *https://github.com/RWCBook/cj-client* （輸出 Cj 格式響應的 TPS API；基礎的 Cj 客戶端原始碼）

- *http://rwcbook12.herokuapp.com/task/* （運行回傳 Cj 訊息的 TPS API 實例）

- *http://rwcbook12.herokuapp.com/files/cj-client.html* （運行基礎的 Cj 客戶端實例）

- *https://github.com/RWCBook/cj-client-note* （支援註解物件的 Cj 客戶端原始碼）

- *http://rwcbook13.herokuapp.com/files/cj-client.html* （運行支援註解物件的 Cj 客戶端實例）

- *https://github.com/RWCBook/cj-client-types* （TPS API 與支援類型擴充的客戶端）

- *http://rwcbook14.herokuapp.com/files/cj-client.html* （運行支援類型擴充的 Cj 客戶端實例）

- *https://github.com/RWCBook/cj-types-spec* （cj-types 擴充規範 repo）

- *http://rwcbook.github.io/cj-types-spec/* （cj-types 擴充規範網頁）

- *https://github.com/RWCBook/cj-suggest-spec* （cj-suggest 擴充規範 repo）

- *http://rwcbook.github.io/cj-suggest-spec/* （cj-suggest 擴充規範網頁）

第九章，超媒體與微服務

- *https://github.com/RWCBook/ms-home* （寄存多語言客戶端應用程式的 TPS 首頁服務）

- *http://rwcbook15.herokuapp.com/files/home.html* （運行多語言客戶端應用程式實例）

- *https://github.com/RWCBook/ms-tasks* （TPS 任務微服務 API）

- *http://rwcbook16.herokuapp.com/task/* （運行任務微服務實例）

- *https://github.com/RWCBook/ms-users* （TPS 用戶微服務 API）

- *http://rwcbook17.herokuapp.com/user/* （運行用戶微服務實例）

- *https://github.com/RWCBook/ms-notes* （TPS 註解微服務 API）

- *http://rwcbook18.herokuapp.com/note/* （運行註解微服務實例）

工具與資源

這是筆者在撰寫本書時使用的硬體、軟體和服務的列表。筆者發現這些工具很好用並鼓勵讀者查閱和了解它們。

硬體

Shuttle Cube PC

> 筆者的工作站是一台 Shuttle Cube PC（*http://g.mamund.com/ekmpm*），配備 Intel i5 核心處理器、8GB RAM、1TB 硬碟空間與雙螢幕（Dell Ultrasharp 21 吋），運行 XUbuntu 14.4 作業系統。

Lenovo Carbon 筆記型電腦

> 過程中，筆者通常帶著一台 Lenovo X1 Carbon（*http://g.mamund.com/qwdkz*），配備 Intel i5 核心處理器、4GB RAM、128GB SSD 與 14 吋螢幕並運行 Windows 8.1 作業系統。

Google Pixel

> 筆者偶爾會攜帶 Google Chromebook Pixel（*http://g.mamund.com/xacdb*）Netbook。它配備 Intel i5 核心處理器、8GB RAM、32GB 儲存空間與 13 吋的可觸碰螢幕。

繪圖工具

> 對於本書的專案，筆者習慣繪製圖表和流程圖以幫助將書中的想法視覺化。大多時候筆者使用簡單的 3×5 吋的無襯筆記卡以及 Sharpie 品牌的 Fine Point 和 Ultra Fine Point 筆設置完後將他們掃描至電腦中。也偶爾使用 Live-Scribe3（*http://g.mamund.com/ljrfx*）Smartpen 和紙張來勾勒出想法並自動傳輸到電腦進行編輯和分享。

軟體

gedit

使用本機安裝的 gedit 副本（*http://g.mamund.com/vdden*）。筆者喜愛 gedit 是因為它是一個非常簡單的編輯器，而且可以在各種作業系統平台上使用。筆者使用它來編寫本書中的程式碼和文字。

Caret 和 Caret-T

當筆者離開工作站時，Thomas Wilburn 的 Caret（*http://thomaswilburn.net/caret/*）和相關的 Caret-T（*http://g.mamund.com/qpcfo*）在 Chrome 瀏覽器和 Chrome 作業系統上的編輯器都派上用場，只需要簡單的方法來快速更新頁面並提交至 repo 上。

AsciiDoc

筆者的詞彙表格式是使用 AsciiDoc 撰寫（*http://asciidoc.org/*）。這是筆者最喜歡的 Markdown family 語言——幸運的是——這是 O'Reilly 的 Atlas 出版系統支援的格式之一（參閱第 319 頁「服務」）。

Node.js

使用 Node.js（*https://nodejs.org/*）作為本書中大部分程式碼的執行期平台。它速度很快、簡單、可靠，而且可用於書上使用的每個作業系統。

node-inspector

通常只依靠在程式碼中編寫 `console.log()` 來進行 *alert-* 除錯。但是當認真要除錯時會使用 `node-inspector`（*http://g.mamund.com/nlzah*）。

Tidy

使用 Tidy（*http://www.html-tidy.org/*）來查看和格式化 HTML 輸出。這在從程式碼中產生 HTML 時特別方便。當筆者不使用自己的工作站或筆記型電腦時，會使用 Tidy 的線上版本。

sirenlint

使用凱文・斯威柏的 `sirenlint`（*http://g.mamund.com/amytn*）CLI 工具來驗證 Siren 文件。斯威柏設計了 Siren 媒體類型，而且他的工具非常有幫助。

curl

使用 curl（*http://curl.haxx.se/*）CLI 程式來訪問運行的 API 伺服器。它對於不回傳結構化格式像是 HAL、Cj 或 Siren 的 API 特別方便。

函式庫

筆者盡量在本書使用**少量**的外部函式庫。即使這表示需要編寫更多的程式碼，但在某些情況下，有些應用程式的功能不如產品齊全，所以缺少相依性會讓程式碼更容易閱讀、安裝和支援。

URI Template JS

使用 URI Template JS（*https://github.com/fxa/uritemplate-js*）來處理 RFC6570 URI 模版。有幾個不錯的函式庫，而筆者喜歡這個，因為它很容易作為一個伺服器端的 NodeJS 函式庫和客戶端的 JavaScript 組件。

Semantic UI

筆者很喜歡 Semantic UI（*http://semantic-ui.com/*）CSS 函式庫。「Semantic 是一個開發框架，可以使用人性化的 HTML 來創建漂亮、響應布局」。這些函式庫易於使用、對純 HTML 格式的影響最小，並且同時仍然提供一致的介面選項。所有的客戶端範例依賴 Semantic UI，鼓勵讀者查看與使用它。

服務

Atlas

本書是使用 O'Reilly Media 的 Atlas 平台（*https://atlas.oreilly.com/*）。這是基於 Git、寄存 AWS 的服務，允許從任何有網路連線的地方編輯、登入和建立手稿——而且筆者經常這樣做！

GitHub

使用 GitHub（*http://github.com*）來寄存和管理本書的原始碼（*https://github.com/RWCBook*）。

Heroku

本書中所有展示的應用程式都在 Heroku 雲端平台（*https://www.heroku.com/home*）上進行測試（有些是寄存）。筆者使用 Heroku Toolbelt 進行布署。

Tidy

　　使用約翰・亨德利的 HTML Tidy（*http://infohound.net/tidy/*）頁面快速檢查產生的 HTML。雖然筆者有一個命令行版本的 Tidy，不過當筆者不在自己的機器前時，亨德利的實作是乾淨且易於使用的。

Amazon 播放器

　　如果讀者檢查原始碼中的標頭註釋，會發現筆者傾向於邊聽音樂編撰寫文章和編碼。只要有網路連接就可依靠 Amazon 音樂播放器（*http://g.mamund.com/enern*）從簡單的設備中提供雲端的媒體播放。

索引

W

X

關於作者

作為國際知名作家和講師，**Mike Amundsen** 在全球諮詢和談論有關網路架構、web 開發和其他議題。作為 CA Technologies API 學院的架構總監，他與公司合作提供洞察力來了解如何讓 web API 在消費者和企業之間都可以達到最好。

Amundsen 創作了許多書籍和論文。它在 2013 年與 Leonard Richardson 撰寫了《*RESTful Web APIs*》（由 O'Reilly 出版），並且在 2011 年撰寫了《*Building Hypermedia APIs with HTML5 and Node*》（由 O'Reilly 出版），都是建造適應性強的 web 應用程式常用的參考書。Amundsen 也是共同作者與 Irakli Nadareishvili、Ronnie Mitra 和 Matt McLarty 一同撰寫《*Microservice Architecture*》（由 O'Reilly 出版）。

出版記事

本書的封面圖像是取自於亞洲獾（*Meles leucurus*）。這些動物遍布中亞和北亞，在那裡佔據了一系列的棲息地，包括森林、山區、半沙漠、苔原和少部分的郊區。

亞洲獾也被稱為沙獾，亞洲獾的體型往往比歐洲獾來得更小、更輕，粗糙的棕灰色皮毛覆蓋在牠們結實的身上。牠們的臉是白色的，每隻眼睛有黑色的條紋。牠們的短肢還擁有強大的挖爪。

亞洲獾的體型大小因地區而異。西伯利亞亞種亞洲獾被認為是最大的；公種長達 28 英吋長且重達 29 磅。

沙獾是社交動物，在家族群體中冬眠，生活在公共的洞穴中。交配主要發生在春天。母種通常在一月中到三月中分娩。

O'Reilly 封面上的許多動物都面臨威脅；牠們對這個世界都很重要。想了解有關如何幫助牠們的更多訊息，請上 *animals.oreilly.com* 網站。

本書封面的圖像取材自 *Shaw* 的 *Zoology*。

RESTful Web Clients 技術手冊

作　　　者：Mike Amundsen
譯　　　者：賴宥羽
企劃編輯：蔡彤孟
文字編輯：詹祐甯
設計裝幀：陶相騰
發 行 人：廖文良

發 行 所：碁峰資訊股份有限公司
地　　　址：台北市南港區三重路 66 號 7 樓之 6
電　　　話：(02)2788-2408
傳　　　真：(02)8192-4433
網　　　站：www.gotop.com.tw
書　　　號：A536
版　　　次：2018 年 03 月初版
建議售價：NT$580

國家圖書館出版品預行編目資料

RESTful Web Clients 技術手冊 / Mike Amundsen 原著；賴宥羽譯.
-- 初版. -- 臺北市：碁峰資訊, 2018.03
　　面；　　公分
　　譯自：RESTful Web Clients : enabling reuse through hypermedia
　　ISBN 978-986-476-699-4(平裝)
　　1.軟體研發　2.電腦程式設計
312.2　　　　　　　　　　　　　　　106025249

讀者服務

- 感謝您購買碁峰圖書，如果您對本書的內容或表達上有不清楚的地方或其他建議，請至碁峰網站：「聯絡我們」\「圖書問題」留下您所購買之書籍及問題。(請註明購買書籍之書號及書名，以及問題頁數，以便能儘快為您處理）
http://www.gotop.com.tw

- 售後服務僅限書籍本身內容，若是軟、硬體問題，請您直接與軟體廠商聯絡。

- 若於購買書籍後發現有破損、缺頁、裝訂錯誤之問題，請直接將書寄回更換，並註明您的姓名、連絡電話及地址，將有專人與您連絡補寄商品。

- 歡迎至碁峰購物網
http://shopping.gotop.com.tw
選購所需產品。